长江中下游地区
河蟹浅水生态养殖

陈贤明　邢秀梅　邢青松　编著

CHANGJIANG ZHONGXIAYOU DIQU
HEXIE QIANSHUI
SHENGTAI YANGZHI

U0395099

中国农业出版社
北　京

PREFACE / 序

　　《长江中下游地区河蟹浅水生态养殖》一书终于和大家见面了。正如本书所言，我国河蟹养殖从自然增殖、人工放流增殖、湖泊网围养蟹逐步过渡到池塘浅水生态养殖阶段，特别是在 21 世纪初，由于环保新形势的要求，湖泊网围养殖逐步被限制和取缔，所以目前池塘浅水生态养殖是我国河蟹养殖的最主要方式。

　　南京市高淳区是我国开启规模化池塘浅水生态养殖最早的县区，早在 1997 年就尝试蟹塘池底种植苦草，亩放蟹种 200～300 只的低密度养殖模式，当年取得明显成效，1998 年相继推出蟹种适度稀放，沉水植物多样化，阶段性投放活螺蛳，饵料以新鲜小杂鱼投喂为主的种草养蟹模式。这在一定程度上引领了我国河蟹池塘浅水生态养殖的发展，为我国 2007 年后河蟹养殖逐步过渡到池塘浅水生态养殖奠定了基础。那些时候，我曾随原农业部科技入户首席专家，上海海洋大学王武教授多次到高淳调研，王武教授特地把高淳的池塘浅水生态养殖模式总结为"高淳模式"，并作为全国科技入户的典型在全国推广。

　　而说到河蟹养殖的"高淳模式"，就不得不提高淳鼎鼎有名的人物——陈贤明，即本书的第一作者。陈贤明是一个纯粹的业务干部，长期在一线钻研业务和技术，常常深入养殖户池塘，与养殖户深入交流，如发现问题，能在养殖户塘边蹲守几天观察是常有的事情，对河蟹的行为观察和技术细节的探索可以到痴迷状态，用王武教授的话讲，"我非常喜欢陈贤明这样的业务干部，和我一样，谈到河蟹就兴奋"。正是陈贤明这样的身体力行，并能准确把控大闸蟹养殖发展的方向，使高淳河蟹养殖得到了持续良好的发展，收获了很多国家级的美誉，如2002年高淳率先创建全国首家河蟹生态养殖标准化综合示范区，2002年成功创建第一个国家级长江水系中华绒螯蟹原种场。高淳固城湖螃蟹先后获得全国首家有机螃蟹证书，国家地理标志产品，成为河蟹类第一家中国驰名商标。2010年河蟹生态养殖"高淳模式"获原农业部全国农牧渔业丰收奖二等奖。目前高淳国家现代农业产业园是第三批认定的国家现代农业产业园，以螃蟹养殖为主导产业，螃蟹养殖面积15.51万亩、主导产业覆盖率达89.7%，螃蟹养殖规模连片面积全国领先。

说到高淳河蟹养殖，还有一个鼎鼎有名的人物，他就是邢青松，因为精心发展河蟹养殖产业，成立江苏固城湖青松水产专业合作联社，带领广大农民致富，被推选为全国人大代表。

本书是作者在30多年长期参与河蟹种苗繁育、成蟹养殖生产实践的亲身感受和第一手资料的基础上，对长江中下游地区河蟹水生态养殖进行了全面系统阐述。本书不仅适合一线养殖户参阅学习，也适合科技工作者参考，从本书中发现和抽提出科研的灵感，并深入研究，促进技术的提升和应用推广。

上海海洋大学教授　成永旭

2022年6月7日

CONTENTS/目 录

绪　　论

一、概述

　　河蟹，学名中华绒螯蟹，又称螃蟹、毛蟹、大闸蟹，主要分布在我国东部沿海各通海江河、湖泊中，是中华民族的传统美食。据考证，我国食蟹有6 000多年的历史。2 000多年前已有食蟹的文字记载，历代文人墨客更是对河蟹情有独钟。唐代诗人李白有诗云："蟹螯即金液，糟丘是蓬莱。且须饮美酒，乘月醉高台。"宋代大文豪苏东坡嗜蟹成癖，即使在仕途失意时仍不忘此物，发出"不到庐山辜负目，不食螃蟹辜负腹"的喟叹。文学名著《红楼梦》中更有多首咏蟹诗，"铁甲长戈死未忘，堆盘色相喜先尝。螯封嫩玉双双满，壳凸红脂块块香。多肉更怜卿八足，助情谁劝我千觞。对斯佳品酬佳节，桂拂清风菊带霜。"河蟹营养丰富，味道鲜美，深受广大消费者欢迎。

　　河蟹是洄游性甲壳动物，适应性强，分布广。有关文献记载，北至辽宁鸭绿江，南到广东雷州半岛，都有分布，甚至离大海1 000多千米的湖北省沙市，也可找到它的足迹。据考证，在19世纪，德国、荷兰等西欧国家的商船来上海经商时，其木船压仓水将黄浦江中的蟹苗带入，而移入莱茵河，并形成一个庞大的自然种群。2001年上海海洋大学组织专家进行实地考察，由于气候适宜，水质良好，资源丰富，其成蟹规格每只为125～600g，品质好。通过科学分析比较，认为莱茵河系野生河蟹是长江水系中华绒螯蟹的后代。

　　1958年以来，我国各地开展大规模农田水利建设，在通海的江河兴建大量水坝和水闸，从而阻断了河蟹的洄游通道，影响了河蟹的自然增殖，有的河蟹著名产区甚至濒临绝迹。20世纪60年代中期各地相继开展以天然蟹苗人工放养为主的河蟹资源增殖工作，并取得显著效果，改变了只捕不养的历史。至20世纪80年代中期之前，河蟹主要来源于江河湖泊等大水面的自然增殖和人工增殖，商品蟹以天然捕捞为主。据有关资料显示，20世纪50年代初，全国河蟹捕捞产量在 1 万～1.2 万 t。60 年代中期开始蟹苗人工放流后，河蟹产量迅速增加，1982 年全国河蟹产量达 2 万 t。之后，长江口等水域的蟹苗产量又逐年大幅下降，河蟹产量也随之大减。自然界河蟹苗每年的资源数量丰歉不一，这也决定了国内河蟹的年产量不稳定。

为突破蟹苗依赖天然资源的局面，20 世纪 70 年代初开始，浙江、江苏、安徽等省水产科技人员纷纷开展蟹苗人工繁殖试验研究，并取得积极成果。辽宁省在 20 世纪 90 年代初期开始大规模培育蟹种，在国内更是一枝独秀。20 世纪 80 年代中期，河蟹人工养殖在国内少数地方悄然兴起，有池塘养蟹，有河沟拦隔养蟹，也有湖泊围网养蟹，特别是河沟拦隔养蟹和湖泊围网养蟹取得较大成功。进入 20 世纪 90 年代，河蟹养殖进入全新的发展阶段。

纵观河蟹增养殖发展史，可以初步划分为三个大的阶段，一是河蟹自然增殖阶段。20 世纪 50 年代中期之前，在漫长的历史长河中，河蟹是大自然对人类的馈赠。二是河蟹人工增殖与自然增殖并举阶段。20 世纪 50 年代中期至 20 世纪 90 年代初期改变了以往只捕不养的历史，并且有效突破了河蟹人工育苗技术，改变了完全依赖自然资源的被动局面。三是人工养殖阶段。20 世纪 90 年代初期至今为人工养殖阶段。80 年代中期至 90 年代中期河蟹由增殖逐步向人工养殖转变。人工苗的比例逐步提升，人工养殖初具规模，河蟹养殖在曲折中前进。20 世纪 90 年代中期至今河蟹人工养殖成为主体，资源增殖成为补充。河蟹人工育苗从工厂化规模育苗到大规模土池育苗，人工育苗成为产业发展的基础。成蟹养殖从种草养蟹的成功探索进入全面生态养殖，产业规模迅速扩大，塘口设施和技术装备水平逐步提升，养殖水平不断提高，形成了全国有影响的河蟹产业。1993 年全国河蟹产量仅 1.75 万 t，2000 年 23.2 万 t，2019 年达 84 万 t。

产业的发展无不打上时代的烙印。消费决定生产，消费需求是一切生产的原动力。产品的供求关系决定其价格，追求利益最大化是市场配置资源的重要手段，资源的高度集聚必将带来产业内部根本性的变化。河蟹产业的发展变化与宏观经济环境紧密相连，30 多年的河蟹养殖发展，产业规模由小到大，由弱到强，在市场需求的持续作用下，产业在曲折中前进，不断取得新突破和新发展，满足了人民群众日益增长的消费需求，同时也催生了我国水产行业中的一个大产业。国内部分河蟹主产区，河蟹产业已成为当地农村经济的一大支柱产业。

河蟹的产量由自然资源条件、气候条件、人工养殖技术水平、养殖规模等因素综合决定，最终年产量就是河蟹的市场供应量。市场需求由消费决定，消费由人们的消费兴趣和消费能力决定，消费需求离不开社会宏观经济环境。河蟹作为高附加值的水产品，其生产成本相对较高，消费者必须具备一定的经济条件，很难在短时间内成为大众化的普遍消费品。全社会总的有效消费需求构成市场需求。进入消费季节，市场河蟹供不应求，价格就上涨，供过于求价格就下降，价格对养殖规模和经济效益起到重要的调节作用。通过长期的发展，河蟹市场供求关系总体已趋于平衡，少数年份供大于求的现象已较为突出，消费的结构性矛盾不断彰显，市场对品质的要求在不断提高。可以预见未来河蟹市场不仅是数量、规格方面的竞争，更是产品内在品质的竞争。竞争必将推动河蟹养殖业迈上新的发展阶段。

二、河蟹增养殖演变与发展

河蟹增养殖离不开源源不断的优质种苗、良好的水域生态环境和充沛的饵料资源。

（一）自然增殖

20世纪50年代前，河蟹处于自然繁殖和自然生长状态。我国东、南临海，海域辽阔，北起鸭绿江口，南至北仑河，在14 000km漫长海岸线上，分布着大小不等数千条江河，都有河蟹的足迹。每年蟹苗汛期，在这些江河口咸淡水交界处，均可捕到蟹苗，但数量相差悬殊。长期以来，天然蟹苗资源较为丰富的江河有：长江、辽河、黄河、瓯江等，蟹苗汛期在我国沿海一带出现因地而异，一般规律是由南向北推移，其主要因素是根据各地海水温度而定。一般来说，在一定地区的大江河口的蟹苗比小江河口要多一些。上海崇明岛四周有河蟹天然繁殖场，长江口曾拥有全国最丰富的蟹苗资源。

自然繁殖的蟹苗在咸淡水交界处溯江河而上，进行索饵洄游。到淡水中育肥长大，在淡水中生长二秋龄，即达性成熟。但生长在沿海一带的河蟹，也有当年即可达性成熟的年龄，也就是一秋龄的成熟蟹。达到性成熟年龄的河蟹，秋季进行生殖洄游，顺江河而下，到咸淡水交界处交配、抱卵、孵化，繁殖下一代。如此循环往复，周而复始，维持着种群的生存与发展。

（二）人工增殖

1958年以来，我国开展大规模的农田水利建设，在通往沿海大小江河，逐渐兴建了一些水闸，堵塞了河蟹洄游路线，尤其蟹苗溯河洄游，使得我国主要河蟹产地的产量大幅度下降，甚至有些地方近于绝迹。

1960年浙江省开始捕天然蟹苗放养在新安江水库，1964年苏州浏河水闸在蟹苗汛期，进行开闸纳苗。通过灌江纳苗或捕捞天然蟹苗投放到内陆湖泊、水库等大水面进行资源增殖，成为各地60—70年代河蟹资源人工增殖的主要做法，有效提升了河蟹产量。尽管70—80年代河蟹人工育苗取得突破与初步成功，但在人工育苗尚未实行规模化生产前，河蟹仍长期处在自然增殖和利用天然蟹苗人工增殖阶段。

20世纪80年代中期，随着水产业的快速发展，河蟹人工养殖在国内部分地区悄然兴起，突破了以往利用天然蟹苗进行湖泊、水库等大水面资源增殖的单一模式。利用长江捕捞的天然蟹种，开展池塘养蟹、稻田养蟹、河沟拦网养蟹、湖泊网围养蟹等，特别是湖泊网围养蟹和河沟拦网养蟹获得良好效果，显示出强大生命力。南京市高淳县（现为高淳区）1986年出现池塘养蟹，1987年开始河沟拦网养蟹，1993年进行石臼湖网围养蟹，河沟、湖泊大多采取稀放蟹种，不投饵的粗放模式。受天然蟹苗资源和养殖技术的限制，河蟹产量并未出现大的突破。但人工增殖已成为提高河蟹产量的一种重要方式。

（三）人工养殖

1970年浙江省淡水水产研究所对该省沿海河蟹苗资源进行调查，并开展人工繁殖研究。1971年5月5日在浙江省奉化县海带育苗厂，首次室内突破河蟹幼体人工培育关，育出蟹苗22只。1972年在浙江省平湖县新围垦海涂上，采用简易土池育出蟹苗10万余只。1975年赵乃刚在安徽省滁州市，采用人工配制的咸淡水开展河蟹工厂化育苗，取得成功。1983年江苏省赣榆县利用对虾育苗设施，采用天然海水开展工厂化、规模化河蟹人工育苗取得成功。河蟹人工育苗技术的突破和批量生产，为河蟹育苗大规模生产提供了可能。

随着改革开放的不断深入和经济的发展，1992年秋季市场河蟹价格在上年度的基础上翻了5倍。对河蟹人工育苗、蟹种培育和成蟹增养殖形成强烈刺激，部分地区池塘养蟹和大水面河蟹增养殖掀起热潮。沿江一带不少养殖户捕捞天然大眼幼体和幼蟹进行土池人工培育蟹种。1993年南京市高淳区沧溪乡养殖联合体开始规模化天然蟹苗的人工培育，并取得初步成功。1993—1994年秋冬季节长江天然捕捞的蟹种资源大幅减少。长江天然蟹苗、蟹种资源的严重不足，为人工育苗和蟹种培育创造出良机。1993年秋冬季节，辽宁省盘锦市等地人工培育的蟹种开始以各种形式大规模南下。江苏省沿海一带工厂化育苗企业由少到多，从小到大，如雨后春笋涌现，利用塑料大棚培育五期幼蟹早苗和土池培育蟹种在各地兴起。人工育苗培育的五期幼蟹和蟹种，在河蟹增养殖上迅速占据主导地位。1994年全国河蟹产量达3.12万t，破历史纪录。

1. 种草养蟹

1994年开始河蟹养殖虽占据主导地位，产业发展却在曲折中徘徊前进。河沟拦网和湖泊网围养蟹比较成功，但随着放养密度的不断增加，河沟、湖泊沉水植物资源破坏程度日趋严重。池塘养蟹虽已形成一定规模，但受苗种质量和养殖技术制约，效益普遍不佳，尤其高温期间的河蟹抖抖病给养殖户造成重大损失。为此，江苏省提出稳粮增益口号，大力推广稻田养蟹。

1997 年南京市高淳区尝试蟹塘池底种植苦草，亩*放蟹种 200～300 只的低密度养殖模式，当年取得明显成效，大幅提升了养殖成活率和养成规格。1998 年相继推出蟹种适度稀放，沉水植物多样化，阶段性投放活螺蛳，饵料以新鲜小杂鱼投喂为主的种草养蟹模式。将蟹池生态环境营造作为河蟹养殖的一项首要任务，抖抖病随之消失，养殖成活率和养成规格进入相对稳定状态。高淳种草养蟹模式逐步在江苏乃至全国各地推广普及，取得良好的经济效益、社会效益和生态效益。1998 年全国河蟹产量达到 12 万 t。1994—2000 年的池塘养蟹、稻田养蟹和种草养蟹，成为河蟹生态养殖的探索阶段。湖泊、河沟大水面增养殖形成的河蟹产量在总产量中所占份额逐年下降，养殖产量迅速上升。截至 2000 年底，全国河蟹产量达 23.2 万 t。

20 世纪 90 年代沿海地区河蟹工厂化育苗占据市场主体地位，也成为河蟹增养殖苗种主要来源。江苏省连云港市一度成为全国最大的河蟹苗繁育基地。随着工厂化育苗企业数量的增加和规模的扩大，蟹苗市场竞争日趋激烈，蟹苗价格不断下滑，蟹苗质量的稳定性难以保证。90 年代后期江苏盐城、南通沿海一带兴起室外土池育苗，育苗规模迅速放大。土池育苗拥有低成本的优势，蟹苗质量相对稳定。随着土池育苗产量的大幅增加，工厂化育苗遭受严重冲击，并慢慢退出市场。进入 2000 年以后，河蟹土池育苗逐渐成为市场主体。

2. 生态养蟹

（1）初级阶段：2001—2010 年为河蟹生态养殖初级阶段。2001—2010 年全国河蟹产量每年都不断刷新纪录。据统计，2010 年全国河蟹产量达 58 万 t，产值 335 亿元。其中江苏河蟹养殖面积 460 万亩，产量 28 万 t，产值 200 亿元。在种草养蟹模式的基础上，通过改造低洼稻田或利用自然水面，种植、移栽多种沉水植物，阶段性投放一定数量的优质活螺蛳，培养有益藻类，采用微生态制剂降解水体和池底有机质，营造良好水域生态环境，开展有效投饵，逐渐成为各地河蟹增养殖的主要方式。

2002 年南京市高淳区率先在永胜圩创建全国首家河蟹生态养殖标准化示范区，2003 年建成国家级长江水系中华绒螯蟹原种场。期间，伊乐藻、苦草、轮叶黑藻等沉水植物的合理布局、栽培管护技术在实践中逐步完善；河蟹良种提纯复壮有了深入探索；成蟹养殖前期有益藻类培养获得普遍认可；微孔增氧技术进入生产领域，并不断推广、普及；微生态制剂得到广泛应用与推广；蟹种放养密度依据市场导向在不断调整，总体呈上升趋势，养殖户之间的技术水

---

* 亩为非法定计量单位，1 亩＝1/15 公顷。——编者注

平出现较大分化。高淳区河蟹浅水生态养殖蟹种亩放密度，2009年之前总体控制在600只以内，2010年突破600只。苏南部分地区蟹种亩放密度1 000只以上，高的达1 400只以上，成蟹亩均产量有较大幅度上升，高产塘口达200kg。养殖户之间产量、规格、效益差距不断拉大。湖泊网围养蟹受到严格限制和逐步压缩，最后退出。河沟拦网养蟹由于沉水植物资源的破坏，出现萎缩、衰退。仅剩湖泊、江河大水面的人工资源增殖。河蟹生态养殖占据绝对主导地位，产能过剩现象不断凸现。

（2）中级阶段：2011年至今为河蟹生态养殖中级阶段。2011年全国河蟹产量突破60万t，2019年达84万t。产能过剩现象愈加突出，追求产量与规格成为生产领域的首选。蟹种放养密度不断增加，各河蟹主产区蟹种亩放密度1 000只成为常态。受气候条件、蟹种质量、养殖技术水平等影响，每年产量有所波动，但总体呈上升趋势。期间，每只雌蟹200g、雄蟹250g以上超大规格亲本蟹选育，进行人工育苗，由试点到推广，迅速在江苏沿海一带普及，为提升大规格成蟹占比提供了可能，随之而来的是大规格成蟹价格逐年下降，至2018年南京市高淳区超大规格亲本子一代蟹种覆盖面达50%以上。苏南地区涌现一批高产、高效典型，每只平均210g的河蟹亩产达250kg。亲本规格选育不断放大也给养殖生产带来了新的问题。

渔业基础设施建设出现新变化，池埂黑色塑料薄膜＋聚乙烯网片护坡，微孔增氧＋水车式增氧的全方位水体机械增氧，割草机和投饵机的推广应用，水体主要指标的在线监测等一系列新技术被推广运用。微藻、微生态制剂应用技术不断深化。主要沉水植物栽培管理技术逐渐完善。提早成蟹上市时间，进入实践探索。养殖尾水达标排放引起全社会广泛关注。在河蟹产能相对过剩的前提下，市场竞争愈发激烈。提高养殖成活率，提升养成规格和亩均产量成为养殖的主要目标。

3. 未来发展

河蟹是特殊的消费品。其消费受到经济条件、消费对象和消费区域的局限。在一定的社会经济发展阶段，必须控制相应的养殖规模和产量，无序发展必将损害养殖者根本利益，造成产业大幅波动。

随着国家对生态环境要求的不断提高，河蟹育苗、蟹种培育和成蟹养殖将迎来新的挑战。满足不同消费层次的需求也将成为河蟹养殖的全新目标。优质蟹的生产将引领产业的未来发展。产销融合，优质优价理念将逐步为广大生产者与消费者所接受。通过政策与市场的双重调控，削减落后产能，维持适度的生产经营规模，保持良好的水域生态环境，更加精准的科技应用，良好的产品品质和品牌将成为发展的方向。数字化生态养殖未来将成为现实。

三、河蟹浅水生态养殖

自然界，河蟹喜居于江河、湖荡的岸边。浅水区域水体溶解氧含量高，饵料资源相对丰富，能满足河蟹生长发育需要。

(一)浅水生态养殖概念

依据河蟹的自然习性，选择水深 1m 左右且相对封闭的天然水体或池塘，冬春季节投放一定数量的优质蟹种，结合池底形态结构和土壤特点，开展相应沉水植物的合理布局和移栽、种植，营造以沉水植物为主体的自然生态系统，打造草型贫营养水环境。养殖过程中，充分遵循自然法则，采取适当人工干预措施，实现沉水植物世代有效更替，整体有较旺盛的生命力，确保在不同养殖阶段有效净化与优化养殖水环境，开展科学合理的饵料投喂和日常管理，实现河蟹的健康养殖。

(二)良好底栖环境营造

河蟹喜草型贫营养水体，长期营底栖生活。要求洁净的底质和清新的水质。生命力旺盛的沉水植物根系发达，枝繁叶茂，可持续吸收底泥中的土壤养分，净化底质和水质，并能有效增加水体溶解氧含量，改善土壤生态环境，促进养殖水域生物多样性。为河蟹底栖生活营造舒适的生长环境。

鉴于不同品种沉水植物有各自的生长发育规律和固有的生命周期，而植株衰老枝茎叶枯萎、腐烂又将增加水体有机质含量，造成养殖水体的二次污染。根据河蟹养殖模式和养殖区域气候特点、土壤条件，通过沉水植物品种选择和合理布局，充分发挥不同时段各种沉水植物有效分蘖与无性繁殖的特性，取长补短，实现沉水植物群落的有效更替，维持整个生态系统较旺盛的代谢能力。在适宜的时间段，采取人工控制塘口水位、沉水植物留茬修剪、深度梳理、适量施肥等综合性措施，保持养殖过程中沉水植物合理的密度和较旺盛的生命代谢能力，避免枝茎叶大批量集中衰老，根系发黄、发黑，植株枯萎腐烂，污染底质与水质。

实践表明，在河蟹养殖周期内，依据伊乐藻、苦草、轮叶黑藻等沉水植物的生物学特性，只要布局合理，管护得当，完全可以成功构建以沉水植物为主体的自然生态系统，有效促进养殖水体物流、能流正常有序运行，营造适合河蟹健康生长的草型贫营养水域生态环境。

第一章　河蟹生物学特性

河蟹，也叫螃蟹、毛蟹，学名中华绒螯蟹。属节肢动物门，甲壳纲，十足目，爬行亚目，短尾族，方蟹科，弓腿亚科，绒螯蟹属。

一、生活习性

(一) 栖居

自然状态下，河蟹喜欢栖居在江河、湖泊的泥岸或滩涂上的洞穴里和隐居在石砾、水草丛中。

蟹穴的分布，在潮水涨落的江河中，多位于高低水位线之间。生活在湖泊中的河蟹，因水面宽阔，洞穴比较分散，常位于水面之下，不易被发现。河蟹掘穴能力很强，一昼夜，甚至几个小时就可掘成一穴。掘穴时，主要靠一对强有力的螯足，步足有时也辅以造穴。螯足的硬指插入土中，靠收缩的力量将土块崛起，合抱于颚前，爬出几步，松开螯钳，将土块弃之一旁，再爬回原处，继续造穴。如表层土块较硬，河蟹常以一侧步足固定地面，用对侧步足之锐爪迅速扒去硬土，再用螯钳试着掘土，如果土壤较湿，或在浅水处造穴，河蟹一面用步足扒泥，一面扭动躯体，用头胸甲推泥，先造成窟窿，再用螯足掘泥。在掘穴过程中，遇有小的障碍物，如石子、碎片等，就用螯钳挟住，弃于洞外，如障碍较大无力移去时，就迂回障碍绕道造穴，这也就是个别洞穴弯度较大的原因所在。蟹穴多呈管状，底端一般不与外界相通，略为弯曲，常曲向下方，以致穴道深处常有少量积水，使洞穴保持一定湿度。洞口的形状，有扁圆、椭圆或半月形等，因蟹体大小不同，洞口直径常在 2～12cm，洞口直径与穴道直径一致，穴道长度 20～80cm，有的洞深可达 1m 以上，穴道与地面有 10°～20° 的倾斜。一般每穴仅居一蟹，但在蟹穴稠密之地，相邻穴道中也有相互沟通的，在连通的穴道里，有时栖息着两只或多只河蟹。在人工养殖的池塘中，往往有池埂被蟹穴贯穿而出现河蟹集体逃逸的现象。

在蟹种培养过程中，我们观察到河蟹Ⅰ期幼蟹开始营底栖生活，从Ⅱ期幼蟹开始穴居，但主要还是营底栖生活。进入Ⅴ期幼蟹阶段，个体穴居能力明显增强，仍然以底栖隐居生活为主，大多隐藏在池底的浮泥之中。在成蟹养殖过程中，蟹种下池后短短几天就能见到不少洞穴。

河蟹掘穴隐居在自然界是一种防御敌害的适应方式，掘穴与水温、水质等外部环境变化也有一定关系。冬春季节放养蟹种，水温较低情况下蟹种易掘穴隐居，河蟹成熟以后进入冬季也会掘穴隐居。河蟹掘穴过程中会消耗一定的体力，影响其生长发育。在严冬，河蟹就潜伏在洞穴内越冬，开春以后有些在洞穴内越冬的蟹往往也懒得出来，穴居造成"懒蟹"。因此，在人工养殖过程中要尽可能避免河蟹掘穴。一方面优化池底结构，减少河蟹掘穴的场所；另一方面通过在池底移栽水草等办法设置"蟹巢"，让河蟹过隐居生活。河蟹隐居在水草丛中，也有的直接将身体埋入池底浮泥中，隐居的河蟹晚上出来觅食活动方便，有利于其生长发育。

（二）活动

河蟹是变温动物，其体温随外界环境温度的变化而变化。生命活动受到水温变化的强烈制约，低温条件下，河蟹处蛰伏状态，长期躲藏在洞穴内或隐居在底泥、杂草丛中。

河蟹生长发育的适宜水温为11～32℃，最适宜的生长温度为：15～30℃。水温过高或过低都抑制河蟹的代谢水平。水温低于11℃不蜕壳，低于10℃摄食活动能力减弱，但即使水温5℃左右仍有少量河蟹活动摄食；水温高于32℃活动能力减弱，摄食量也会下降，高温导致河蟹蜕壳停滞和蜕壳伤亡，但表层水温达37℃时仍可见零星蟹壳。

河蟹为洄游性动物，在海水里交配、抱卵、孵幼，在淡水中育肥。一般在淡水中生长二秋龄，即达性成熟年龄。内陆水域人工培育蟹种过程中，会出现一部分一秋龄即达性成熟的早熟蟹。生长在沿海一带的河蟹，也有当年即可达性成熟的早熟蟹。在河蟹增养殖过程中，一般河蟹二秋龄性成熟，初步性成熟的河蟹会出现生殖洄游，但也有极少数不成熟的蟹参与洄游。

河蟹的生命周期一般2年，有的仅1年，极少数可达3—4年，高寒地区大水面人工增养殖时部分河蟹寿命甚至更长。性成熟河蟹一般在翌年5月底前都会陆续死亡，但也有极个别外表性成熟特征较明显的河蟹越冬后仍能长期存活或蜕壳生长。

（三）蜕壳

蜕壳生长是河蟹一生中最大的特点。其附肢具有自切与再生功能。

河蟹的一生，从溞状幼体、大眼幼体、幼蟹到成蟹，在幼体阶段要经过 5 次蜕皮，幼蟹到成蟹阶段一般要经历 14 次左右蜕壳。此间，体躯的增大，形态的改变以及断肢的再生等等，都发生在每次蜕皮、蜕壳之后，因此，蜕皮、蜕壳不仅仅是发育变态的一个标志，也是个体生长的一个必要步骤。

当河蟹受到强烈刺激或机械损伤时，会发生附肢的自切现象。自切或断肢多系抢穴、夺食而引起的厮斗或逃避敌害而发生的，在蟹类，这也是一种保护性的适应。断肢有一定部位，折断点总是在附肢基节与座节之间的折断关节处，这里有特殊的构造，既可防止流血，又可从这里复生新足。体质弱或生病的河蟹断肢和自切现象更加严重。在生殖蜕壳前河蟹的螯足和步足在断肢或自切以后均有再生功能。一般在断肢的地方会慢慢生出一半球形柔软的疣状物，继而延长成棒状，棒状物内按照原来的形态复制较小的附肢折叠在棒状物内，当河蟹进入下次蜕壳后新的附肢就能伸展出来，这一过程经过几次蜕壳附肢慢慢长大，但再生附肢始终比原来的要细小，长成的附肢同样具有取食、运动和防御功能。但是，附肢的再生功能到了"绿蟹"阶段时就停止了。

（四）食性

河蟹为杂食性动物，荤素兼食，但偏喜动物性食物，喜食鱼、虾、螺、蚌、蠕虫、昆虫及其幼虫，有时也攻击蛙和蝌蚪，并残害同类。

河蟹的第一对触觉上具有一种专司嗅觉的感觉毛，借此可鉴别食物。河蟹取食主要靠一对螯足，第一对步足有时也协同螯足捧住食物递送口边。取食植物时，将茎叶钳断成碎块，或用螯足攫住茎叶，食其叶尖；如获动物性食物，则用螯钳撕碎再送至口中，食物及至口边，"口器"就自行张开，食物先传到第三颚足，再递至大颚，由大颚将食物磨碎，通过食道送入胃中。自然条件下，在食物丰富的夏季，一夜可连续捕食好几只螺类。因此，晚上和夜间观察河蟹总在不停地摄食，食量很大。河蟹忍饥能力也很强，在缺食情况下，7～10d 不进食也不致饿死。水温 5℃以下，河蟹代谢水平很低，摄食强度大幅减弱或不摄食，往往越冬期间长达 3 个月左右，仍然能较好地生存。

在人工高密度养殖的水环境中常常可以发现硬壳蟹捕食软壳蟹的现象，刚蜕壳的青虾也是河蟹的美食。河蟹对水体中的活螺蛳有较强的捕食能力，在幼蟹阶段，通过附肢的配合协同能将螺蛳壳内的肉一点点地吃掉，进入成蟹阶段可用螯足将螺蛳壳直接夹碎，并吃掉螺肉。观察表明越冬期间河蟹的后肠往往还有粪便，说明越冬期间还有一定的摄食能力。

（五）感觉与运动

河蟹的神经系统和感觉器官都相当发达，对外界环境反应灵敏，行动迅速，尤以视觉最为敏锐。

健康的河蟹非常警觉，一旦感到外部环境有变化会立即藏匿起来，即使在数十米外听到人的脚步声也会迅速躲藏起来。河蟹遇敌，常将身体支起来，张开螯钳抵抗。因此，夜晚观察河蟹活动往往要定点静止长时间守候。河蟹夜晚出来摄食，依靠复眼，借助微弱光线觅食和避敌。

河蟹体宽大于体长，能在地面迅速爬行，也能攀登高处，并可在水中作短暂的游泳。河蟹的步足伸展于身体的两侧，由于各对步足长短不一，关节向下弯，因而适于横行，而且前进的方向大都斜向前方，河蟹两侧步足活动的先后次序很有规律，非常协调，运动速度很快。河蟹偶尔也直行，但稳定性较差。此外，河蟹的第三、第四两对步足还生得比较扁平，其上着生的刚毛比较多，利于游泳，当各对步足迅速划动时，河蟹就能在水中游泳。在养殖过程中，幼蟹阶段发现游泳的现象较多，成蟹阶段相对较少，但即使是个体规格达200g左右的成蟹，只要体质强壮，在水体中仍有短暂的游泳能力。

河蟹生活在水中，用鳃呼吸。在水中，由于河蟹的第二对小颚的颚舟片在鳃腔内不断划动，水从螯足基部下方的入水孔进入鳃腔，经第二触角基部下方的出水孔出来，可以看到两股水流从口器附近奔流出来。河蟹离水后，仍然依靠鳃腔里剩留的水分进行呼吸，此时，空气进入鳃腔，和剩余水分等混合一起，喷出来的时候就容易形成泡沫，由于呼吸不断，泡沫也就越聚越多。泡沫在空气中不断破裂，发出淅沥淅沥的声音。泡沫的大小和多少与鳃腔内的干净程度有关，如果鳃腔内的污物和分泌物较多，形成的泡沫往往较大和较多，如果鳃腔内干净就不易看到大的泡沫。

二、生殖习性

（一）生殖洄游

河蟹在江河、湖泊中生长到两秋龄之后，性腺逐渐成熟，当秋末初冬时，便向通海的河川移动，顺流而下，到海、淡水混合的河口中交配产卵，这样就形成了河蟹的生殖洄游。长江流域河蟹生殖洄游高峰时间在霜降前后。

（二）性腺发育

由大眼幼体蜕变的幼蟹，在淡水中生长一年半左右，经过许多次蜕壳，个体增长十分显著，但尚未到性成熟阶段，习惯把这种蟹称为"黄蟹"，"黄蟹"完成最后一次蜕壳后性成熟的蟹称为"绿蟹"。在"黄蟹"变"绿蟹"之后，性腺迅速发育，变化显著。在"黄蟹"变"绿蟹"之前，卵巢发育时相属第一期，卵巢很小，精巢为幼稚型。在"黄蟹"蜕壳成"绿蟹"后，自寒露至立冬，河蟹开始生殖洄游，这一阶段性腺快速发育，变化显著，卵巢迅速从第二期进入第三期，精巢也有所增大，比较黏稠，副性腺发达，性腺已临成熟时期。立冬之后，性腺完全发育成熟，卵巢发育时相处第四期，精巢也已成熟。河蟹的性腺发育与肝脏有着密切联系，处在"黄蟹"阶段时，卵巢很小，肉眼难以分辨，而肝脏却很丰满，肝重约为卵巢重量的 20～30 倍，进入生殖洄游时，性腺快速发育，卵巢逐渐接近肝脏重量；当河蟹进入交配产卵阶段时，卵巢的重量明显超过肝脏。精巢发育也与卵巢相似。

河蟹卵巢的发育过程大致可分为六期：

第一期：卵巢乳白色，细小，重 0.1～0.4g，特征不明显，肉眼很难把它与精巢区别开来。

第二期：卵巢乳白或淡红色，较膨胀，比第一期重一倍多，卵巢特征开始出现，肉眼可把它与精巢相区别，但不能辨认卵粒。

第三期：卵巢呈棕色或橙黄色，体积增大，但与肝脏比较，显得尚小，肉眼可见细小的卵粒。

第四期：卵巢为豆沙色，体积与重量接近或超过肝脏，卵粒明显可见。

第五期：卵巢呈紫酱色或豆沙色，体积显著增大，充满体内，重量超过肝脏 2～3 倍。卵巢柔软，卵粒大小均匀，游离松散。

第六期：卵巢呈橘黄色，因缺少排卵条件过熟而退化，体积有所缩小，卵粒大小不均，退化卵粒约占卵巢的 1/4～2/5。

从细胞学角度来看，河蟹的精巢发育也相应分为 5 期，在雌蟹卵巢成熟时，相应的雄蟹精巢也已成熟。一般雌蟹的性腺发育较雄蟹有适当提早，可达 7d 左右。成熟的河蟹精子呈图钉状，但成熟雄蟹的精巢则没有类似卵巢的退化现象，直到衰老死亡之前，雄蟹所排放的精子均能保证雌蟹卵子正常受精。立冬后，精巢已成熟，射精管内为椭圆形的精荚所充满，精荚内含有颗粒状的精细胞，大小约 3.5n，此时的河蟹经交配，不久雌蟹即可产卵。但是，性腺已成熟的雌蟹，如果因为产卵的外界环境条件得不到满足，卵巢就会逐渐退化而进入第六期。

每年 12 月到第二年 3 月，为河蟹交配产卵的盛期。海水是河蟹交配产卵的必要条件，性成熟的河蟹，一经接触海水环境，就会出现发情交配现象。淡水中，偶尔也会出现交配现象，但交配之后不能产卵。水中盐度只要达到 1.7‰左右时，性成熟的亲蟹就频繁交配，这说明河蟹交配时对盐度的要求并不苛刻。雌雄交配后，一般在水温 9～12℃，经 7～16h 即开始产卵。海水盐度的刺激是促使雌蟹产卵和受精的一个必需的外部条件。海水盐度在 8‰～33‰，雌蟹均能顺利产卵，盐度低于 6‰，则怀卵率降低。

三、种群地理分布与差异

(一) 地理分布

河蟹在我国广大地区分布，其外部典型形态特征基本一致，因此，都叫中华绒螯蟹。产地不同，人们往往对各地所产中华绒螯蟹会打上地域的标签，如辽河水系的河蟹称辽蟹，黄河水系的河蟹称黄河口大闸蟹，长江水系的河蟹称长江蟹，瓯江水系的河蟹称瓯江蟹等。

河蟹所处地理位置不同，环境和气候条件存在较大差异。各地河蟹在长期适应外部环境的过程中形成了不同的种群，不同种群在生长性状上表现出较大差异，在外部形态特征上也有细微的差别，但由于同属一个品种，外部典型形态特征上的差异并不明显。

值得关注的是，在绒螯蟹家族中，与中华绒螯蟹外部形态相近的还有日本绒螯蟹。研究表明：中华绒螯蟹与日本绒螯蟹分布的区域性极为明显。中华绒螯蟹分布在我国中部沿海通江河的地区；而日本绒螯蟹则分布在我国南方和日本海沿岸通江河的地区。它们在瓯江、闽江水系，两种绒螯蟹的分布有交叉和重叠现象。据有关资料记载，辽宁省盘山县河蟹研究所将辽河水系中华绒螯蟹（♂）和绥芬河水系日本绒螯蟹（♀）混在一起，加海水进行人工促产，结果它们能自然交配，形成杂种。所产生的 F1 代正常生长，且性腺发育良好，并在 2006 年 6 月成功繁育 F2 代。由此表明，它们之间不存在生殖隔离。

(二) 种群差异

中华绒螯蟹可以分为南方和北方两大种群。南方种群以长江水系中华绒螯蟹为代表，北方种群以辽河水系中华绒螯蟹为代表。长江水系河蟹种群生长发育周期较长，成蟹养殖一般生长期达 8 个月，个体平均规格较大；辽河水系河蟹种群生长发育周期相对较短，平均生长期要少一个月左右，个体平均规格较小。从蟹种养殖成蟹来看，后者比前者少一次蜕壳。将辽河水系河蟹移植至长江流域养殖，性成熟相对提前，而将长江水系蟹种移植至辽河水系养殖，第一次蜕壳时间也相应推迟。

1993—1994 年我们对长江天然捕捞蟹种，长江天然苗人工培育出的蟹种，与辽宁人工繁育的蟹种做过一系列外部形态特征的比较分析。长江天然捕捞蟹种，刚起捕时，体表洁净，色泽鲜艳，腹部玉白色，步足有半透明感，步足指节白色、细尖。第二、第三步足的前节和腕节上基本上没有刚毛，仔细观察有刚毛痕迹，其中尚有一部分大螯外侧也没有刚毛，蟹种规格越小，螯足外侧没有刚毛的比例越高。天然捕捞的长江蟹种之间规格大小悬殊。并且离长江入海口越远的江段捕捞到的同规格蟹种比离长江入海口近的江段捕捞到的蟹种感觉步足长度更长，给人的感觉头胸甲近圆形，颚齿、侧齿尖锐，步足细长。长江天然苗培育出的蟹种，刚起捕时，体表不太干净，色泽不太鲜艳，第二、第三步足的前节和腕节上基本没有刚毛，或者刚毛极稀少，较粗。辽宁人工繁育出的蟹种，体表较干净，外观头胸甲一般近方形，步足相对较短，大螯外侧一般绒毛密而长。第二、第三步足前节和腕节密生刚毛。长江天然捕捞蟹种、长江天然苗人工培育蟹种第四侧齿十分明显，在体长 50% 以下的位置。辽宁人工繁育蟹种第四侧齿不十分明显，在体长 50% 以上位置。

四、外部形态特征

河蟹（图1）属于高等甲壳动物，由头胸部、腹部和附肢三大部分组成。头胸部背面一般呈墨绿色，腹部为灰白色。身体原为 20 节，由头部 5 节、胸部 8 节、腹部 7 节组成，各节均有附肢一对。由于进化演变的缘故，河蟹的头部与胸部已愈合为一，合称为头胸部，节数已无法分辨，然而，头部的 5 对附肢、胸部的 8 对附肢却依然存在。与此相反，腹部虽然还明显地分为 7 节，但附肢数目却已变化减少，雌蟹尚剩 4 对，雄蟹只有 2 对。

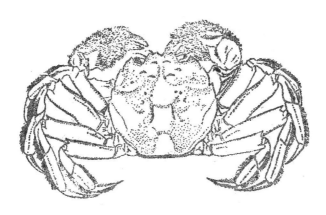

图 1　河　蟹

（一）头胸部

1. 头胸甲

头胸部背面覆盖一背甲，称头胸甲，俗称"蟹兜"（图2）。左右对称，表面凹凸不平，形成许多区，这些区域与内脏位置一致，可分为胃区、心区、肠区、肝区及鳃区。头胸甲边缘分颚缘、眼缘、前侧缘、后侧缘和后缘。颚缘平直，具 4 个颚齿，中央 2 个为内颚齿，外侧 2 个为外颚齿，颚齿间各有一凹陷，以中央 1 个最深。眼缘具一深的凹陷，下方即为眼窝。前侧缘斜向外侧，左右各具 4 齿，称为侧齿，齿由前到后依次变小。后侧缘斜向内侧，后缘平直。

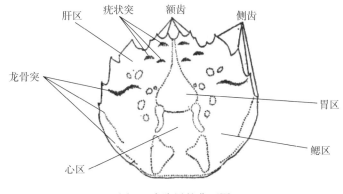

图 2　头胸甲的背面图

　　头胸甲中央隆起。颚后有 6 个疣状突，左右两侧各有 3 条龙骨突，两种突起上都生了许多颗粒状的小刺。此外，头胸甲表面还有 17 个凹陷，为内部肌肉着生之处，中央 1 个横列，其左右下方 4 个形状最大，两侧第一龙骨突的基端，各有 6 个形小而不显著的凹陷。

　　头胸甲不但遮盖背面，其前端还折入头胸部之下，可分为下肝区、颊区和口前部（图 3），在三角形口前部的下方，有一条隆起线，称为口盖线。于眼眶之下在颊区各有 1 条眼眶下线，其下方各有 1 条侧板线。

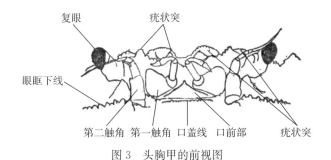

图 3　头胸甲的前视图

2. 胸部腹甲

　　头胸部的腹面，除前部为头胸甲的下折部分所覆盖外，其余皆由胸部腹甲（图 4）所包被。胸部腹甲周围密生绒毛，中央有一凹陷的腹甲沟。胸部腹甲原分 7 节，前 3 节已愈合为一，但节痕尚可辨认，后 4 节在腹甲沟处也已愈合，但根据其两侧存在的隔膜，可以分辨。另外，在第六节腹甲沟处尚有一片纵行隔膜，这些隔膜连着足部肌肉。生殖孔在胸部腹甲上，雌、雄开口的位置不同。雄蟹在第七节，雌蟹在第五节。

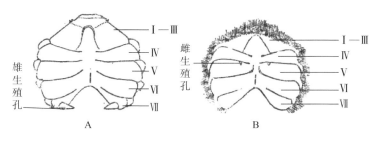

图 4　腹部腹甲
A. 雄性　B. 雌性

（二）腹部

腹部已退化成扁平的一片，紧贴于胸部之下，俗称为脐。四周有绒毛，由肠道贯通前后，肛门开口于末节的内侧。雄蟹腹部三角形，俗称尖脐（图 5），紧合于腹甲沟之中，第一节有一横行突起，将该节分为前、后两部分，前部插入头胸甲之下，后部弯向腹面，第二节短窄，第三节最宽；雌蟹腹部宽大呈圆形，成熟的雌蟹腹部遮盖整个腹甲，俗称团脐，其第一、第二节与雄蟹相似，其余各节都比较宽大，最后一节虽然狭小，但宽大于长。河蟹腹部的形状是区别雌、雄最明显的标志。

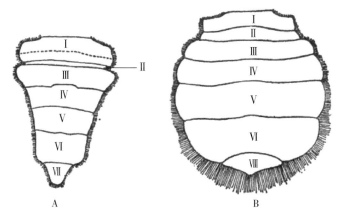

图 5　腹　部
A. 雄性　B. 雌性

（三）附肢

河蟹附肢因适应机能上的分工，形态各不相同，但附肢的基本结构是完全一样的，都是由二叉肢演变而成，即双肢型，由原肢、内肢和外肢组成。原肢与身体相连，在原肢上生出内、外两肢。

1. 头部附肢

共有 5 对。前 2 对为触角，后 3 对为一对大颚和二对小颚。

第一触角：又称内触角，横列在颚的下方。原肢 3 节，各节有关节相连，能够折叠，可稍稍活动，第二节最长，第三节略为弯曲，末端生出内、外两叶，内叶圆细，外叶宽扁，其内侧感觉毛较内叶为多。

第二触角：又称外触角，直立于第一触角的外侧。原肢 2 节，第一节不能活动，位于口盖线和眼眶下线的中间，第二节比较显著，因下端有关节膜与身体相连，故活动自如。关节膜下方有一盖片，其下方内角着生丛毛，触角腺开口在丛毛之下。外肢退化，内肢约有 20 节组成节鞭，第一节很长，一端有关节膜与原肢相连，另一端有一深的缺刻，可使节鞭弯曲，第二、第三节也较长，以下各节非常短小。

大颚：位于口的两侧，由底节和基节组成，底节细长，基节锋利，用以磨碎食物。内肢 3 节，称大颚须，上有感觉毛。外肢退化。

第一小颚：原肢薄片状，由底节与基节组成，内缘多刺毛，辅以磨碎食物。内肢称为小颚须，不分节。外肢消失。

第二小颚：原肢由底节与基节组成，薄片状，各分裂成 2 片，基节分裂不完全。内肢称为小颚须，不分节。外肢称颚舟片，其上端深入鳃腔，拨动时可激起水流。

2. 胸部附肢

共有 8 对。前 3 对颚足，为口器的辅助器官，后 5 对为胸足，具有行动、捕食和防御的功能。

颚足均由原肢、内肢、外肢、上肢四部分组成。

第一颚足：原肢由底节和基节组成，薄片状，上具小刺，帮助磨碎食物。内肢 2 节，第一节基端细长，顶端扁宽，用来关闭入水孔，以防干燥，第二节横生第一节宽细两部分之间，外肢长而不分节，顶端斜生一节鞭。上肢长，两侧及顶端均生细丝状的毛，伸入鳃腔，拨动时能形成水流，有清洁鳃腔的作用。

第二颚足：原肢有底、基两节，内肢分 4 节，即座长合节、腕节、前节和指节。外肢生于底节上，不分节，顶端有一鞭，分 2 节，第二节由许多不完全的短节组成。上肢生于底节上，细长，两侧及顶端均生有细丝状的毛。上肢伸入鳃腔，与第一对颚足功能相同。在底节外侧还生一足鳃。

第三颚足：原肢仍由底节和基节组成。内肢 5 节，即座、长、腕、前和指节。外肢着生于底节上，不分节，末端有一节鞭，形状与第一对相似。上肢也由底节生出，细长而弯曲，两侧和顶端各生许多长毛，用以过滤水中不洁之物，同时又可堵塞入水孔。在底节上也有一足鳃。

胸足由原肢和内肢组成，外肢退化。内肢 5 节，加上原肢 2 节，故胸足由底、基、座、长、腕、前和指等 7 节组成。

第一对胸足，称螯足（图 6），特别发达，具捕食和防御功能。雄性螯足较大，雌性较小。底、基两节短小，其间有关节，座节不发达；长节长而旋扭，外侧生一大刺；腕节粗短，也有一大刺；前节基部膨大，称掌部，末端细尖，为不动指，而指节变成活动指，与不动指对生，合为钳，两指内缘均生齿状突，末端锋利，便于钳铗。此外，掌部密生绒毛，雄性较雌性稠密，两指露于绒毛之外。

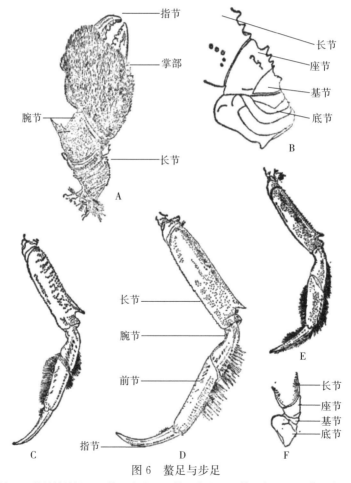

图 6　螯足与步足

A. 螯足　B. 螯足的基部　C. 第一步足　D. 第二步足　E. 第四步足　F. 第二步足的基部

第二至第五对胸足，结构相同，称为步足，为爬行器官。步足的底节粗短，基节不明显；内肢的座节最短，长节最长，长节末端背面有一刺突，座节略成圆形；长、腕、前三节都比较扁平。第三对步足的指节尖细而圆，呈爪状，末对步足扁平。步足表面具刚毛，雌、雄的刚毛分布相似，唯雄性比较发达，分布状况是：第一节在腕节的背缘和末端、前节的背缘和末端、指节腹缘的基部；第二、第三对在腕节和前节的背缘及前节的末端；第四对在腕节的背缘、前节的背缘、腹缘及末端、指节的背腹缘。

3. 腹部附肢

多已退化，其数目与性状因性别而异。雌性腹肢 4 对，生于第二至第五腹节上，由前而后，渐次变小。双肢型。原肢由底节和基节组成。底节短小，基节向内延长；内肢连在基节的末端，不分节，列生长毛，很有规则，约 30～40 排，卵产出后就黏附其上。外肢生于基节的末端，也具刚毛。

雄蟹仅有 2 对，变成交接器，着生于第一、第二腹节上。单肢，外肢消失，只剩内肢。第一对呈细管状，用来输精，顶端开口于向外弯曲的片状突起上，而基端开口非常畅大。第二对细小，顶端生毛。交配时上下移动，喷射精液。

五、内部构造

河蟹体内有胃、肝脏、鳃、心脏、生殖腺等各项器官。可分为消化系统、呼吸系统、循环系统、排泄器官、神经系统、感觉器官、生殖系统。

（一）消化系统

消化管分前肠、中肠和后肠。前后肠特别发达，从发生上来说，前肠和后肠来源于外胚层，都有几丁质的内壁；中肠很短，来源于内胚层，无几丁质内壁。

1. 前肠

包括口、食道和胃。口在大颚之间，外围有三片瓣膜，上方一片称上唇，下方左右两片叫下唇，前者粗大，形似鸟喙，后者较小。口后连一短的食道，内有三条纵褶，此系上下唇的延长物。食道短且直，末端通入膨大的胃。胃可分为两部分，即贲门胃与幽门胃。贲门胃为一大囊，作为贮藏和磨碎食物之用，它的后半部是咀嚼器，称"胃磨"，由 1 背齿、2 侧齿和 2 块栉状骨组成，与胃壁几丁质的加厚部分相连，借其中肌肉的收缩，使各齿转动，用以磨碎食物；幽门胃的胃腔很小，从横切面看，呈三叶状，由 1 背褶和 2 个侧褶构成，内壁也为几丁质，满布刚毛，经过贲门胃磨碎的食物颗粒，通过此腔到达中肠，胃的作用是机械磨碎和过滤食物的作用。在夏季，贲门胃前部两侧胃壁的外面，常出现一堆白色的钙质小体，称为"磨石"，蟹蜕壳后，钙质小体逐渐被吸收到柔软的几丁质外骨骼中去，以加强硬度。

2. 中肠

很短，在其背面有细长的盲管。肝分左右两叶，由许多细枝组成，俗称"肝小管"，体积很大，有一对肝管通入中肠，消化液由此输入，食物的消化吸收主要在此进行。

3. 后肠

中肠之后为后肠，很长，外围披有厚膜，末端为肛门，周围肌肉特别发达，开口于腹部的末节。

（二）呼吸系统

鳃是河蟹的呼吸器官，位于头胸部两侧的鳃腔内。在螯足基部的下方有入水孔，第二触角基部的下方有出水孔。鳃共有6对，因其着生部位不同可分为侧鳃、关节鳃、足鳃和肢鳃等四种。是颚足和后胸肢的附属物。侧鳃着生于第一、第二步足基部的身体侧壁上；关节鳃着生于第三颚足及螯足底节及体壁间之关节膜上；足鳃着生于第二、第三颚足底节上；肢鳃着生于3对颚足底节之外侧。每一鳃片，由一鳃轴及两侧分出的许多鳃叶构成。入鳃血管和出鳃血管是平行的两条血管，位于鳃轴的上下两侧。

溶解在水中的氧和血液中的二氧化碳，通过扩散作用，进行交换，完成呼吸作用。由于第二小颚的颚舟片不断颤动，水流由入水孔流入鳃腔，经出水孔流出，水流不断的循环，保证了呼吸作用所需氧气的供应。此外，在鳃腔的后端，有一围心腔壁延伸而成的三角膜，其作用机理仍不了解。活体解剖，三角膜内是透明液体，煮熟后三角膜为白色凝聚物，似煮熟的鸡蛋白。

（三）循环系统

河蟹的循环系统，由一肌肉质的心脏和一部分血管及许多血窦组成。在头胸部背面中央的围心窦内，有一略似五边形的心脏，有系带与围心窦壁相连。心脏共有3对有活瓣的心孔，背面2对，腹面1对，围心窦的血液通过心孔流入心脏，活瓣可防止血液倒流。

由心脏发出的动脉共有7条，其中5条向前，另外2条自心脏后端通出，一条向后，另一条流向身体腹面。向前的5条是：1条眼动脉，由心脏前缘中央发出，经胃的上部到身体的前端，分布到食道、脑神经节、眼等处；1对触角动脉，由眼动脉基部的左右两侧通出，分布到触角、排泄器官及胃等处；1对肝动脉，各由触角动脉基部的两侧发出，分布到中肠、肝脏及生殖腺等处。

向后的一条是腹上动脉，由心脏后缘中央发出，向后沿腹部背面一直通到身体的末端，并有分支到后肠；弯向身体腹面的一条是胸动脉，由心脏后缘中央通出，向下穿过胸神经节，之后分成前、后两支，均与腹神经索平行，向前为胸下动脉，有分支到胸部附肢，向后为腹下动脉，有分支到腹部附肢。

以上各血管分成许多微血管，最后开放到身体各部的组织间，形成血窦。河蟹的循环系统为开管式，即由心脏将血液压出，经动脉到微血管，然后流入血窦。身体各部分血窦的血液，最后汇入胸窦，经入鳃血管，进入鳃内营气体交换，再由出鳃血管，经鳃心窦，汇集到围心窦，经心孔，回到心脏。

血液无色，由许多吞噬细胞（即血球）和淋巴组成。有血清素溶解在淋巴内。

（四）排泄器官

河蟹的排泄器官为触角腺，又称"绿腺"，为一对卵圆的囊状物，被覆在胃的上面，其包括海绵组织的腺体部和囊状的膀胱部，开口在第二触角基部的乳头上。

（五）神经系统

在河蟹头胸部的背面，食道之上，口上突之内，有一略呈六边形的神经节，即为脑神经节，亦称脑。从脑神经节向前和两侧发出4对主要的神经，第一对非常细小，称第一触角神经；第二对神经最为粗大，通到眼，称为视神经；第三对为外周神经，分布到头胸部的皮膜上；第四对通至第二触角，称第二触角神经。

河蟹的脑神经节由围咽神经与胸神经节相连，由围咽神经发出一对交感神经，通到内脏器官。食道之后还有一横神经，与左右两条围咽神经相连。胸神经节贴近胸部腹甲中央，原由多数神经节集合而成，中部有一小孔，胸动脉由此通过。从胸神经节发出的神经，较粗的有5对，各对依次分布在螯足和步足之中。由胸神经向后延至腹部，为腹神经。河蟹腹部无神经节，由腹神经分裂成许多分枝，散布在腹部各处，腹部感觉十分灵敏。

（六）感觉器官

河蟹感觉器官比较发达，包括一对有柄的复眼，由数百甚至近千个以上的六角形的单眼镶嵌组成，复眼中心为色素较深的视网膜部分。眼柄生于眼眶中，分2节，第一节细小，第二节粗大，节间有关节相连，既可直立，又可横卧，活动灵便。直立时，将眼举起，可视各方，横卧时可借眼眶外侧之毛拂除眼表面的不洁之物。

平衡器官为一平衡囊,藏于第一触角的第一节中,有几丁质形成的囊壁皱褶,内无平衡石,开口也已经闭塞。第一触角上的感觉毛,有化学感觉的功能,身体和附肢各部分的刚毛有触觉作用。

(七) 生殖系统

河蟹雌雄异体,性腺位于背甲下面。

雌性生殖器官:包括卵巢与输卵管两部分。成熟的雌蟹,卵巢非常发达,充满体内,并可延伸到腹部前端,后肠的两侧。卵巢左右两叶各有一短短的输卵管,末端有一受精囊。卵巢,成熟时呈紫酱色或豆沙色。生殖孔开口于胸部腹甲的第五节,孔上有一个三角形的骨质突起,交配时便于固定雄蟹交接器的位置。纳精囊原为空瘪皱褶的盲管,经交配后,为精液充满,膨大成球形,呈乳白色。

雄性生殖器官:包括精巢与输精管两部分。精巢乳白色,分左右两叶,位于胃的两侧,在胃和心脏之间,相互融联,各叶皆与一输精管连接。输精管分为两部分,前端细而盘曲,后端粗大,肌肉发达,称为射精管。射精管在三角膜下内侧与副性腺汇合后的一段管径显著变细,穿过肌肉,开口于腹甲第七节的下皮膜突起,称为阴茎,长约 0.5cm,交配时,雌雄蟹腹部相对,雌蟹打开腹部,显露出一对雌孔,雄蟹将腹部按在雌蟹腹部的内侧,使雌蟹腹部不能闭合,雄蟹一对交接器的末端紧贴在雌孔上输精,将精荚输入雌孔,贮存于雌蟹纳精囊内。其中,精子呈图钉形,长 7.5~8.5μm。副性腺为许多分枝的盲管,分泌物黏稠乳白色。

六、 新陈代谢

新陈代谢是一切生命最本质的特征。河蟹是变温动物,其新陈代谢水平随水温的变化而变化。

(一) 代谢特点

在生命活动过程中,河蟹不断与周围环境进行物质交换和能量交换,以及在生物体内发生物质变化和能量变化,从而不断生长,完成生命周期。在适温生长范围内生理代谢显示较高水平,摄食活动能力强,蜕壳生长;低温与高温都抑制其生理代谢水平,摄食活动能力差,基本不蜕壳。水质和底质中含有毒、有害物质将影响河蟹的健康和生理代谢水平,水体溶解氧含量高低也直接影响代谢水平。

（二）代谢机理

河蟹的生长发育主要依赖外源性营养物质的供给，各类细胞才能获得生长。摄取的营养物质主要有蛋白质、碳水化合物和无机盐类等。肝脏是河蟹体内物质代谢的中心，有 1 对肝管通入中肠，输送消化液，消化吸收的营养物质进入血液通过门静脉进入肝脏加工处理，一部分参与血液循环，另一部分被贮存。

各类营养物质进入中肠，在各类酶和微生物等的参与下被消化吸收。糖类在消化酶等的作用下分解成单糖被肠道吸收，进入血液，由门静脉运送至肝脏加工处理。单糖经肝脏处理后一部分参与血液循环，进入各组织细胞供氧化分解。如有多余，亦可合成糖原贮存备用，或转变成其他物质（如脂肪、某些氨基酸等）。脂肪进入中肠被乳化成极细小的微滴，乳化后的脂肪一部分通过肠黏膜细胞先进入淋巴，再进入血液循环。然后再输送到各内脏器官和脂肪库。另一部分被中肠中的脂肪酶分解为脂肪酸和甘油二酯、甘油单酯或甘油。甘油二酯、甘油单酯和一部分脂肪酸在肠黏膜细胞中再合成甘油三酯，通过淋巴进入血液循环。甘油和另一部分脂肪酸则通过门静脉至肝脏，在肝脏中进行分解或再合成。饲料蛋白质种类繁多，不同蛋白质的氨基酸组成有较大差异，蛋白质在中肠经蛋白酶的水解作用变成氨基酸后才能被吸收。被吸收的氨基酸多半由绒毛毛细血管经门静脉入肝，也有一部分经乳糜管由淋巴系统进入血液循环。

河蟹生长发育必需的各类营养物质主要通过血液送达各组织器官，被细胞吸收利用，部分营养物质通过水环境中获得。河蟹体内获取的营养物质一部分作为能量代谢所需，另一部分提供细胞生长。生长发育是细胞不断分裂的过程，一部分细胞衰老死亡被代谢，新的细胞不断产生。蛋白质是河蟹生命的物质基础，氨基酸是构成蛋白质的基本单位。组成蛋白质的氨基酸主要有 20 种，河蟹体内只能合成一部分，其余的不能合成，或合成速度太慢，不能满足需要，必须由食物蛋白供给，称之必需氨基酸。故食物蛋白的种类和数量对河蟹生长发育至关重要。满足河蟹机体蛋白合成所需氨基酸占比越高的食物，营养价值也越高。河蟹生长发育依据其生物学特点有明显的阶段性，在不同的生长发育阶段对营养的需求也存在一定的差异，在良好的外部环境条件下，满足其生长发育对营养的需求才能养殖出大规格、高品质的河蟹。

第二章　河蟹生长发育与外部环境

一、生长发育

河蟹有一定的生命周期，通常 2 年左右。短的仅 1 年，长的达 3—4 年。人工移植至新疆等内陆高寒地区大水面的河蟹苗种，最长寿命可达 6—7 年。

亲本蟹在海水中交配、抱卵，雌蟹产出的受精卵即为生命的起点。雌蟹抱卵后，受精卵进入胚胎发育阶段，直至抱卵蟹在育苗池挂篓，溞状幼体从卵膜内孵出的全过程称胚胎发育。溞状幼体出膜后开启胚后发育进程，在海水中营浮游生活，兼有一定的游泳能力，在水体中觅食，经 5 次蜕皮变为大眼幼体。大眼幼体有极强的游泳能力，主要在水体中觅食，达到一定日龄的大眼幼体经过淡化，便可进入纯淡水生活。大眼幼体进入淡水后蜕皮变成Ⅰ期幼蟹。Ⅰ期幼蟹已具备成蟹的基本外形，开始营底栖生活，兼有一定的游泳能力，主要依赖螯足摄取食物。Ⅰ期幼蟹经 9 次左右蜕壳成为规格蟹种。随着幼蟹规格的长大，游泳能力逐步衰退，主要营底栖生活，依靠鳃呼吸，螯足摄取食物。蟹种在冬春季节进入成蟹池，经过 5 次左右蜕壳，秋季长成成蟹。一般而言，长江中下游地区完成 5 次蜕壳的成蟹开始启动性腺发育程序，通常在 10 月初出现生殖洄游，10 月底进入性成熟状态。

（一）蜕壳的普遍性与特殊性

1. 甲壳作用

甲壳是河蟹的外骨骼，河蟹组织凡是与外部环境紧密接触的部位都已高度甲壳化。发育到位的甲壳质非常坚硬，对河蟹的外部形态起到很好的固化作用，同时也为生命体内的组织系统作出清晰的功能划分与定位，为生命有机体开展新陈代谢提供物质基础。甲壳一方面构成河蟹生命的特殊形态，并为生命体提供良好的保护作用；另一方面甲壳为河蟹运动、摄食、抗击敌害入侵提供可能。甲壳虽然为维护河蟹生命体正常生长发育起到良好的保护作用，但也阻碍生命体进一步的生长发育。因此，蜕壳就成为河蟹进一步生长发育的必然选择。

2. 蜕壳条件

河蟹是变温动物，蜕壳是其生长的普遍规律，蜕壳必须具备相应的内外部条件。外因主要有光照、水温、溶氧、pH、盐度、栖息环境等；内因主要是体内各组织器官的发育程度和体内营养积累状况。水温是蜕壳生长的主要限制因子，蜕壳生长的适宜水温为 11～32℃。水温低于 11℃或高于 32℃很少有河蟹批量蜕壳。蜕壳生长受区域地理位置、遗传基因、营养供给、水域生态环境等因素综合影响，在蜕壳时间、蜕壳次数、蜕壳后的增幅上往往存在较大的差异性，也就是蜕壳的特殊性。

3. 甲壳质形成

蜕壳是河蟹的一种特殊生理机能。甲壳质是甲壳膜所分泌的一种衍生物，是多糖类中物理、化学和生物学上最稳当的物质，在自然界不是游离存在，而是与蛋白质及其他有机物相结合，通过无机盐（碳酸钙）的沉淀以复杂形态存在。其构成单位为 N-乙酰氨基葡萄胺和 1 分子的葡萄糖合成的。在旧壳与新体没有发生分离前，甲壳质和甲壳膜是紧密联系在一起的，是一个统一的有机整体。甲壳膜细胞具备合成和分泌甲壳质主要成分的功能，当甲壳质的主要成分与水中各种物质直接接触后，将会慢慢地失去一些水分得以沉淀，逐步变成坚韧的甲壳。甲壳的硬化程度涉及甲壳的厚度与强度。甲壳的强度主要源自甲壳质主要成分在水体中甲壳质化的程度，甲壳的厚度主要受甲壳膜细胞合成和分泌甲壳质主要成分数量多少影响。甲壳质化程度越高，甲壳越厚，甲壳将越坚硬。河蟹甲壳的颜色除和甲壳质的颜色有关外，主要受甲壳膜中色素细胞影响，而色素颜色的变化除受遗传因素影响外，还将受到不同光照强度的影响。甲壳质与甲壳膜细胞紧密相连时，甲壳膜细胞将向甲壳质提供一些必要的营养成分，使甲壳质显示出生命活力。当甲壳质与甲壳膜出现分离后，营养物质的输送管道就被切断，旧甲壳将失去生命活力。

4. 蜕壳步骤

河蟹具有阶段性生长的特点，每蜕一次壳生长一次。每次蜕壳都要经过营养积累、蜕壳准备、蜕壳和软壳蟹硬化四个步骤。其中营养积累所需时间最长，蜕壳所需时间最短。

（1）营养积累：营养积累建立在软壳蟹初步硬化的基础之上。河蟹通过一对螯足摄取外源性食物，经过撕裂、夹碎，将适口食物送入口器内进行咀嚼，经食道入胃深度粉碎，再进入中肠，在消化酶等的帮助下进行消化与吸收。没有被消化吸收的残渣经后肠由肛门排出体外。被吸收的营养物质，一部分被转化为生物能参与生命代谢活动，大部分通过转运进入各组织器官，促进细胞生长，变成了生命体的一部分或作为备用能量储存在肝胰脏等组织之中。河蟹体内营养积累的过程也是生命有机体生长发育的过程，当生长发育和营养积累达到某种程度后，将进入蜕壳准备阶段。

（2）蜕壳准备：在适宜的环境条件下，河蟹生长发育达到某种程度，机体各组织器官发出的各种信息汇集到神经中枢，负责蜕壳的遗传基因将启动蜕壳程序。在光周期影响下，眼柄基部的内分泌器官将产生一定数量的蜕壳激素，随体液到达相应的组织器官，造成甲壳质与甲壳膜之间的逐步分离。蜕壳激素的分泌有相应的时间窗口，超过有效分泌期，蜕壳抑制激素的分泌将占主导地位。

甲壳质和甲壳膜分离是一个循序渐进的过程。甲壳质所需营养物质的通道慢慢地被切断，旧甲壳渐渐丧失生命活力，缺乏了往日的光泽与韧性，但仍能对机体起到积极的保护作用。与此同时，甲壳膜细胞日趋活跃，新分泌的甲壳质主要成分数量不断增加，由于仍在旧壳的保护之中，尚未得到必要的钙化，故十分柔软，但已有较高的强度。在蜕壳准备阶段，随着时间的推移，蟹壳逐渐泛黄。旧甲壳鳃腔两侧密封甲壳的连接线由于缺乏营养物质的供给出现自然断裂，为新一轮的蜕壳打开了缝隙。通过蜕壳前较长时间的生长发育与营养积累，旧甲壳内各新生的组织器官发育逐步完善，体液浓度进一步加大，新体与旧壳之间已出现自然分离，头胸甲腹背交界处的裂缝渐渐打开，蜕壳行为开始启动。在临蜕壳前，河蟹停止摄食，并寻找适宜的蜕壳场所，安静、隐蔽、水体溶氧含量高、旧甲壳的附肢有合适的着力点成为首选。

（3）蜕壳：蜕壳是一个相对短暂的过程。通常在夜间进行，静卧的河蟹在头胸甲腹背交界处开裂到一定程度后，由于新体在旧壳内体液浓度极高，受渗透压影响，新体将不断吸水膨胀，新体的甲壳质十分柔软，在脱离旧壳时会造成挤压变形。蜕壳过程中河蟹整个有机体将协同配合，新体也会释放出大量生物能促进机体收缩运动，借着机械运动和水的浮力，新体将从旧壳头胸甲腹背交界处不断往外蜕出，完成蜕壳全过程。

如果新体与旧壳之间分离不彻底或者在蜕壳时受到惊吓等因素影响，蜕壳的整体协调性受到干扰，会出现部分附肢的新体残留在旧壳内，老百姓俗称"拉脚"。还有河蟹眼柄新体与旧壳没有彻底分离，蜕壳后造成"瞎眼"现象。更有受内外因素影响，河蟹在蜕壳过程中死亡的，俗称"蜕壳不遂"。完成蜕壳的软壳蟹体质较弱，一般会在旧壳附近静止一段时间，静候甲壳的逐步硬化。受多种因素影响，软壳蟹有时会在离旧壳稍远一点的地方静卧。刚脱离旧壳的软壳蟹借助水体浮力已具备一定的运动能力，只是运动能力相对较弱。软壳蟹最易受同类相残和敌害攻击。

（4）软壳蟹硬化：甲壳的硬化速度与硬化程度十分重要。观察表明，河蟹个体越小硬化速度越快，相应的硬化程度也越高。软壳蟹脱离旧壳后，甲壳膜细胞将继续分泌新的甲壳质主要成分，在与水中的无机盐等发生反应形成真正意义上的甲壳质。分析认为软壳蟹的硬化速度和硬化程度与体内营养积累水平、水质状况等有密切的相关性。若甲壳膜分泌的甲壳质主要成分数量少或不能很好地与水中的钙等无机盐反应进行沉淀，甲壳的硬化程度将难以到位。甲壳质越厚，甲壳也愈加坚硬。软壳蟹的甲壳硬化一方面受内部组织器官发育水平和营养积累状况的影响，另一方面受水体无机盐含量和水体溶解氧含量等外部环境条件的影响。实际观察发现，有时会有个别蟹蜕壳后在软壳阶段伤亡，也有的蟹甲壳硬化长期达不到应有水平，在下一次蜕壳前中途死亡，分析认为与甲壳硬化不到位有十分重要的关系。软壳蟹的甲壳硬化到一定程度后便会主动摄食，甲壳也逐步坚硬，转入新一轮的营养积累阶段。

5. 蜕壳的特殊性

河蟹的蜕壳周期、蜕壳次数由其所处生命阶段、地理分布、种群特性等决定。长江中下游地区河蟹的生命周期一般为两年，一生中蜕皮、蜕壳累计次数在 19 次左右。幼体至一龄蟹种阶段蜕壳周期逐步延长，成蟹养殖阶段蜕壳周期进一步延长，基本上一个月左右蜕一次壳。河蟹在我国从南到北，自然分布区域十分广泛，经过漫长的自然进化，形成了不同区域的自然种群。在幼蟹阶段，辽河水系河蟹与长江水系河蟹蜕皮次数是一致的，但在蟹种养殖成蟹的过程中，辽河水系河蟹普遍蜕壳 4 次，而长江水系河蟹普遍蜕壳 5 次。北方蟹种进入南方养殖，生殖洄游会提早一个月左右出现，而南方蟹种进入北方养殖，受天气条件影响，第一次蜕壳也会大大推迟，时间在一个月左右。

成蟹规格的大小和一生中的蜕壳次数、每一次蜕壳后的增幅密切相关。性成熟意味河蟹一生中蜕壳行为的终止。观察表明，河蟹性腺发育绝大多数是不可逆的，性成熟的蟹在翌年 5 月份之前将会陆续死亡。但雌雄蟹也有极少数例外现象发生，尤其外观特征成熟的雄蟹第二年有极少数进入新一轮的蜕壳生长，并有可能成为超大规格成蟹。河蟹性成熟通常出现在秋季，长江中下游地区成蟹养殖 8 月份开始进入秋季最后一次蜕壳，蜕壳后性腺发育随之启动，性腺由之前初始状态的第一期相，发育进入第二期相，随后向更高层次推进。

性成熟可能和遗育基因、体内营养积累水平、光周期等有密切联系。在大眼幼体人工培育蟹种的过程中，秋季往往有一定比例的早熟蟹形成。1995 年下半年，曾经在黄河口山东东营的蟹种培育基地发现，有一部分 5g 左右的雌蟹性腺已发育成熟。从 1996 年至 2017 年南京市高淳区蟹种培育实践中，秋季早熟蟹普遍每只为 17～25g，2018 年至 2019 年通过采用 4 母以上超大规格亲本蟹繁育的大眼幼体培育蟹种，早熟蟹整体规格有所提升，普遍在每只为 25g

左右，大的可达50g以上。但2020年春季发现5母规格亲本蟹繁育出的蟹种内，也有规格相对较小的早熟蟹。1993年下半年在长江镇江段捕捞天然蟹种，发现1只50g以上雌蟹脐还较尖，并未成熟。长江中下游地区长江水系蟹种培育，秋季性早熟蟹的出现，一般在大眼幼体入池后蜕皮、蜕壳累计十次的基础上，才有可能发生。北方辽河、黄河水系蟹种，在大眼幼体入池后蜕皮、蜕壳累计9次的基础上就有可能发生。遗传基因可能对不同种群性成熟最小个体规格有一定的限制，进入秋季达最小性成熟规格的个体，在体内营养积累达到某种程度后，完成当年最后一次蜕壳，便会启动性腺发育程序，成为当年早熟蟹。与此相反，也会有一部分蟹种因多种因素，不能按正常生长发育要求如期蜕壳，明显减少了生长期内正常的蜕壳次数，成为小规格蟹甚至变成懒蟹或僵蟹，其生命周期最长可达3—4年。未成熟的蟹种越冬后，进入下一年度的生长发育周期。

河蟹每一次蜕壳后的增幅受遗传基因、营养供给、养殖环境、天气条件等内外因素综合影响，会造成较大差异。从受精卵开始，生命个体大小就出现差异。从胚胎发育至大眼幼体，个体差异渐次拉大。同为大眼幼体，规格大的每500g 6万只，规格小的可达8万只。有良好遗传基因的亲蟹繁育出的子代，在蟹种培育和成蟹养殖过程中有较为明显的生长优势。但超大规格亲本繁育的子代，在成蟹养殖过程中，往往秋季性腺发育有所推迟。曾观察到11月份个体规格达400g的雌蟹，因蜕壳太迟，而出现最终无法硬壳的情况。遗传基因可能对每一次营养积累阶段体细胞的分裂次数有一定的调节作用，细胞内各种营养物质主要依赖摄取食物的数量、质量和消化吸收功能所决定。适宜的水温、充足的溶氧、干净的池底和营养丰富全面的食物有利于体细胞的生长和体内营养积累。换言之，各方面条件充分，河蟹蜕壳后的增幅就大。反之，蜕壳增幅就小。

长期观察表明，河蟹一生之中，除最后一次生殖蜕壳以外，通常每蜕一次壳，体重都要增加一倍以上。水域环境好，放养密度稀，营养供给充分，每次蜕壳后的增幅远超正常水平。相反，每次蜕壳后增幅将低于正常水平，水域生态环境条件和营养供给水平对河蟹蜕壳后的增幅影响极大。由于生态环境条件和营养供给水平的差异，生产实践中往往出现小规格亲本蟹子代也能养出部分大规格成蟹，而超大规格亲本蟹子代也会养出普通成蟹。水域生态环境是养殖的核心，良种是基础，营养供给是保障。

（二）养殖河蟹的行为特点

自然状态下，河蟹喜欢栖居在江、河、湖泊的泥岸或滩涂上的洞穴里和隐匿在石砾、水草丛中，要求洁净的栖息环境。蟹穴的分布在潮水涨落的江河中，多位于高低水位线之间，不易被发现。河蟹喜静、怕光，昼伏夜出。对水体溶解氧有着较高需求，通常认为河蟹健康生长的水体溶解氧含量不宜低于4～5mg/L。

1. 阶段性行为特点

在人工培育蟹种的过程中，我们观察到Ⅰ期幼蟹开始营底栖隐居生活，但仍有较强的游泳能力。河蟹规格越大，游泳时间越短，但体质强壮的大规格成蟹仍有短暂游泳能力。从Ⅱ期幼蟹开始穴居，但大多数主要营底栖隐居生活。进入Ⅴ期幼蟹阶段，个体掘洞穴的能力明显增强，但主要还是营底栖隐居生活。在成蟹养殖过程中，无论是天然蟹种还是人工培育蟹种，冬春季节苗种投放后，往往在一周之内就可以找到池塘内河蟹新挖掘的洞穴，气温低尤其明显。养殖水体内如移栽有密度极高的沉水植物或留有老的洞穴等，都将成为河蟹的家园。昼伏夜行随河蟹规格增大愈加明显，蟹种培育阶段白天可以观察到幼蟹活动，成蟹养殖阶段将难以观察。在苗种培育与成蟹养殖过程中，由于池埂渗漏往往会出现河蟹集体逃逸事件。雨天，Ⅴ期以上幼蟹也会出现群体上岸迁徙现象，夜间较为突出。秋季生殖洄游，河蟹在池周浅水区集群沿顺时针不停游动。干池捕捉时，往往在某一深水区发现大量河蟹聚居，说明河蟹有集群活动与聚居的特性。为争夺食物与栖息地，会相互争斗，小蟹斗不过大蟹。在饵料不足的情况下，硬壳蟹往往会残食软壳蟹。

2. 外部条件对行为的影响

水体溶氧、底质状况、食物、水温等对河蟹行为有较大影响。冬春季节蟹种下池后，在水温相对较高的情况下，受蟹种自身因素或养殖水环境不适的影响，部分塘口有蟹种群体性晚上上岸现象发生，一般1～3个晚上有上岸河蟹，随后处于相对安静状态。当然也可能有极少数体质弱的蟹种离开水体上岸或在近岸浅水区活动，甚至死亡。第一次蜕壳结束以后，河蟹在池底活动能力增强，常会搅动池底泥浆颗粒悬浮在水体中，引起池水轻度浑浊。饵料不足，池水浑浊程度更高。如遇塘口水质和底质不良情况发生，晚上会发生河蟹离水上岸现象。水体溶解氧含量高，池底清洁，河蟹一般不上岸。水体溶解氧含量低，底质恶化，上岸数量增多，离水时间长，甚至白天还有河蟹在岸上。

梅雨期间，水体溶解氧较低的塘口，白天可以观察到河蟹在池周浅水区或水草丛中活动。河蟹在每一次蜕壳前的营养积累阶段活动能力较强，对底质和水草构成不同程度危害，影响池水透明度高低。河蟹浅水生态养殖塘口在第四次蜕壳前，随着每一次蜕壳的完成，处在营养积累阶段的河蟹在池底频繁活动，将造成土壤黏粒含量高的池水浑浊程度逐步加大。第四次蜕壳处在梅雨期间，由于水体空间放大，且第四次蜕壳基本结束后进入高温，高温抑制河蟹活动，故池水浑浊程度会大幅减轻。水体溶解氧含量高，河蟹相对安静，生理代谢消耗的体能较少，投饵系数下降，可有效减轻对沉水植物的破坏程度。水体溶解氧含量高还有利于好氧微生物对水体有机质的彻底降解，促进池底有毒、有害物质的氧化，有利于净化底质。

在环沟型塘口，通常设有深水区与浅水区。随塘口水位逐步提升，河蟹在池底的分布也日趋均匀。河蟹一般隐藏在水草丛中或隐匿在泥底之中。河蟹个体有画地为牢的习性，正常情况下有一定的势力范围和活动半径。安全和相对舒适的水环境有利于长期栖居。河蟹第一次蜕壳一般都在环沟深水区进行，蜕壳行为大多发生在夜间。第二次蜕壳大田浅水区水深达 10cm 并有良好水草存在的区域可见零星蟹壳。当大田浅水区水深达 40cm 左右时，发现白天也会有河蟹隐匿在浅水区池底。第三次蜕壳，大田浅水区可以观察到较多数量蟹壳。河蟹在每一次蜕壳完成后，会重新寻找新的栖息地，安全是第一选择。当水温达 35℃ 以上时，河蟹一般会选择水温相对较低的池底区域栖居。在良好的水域生态环境下，健康的河蟹白天很少活动，营底栖生活。晚上借助一对复眼靠微弱的光线出来四周活动、觅食。高温期间，闷热天气，往往造成晚上河蟹上岸，许多河蟹身上有大量淤泥。上岸数量较多，说明池底和水体缺氧较严重。

摄食是河蟹最重要的行为，水温 15~30℃ 处在营养积累阶段的河蟹摄食活动最旺盛。水温低于 10℃ 以下，有一定摄食能力，但摄食不明显。水温高于 34℃ 会引起消化不良，抑制河蟹摄食活动。但在水体溶解氧含量高，底质清洁的情况下，河蟹摄食状况有明显改善。

3. 生殖洄游行为

秋季河蟹完成最后一次蜕壳，一般在 9 月下旬至 10 月上旬出现生殖洄游。多年观察表明，同一区域相似的河蟹种群，往往在某一天的下午或晚间相近时段会出现群体性行动，在池周浅水区频繁活动，造成池水短时间内出现深度浑浊。偶有个别塘口适当提前或延误数日的情况出现。具体表现为河蟹在池底频繁活动，打破了原先昼伏夜行分散活动的习性，集群在岸线浅水区沿顺时针方向游动，刚开始有河蟹晚上上岸，继而是白天上岸，上岸的数量逐步增加。较大水体池底缺乏水草区域往往水面出现逆时针转动的漩涡。生殖洄游表明河蟹初步成熟，但也有甲壳并不坚硬的河蟹参与其中。上岸河蟹反应敏捷，一旦遇动静大多迅速下水，也有部分变得凶猛，具备很强的攻击性，由原来的胆小横行变成胆大横行、纵行相结合。随水温的不断下降，岸线集群顺时针游动逐渐衰弱，至 11 月底集群游动逐步消失。进入 11 月份已有个别河蟹掘穴现象，在 11 月下旬随水温下降，白天上岸数量明显减少。12 月中旬池埂上白天很少有河蟹活动，池周出现零星死亡，部分离水死亡。12 月下旬池周及池底均有零星死亡。水质好、放养密度低上岸数量相对较少。

（三）生长发育与主要环境因子的关系

河蟹生长发育离不开特定的养殖水域环境和相应的天气条件。河蟹个体生长以占有合理的有效水体空间为前提。水体为河蟹摄食、生长和栖息活动提供场所与空间，为生命代谢活动提供溶解氧及各类营养元素，还承担着河蟹代谢产物与水体有机质的净化处理。观察与实践表明，河蟹喜贫营养型水体，需要洁净的底质与良好水质，在各类营养物质得到较好满足的前提下才能健康成长。

1. 养殖水体生物荷载

养殖水域生态系统有一定的自我修复功能，浅水生态系统具有生物多样性与相对稳定性的特点。在养殖过程中，当水体中产生的有机污染物超过自净能力上限时，水体污染程度将不断加重。对不同类型的养殖水体和养殖模式设立合理的放养密度，才能满足河蟹个体对有效水体空间的合理占有。

从生产实践来看，河蟹的阶段性生长基本遵循 2^n 的个体增重特点（n 为蜕壳次数）。一般来说，河蟹个体每次蜕壳后体重增加一倍（生殖蜕壳例外）。合理的放养密度应确保水体中产生的有机污染物在净化能力范围之内，且水体中所含各种营养物质能基本满足河蟹生长发育的需要。采用机械有效增氧、合理使用微生态制剂等措施可促进水体净化能力提升。从当前养殖水平进行初步测算，每立方有效水体河蟹的生物荷载为 112～336g。即养殖水体重量是所含河蟹体重的 3 000～9 000 倍。放养密度越低，对河蟹生长越有利。

河蟹养殖水域环境是人工营造的较为复杂的自然生态系统，人工种植的沉水植物是生态系统中的主体。人工营造的自然生态系统往往受到内外多种因素综合影响。基础性因素有土壤类别、土壤有机质含量、塘形结构、水源水质；内在因素主要有生命物质与非生命物质的变化运动；外在因素主要是天气条件（气温、光照、降雨、气流、气压）和投入品等。

2. 溶氧与 pH

长江中下游地区四季分明，养殖水环境离不开周年气候变化。冬春季节水环境变化相对较小，夏秋季节水环境变化较大。河蟹浅水生态养殖水环境中有两个重要的综合性指标，一是水体溶解氧含量，二是水体 pH。

（1）溶氧：溶解氧是以分子状态存在于水中的氧气单质，淡水中自然水体内溶解氧饱和含量随温度、含盐量升高而下降。当饱和度小于 100%，水可以从空气中溶解吸收 O_2，反之，过饱和时，就有 O_2 从水中溢出进入空气。值得注意的是，过饱和的那部分 O_2 并不立即成为气泡溢出。无论什么气体，要成为气泡溢出，气泡内的气压一定要大于外压。溶解氧要成为氧气气泡溢入空气，就要求氧气含量大约是饱和含量的 5 倍。一般来说，贫营养型水体溶解氧多近饱和，变化不大；相反，富营养型或受污染水体，溶氧浓度很不稳定，大起大落，变化很大。

溶氧日变化最大值与最小值之差称"日较差"。一年之中，以夏季的溶氧日较差最大，冬季最小，春秋两季居中，相差不大。表层水中溶氧含量昼夜变化极大，一般规律是：水体越肥，水中浮游植物密度越大，则溶氧日较差越大；水温高，光照强度大，光合作用进行强烈时，溶氧日较差也大。酷暑季节，表层水溶氧日较差可变得极大，最高溶氧量可达饱和度 200% 以上，最小溶氧量可在饱和度 20% 以下。在冬季，养殖水体溶氧的水平分布和垂直分布较均匀，而夏季溶氧的水平分布和垂直分布都有很大的差异性。有关调查指出，溶氧最大值不出现在最表水层，而出现在次表水层（水深 30cm），除逸散进入空气外，主要与光照强度有关，最表水层若光照强度过高，就会抑制浮游植物等的光合作用，产 O_2 减少。此外，表层水吸收太阳光能相对较多，水温偏高，降低了溶氧饱和度。夏季，水体跃温层的形成也会造成溶氧跃层，称为"水层差"。在一日之中，溶氧的垂直与水平分布是一个动态过程，依据气候条件和水环境特点而变化，溶氧最大、最小值通常在夏季表现较为突出。

养殖水体在自然状态下，溶解氧的来源有两个方面，一是外源性的，也可以称为物理性的；二是内在性的，也可以称为生物性的。物理作用进入水体的氧气，主要是空气中的 O_2 通过表水层溶解进入水体，还有风浪、降雨、加水等途径进入水体的氧气，都是通过外力作用进入水体，也叫输入性的溶解氧。空气中的氧气进入水体中下层相对比较困难，机械增氧为的是尽可能增大水体与氧气的接触面，增加水体溶解氧含量，底层管道增氧主要是防止池底缺氧。植物光合作用是养殖水体内溶解氧最重要的来源，在溶解氧总收入中占很大比例。浮游植物和沉水植物光合作用产生的氧为初生氧，更易溶于水，在水体中的氧化能力更强。

养殖水体溶解氧的消耗有三条途径：一是物理耗氧。溶氧过饱和时，会不断向空气中逸散。二是化学作用耗氧。水体内有些物质可以经由化学反应消耗氧气，主要是氧化反应。三是生物作用耗氧。大体有三类：一是水生生物呼吸耗氧。生物密度越大，呼吸耗氧越多。在一定范围内，温度越高，呼吸耗氧越快。二是有机质分解耗氧。主要是微生物对水体有机质的分解耗氧。三是底质耗氧。底质中的化学反应、生化反应都会耗氧，有时会影响整个水环境。一般来说，河蟹浅水生态养殖，逸散进入空气中的氧和河蟹等养殖对象耗氧量在 20% 以内，其他 80% 以上均为生物呼吸、有机质分解消耗。

水体溶解氧含量的高低对河蟹生长发育至关重要。河蟹大多栖息生活在池底，池底往往是溶氧的匮乏区，要防止养殖水体和池底缺氧情况的发生。缺氧最严重时会导致河蟹等养殖对象直接死亡，轻则河蟹到浅水区活动或上岸。缺氧可分为"生物缺氧"和"组织缺氧"。"生物缺氧"会导致河蟹窒息死亡，"组织缺氧"是指水体溶氧浓度不足，即使河蟹呼吸机能正常，但体内组织细胞也无法获得充足的 O_2，严重影响河蟹的正常生理代谢。长此以往，将影响河蟹生长发育，并导致发病死亡。

实践表明，缺氧既影响河蟹养殖成活率，也影响养成规格。更重要的是长期缺氧会造成养殖水环境的全面恶化，引起河蟹大批量死亡。养殖水环境中生物量最大的往往是各种人工种植的沉水植物，不同品种的沉水植物都有其相应的生命周期。如果缺乏有效的管护，进入成熟衰老阶段的沉水植物，由于植株过密，在缺氧情况下，造成呼吸困难，会加大衰老组织的死亡，增加水体有机质的负荷。有机质在降解过程中对水体溶氧消耗特别巨大，会加速水体缺氧程度。在溶解氧严重不足的前提下，微生物对水体有机质的降解是不彻底的，还会产生大量有毒、有害物质，既污染底质也污染水质，对河蟹养殖带来严重危害。养殖水域环境的污染将打破原有的生态平衡，造成青苔蔓延，蓝藻暴发，加大次生危害。

（2）pH：pH 是河蟹养殖水体中一个重要的化学及生态因子，对水质及生物有多方面影响。pH 下降，水中弱酸电离减少，水中物质的阴离子程度不同地转以分子形式存在，浓度下降，因而含这些阴离子的络合物及沉淀也相继分解或溶解，游离态金属离子浓度增加。相反，pH 升高，则弱碱电离减少，转以分子形式存在，弱酸电离增大，改以酸根离子存在，金属离子水解加剧，常形成氢氧化物、磷酸盐的沉淀或胶体，水中游离态浓度下降。有 OH^-、H^+ 参加的氧化还原反应，在 pH 变化时，反应速度、进行程度甚至方向也受影响。pH 变化导致某些物质的化学形式改变，对生物的影响也随之改变。如 pH 变化导致水体中某些物质变化对养殖对象毒性的增强与减弱。酸性水可使养殖对象血液 pH 下降，使血中 O_2 分压度小，造成缺氧症。碱性过强则腐蚀鳃组织。pH 影响浮游植物对营养物质的吸收利用，对浮游动物、微生物均有较大影响。渔业用水质标准 pH 通常要求 $6.5\sim8.5$。CO_3^{2-}、HCO_3^- 对水质构成缓冲系统，影响水体 pH 动态。

沉水植物是河蟹养殖水环境中的生命主体。在沉水植物旺盛生长阶段，受光合作用影响，水体 pH 普遍在 8 以上，晴好天气下午 pH 可达 9 以上。随着光合作用的不断增强，水体溶解氧含量升高，CO_2 浓度下降，pH 上升。进入夜间，生物的呼吸作用产生大量 CO_2，造成 pH 下降。养殖水体中，除 CO_3^{2-}、HCO_3^- 的缓冲系统外，还有 Ca^{2+}、$CaCO_3^-$ 固体缓冲系统，离子交换缓冲系统，其他如有机酸、腐殖质缓冲系统等。一般认为：前二者对表层水 pH 有决定性影响，但对底质、底层水来说后二者的影响很重要。河蟹主要在池底栖息活动，必须高度重视底质状况。池底 pH 受土壤、池底有机质含量的影响，也受到水质的影响。减少池底有机质含量和及时有效控制池底有机质，才能确保池底 pH 相对稳定。

3. 气象条件对环境和生命物质的影响

河蟹生长和水环境优劣，离不开周年气候变化。日照、气温、气压、气流、降雨等天气条件不仅影响河蟹摄食活动与生长发育，还会对养殖水环境中的生命物质与非生命物质产生巨大影响。一切生命物质都有适宜的水温生长范围，水温过高过低都会抑制其生长，甚至导致死亡。温度还会改变水中物质的存在状态。浮游植物、水生植物的光合作用以光照为前提，光照强度和光照时间对植物生长发育都有较大影响，许多动植物在生长发育过程中都有相应的光周期。气流、气压、降雨等天气条件不仅会改变水环境的某些物理性状，而且还会造成生态环境的急剧变化。充分认识天气条件对养殖水域生态环境的不利影响，通过采取一系列行之有效的预防措施，才能保持环境生态平衡。

（四）成蟹养殖的五次蜕壳

长江中下游地区扣蟹（越冬蟹种）养殖成蟹，一般在 2 月底前投放苗种，历经 8 个月的生长，普遍完成 5 次蜕壳，养成商品蟹上市销售。

1. 蜕壳的基本特点

扣蟹养殖成蟹的过程中，五次蜕壳均有明显的阶段性，并呈现以下基本特点：一是环境条件好，每次蜕壳都能观察到蜕壳高峰；二是每一次蜕壳都要经历营养积累、蜕壳准备、蜕壳、软壳蟹硬化四个步骤；三是五次蜕壳，每一批次都在不同的天气条件和不完全相同的水域生态环境中完成；四是由于河蟹个体间的差异，部分个体在每一次蜕壳中的表现并不完全一致。有的早蜕，有的晚蜕，也有的自行减少蜕壳次数；五是每一批次蜕壳所需时间依次有所递增。第四次蜕壳前，相邻两次蜕壳开始时间的间隔基本上在 30d 左右，第四次与第五次蜕壳间隔时间为 34～66d，主要受高温持续时间影响；六是每一次蜕壳后的增幅（增重）、蜕壳伤亡等受到越冬蟹种遗传性状、抗逆性、质量、规格、放养密度和天气条件、水环境条件、营养供给等内外因素综合影响。

第一次蜕壳，蜕壳后的相对增幅最大，一般体长、体宽的增幅均在 30% 以上，体重增加一倍以上。第二、第三、第四次蜕壳后的体长、体宽增幅一般在 20% 左右，体重增加一倍左右。具体由种质的遗传性状、天气条件、水域生态环境条件、营养供给水平等综合因素决定。第五次蜕壳后的体长、体宽增幅一般在 15% 左右，体重增加 60%～80%。主要由高温期间的底质、水质和河蟹遗传性状、体内营养积累程度等决定，水域环境好，遗传性状好，营养积累充分，体重甚至可增加一倍。

2. 五次蜕壳的具体表现

2010—2019 年连续十年时间对南京市高淳区河蟹浅水生态养殖五次蜕壳观察，有如下表现：

（1）第一次蜕壳，一般在 3 月中下旬至 4 月上旬，为低温蜕壳。水温范围 8～16℃，当水温低于 11℃时，通常没有蜕壳行为发生。整体蜕壳所需时间 10～15d。通常蟹池内人工移栽的伊乐藻与自然生长的轮叶狐尾藻进入全面返青，河蟹开始第一次蜕壳。见壳后 4～8d 出现蜕壳高峰，在内外部条件均具备的情况下，完成第一次蜕壳最短时间为 7d。

第一次蜕壳出现早与迟、所需时间长与短，和苗种规格、质量、放养时间、水质、营养供给等有密切关系，但最重要的是水温。水温达到蜕壳临界温度以上，河蟹才会蜕壳。温度越高，蜕壳越早，温度高且相对稳定，蜕壳所需时间就短。连续十年间，第一次蜕壳最早出现时间为 2017 年 3 月 8 日，最早结束时间为 2013 年和 2014 年 3 月 31 日。最迟出现时间为 2012 年 4 月 1 日，最迟结束时间为 2010 年 4 月 13 日。相同养殖区域，每年河蟹第一次蜕壳时间总体有高度的相似性，但也有一定的差异性。苗种规格大小、放养时间早晚、水温高低、水质优劣、蟹种体内营养积累状况等对第一次蜕壳出现时间都有一定影响。

第一次蜕壳是越冬蟹种在上年度 10 月底前完成最后一次蜕壳，经过 4 个多月的越冬和缓慢生长，在新一年度春季，水温回升后开始的第一次蜕壳。蟹种越冬前体内的营养积累状况及越冬期间的管理对蟹种质量影响极大。在越冬过程中部分体质弱的蟹种被逐步淘汰，春季水温回升后，少数体质差的蟹种不能恢复正常生理机能和有效摄食，在第一次蜕壳期间陆续死亡。体质强壮的越冬蟹种在水温回升后，活动能力增强，摄食量逐步增加，很快进入蜕壳准备阶段。只要水体溶解氧充足，水温适宜，便能顺利完成第一次蜕壳，且有良好的增幅。若遇冷空气，降雨量过多，摄食少、水体溶氧不足等问题，会导致蜕壳期间部分体质较弱的河蟹在蜕壳后期出现部分附肢残留旧壳、眼柄蜕不出来、蜕壳不遂等一系列蜕壳不顺利现象，甚至会有软壳伤亡。第一次蜕壳不顺利往往在第二次蜕壳过程中也有不同程度的延续。

（2）第二次蜕壳，一般在 4 月中下旬至 5 月上旬，水温范围 16～23℃，为常温蜕壳。整体蜕壳所需时间 13～21d。第二次蜕壳在见壳后 5～8d 进入蜕壳高峰，在气温相对较高年份，整体完成第二次蜕壳仅需 13d。第二次蜕壳出现早与晚、蜕壳集中度高与低、蜕壳增幅大与小、蜕壳顺利与否，主要受气温、苗种质量、水环境状况及营养供给水平等影响。连续十年间，第二次蜕壳最早出现时间为 2014 年 4 月 10 日，最早结束时间为 2014 年 4 月 30 日。最迟出现时间为 2010 年 5 月 2 日，最迟结束时间为 2010 年 5 月 22 日。

第一次蜕壳后，水温高，水域生态环境好，软壳蟹硬化所需时间短，生理机能恢复快，能在较短时间内充分摄取外源性营养，摄食量大，消化吸收功能强，能迅速转入体内营养积累阶段。当营养积累基本完成后，进入蜕壳准备阶段，随即完成蜕壳过程，并有良好的蜕壳增幅。第二次蜕壳往往受天气、温度与水环境影响较大，尤其是连续低温阴雨天气，严重影响河蟹摄食与生长。在第一次蜕壳见壳后一个月左右开始第二次蜕壳，若河蟹体内营养积累不到位或水环境条件恶化，往往会出现蜕壳不顺利现象。苗种质量好，有利于软壳蟹硬化和生理机能恢复，如果苗种质量差，体质得不到及时有效恢复，将出现第二次蜕壳不顺利情况的发生。首先是水体溶解氧含量与底质状况，底质好，溶氧含量高，有利于河蟹摄食及消化吸收，体内营养积累充分，蜕壳顺利，蜕壳后的增幅就大。其次营养供给也十分重要，软壳蟹初步硬化后，如果外源性营养得不到及时有效满足，体内营养积累不到位，就会带来蜕壳不顺利与蜕壳后增幅较小的后果。如果底质恶化，会造成蟹壳步足指节呈红色或暗红色。

（3）第三次蜕壳，一般在 5 月上旬至 6 月上旬，水温范围 23～28℃，为适温度蜕壳。整体蜕壳所需时间 14～26d。第三次蜕壳是全年五次蜕壳中相对最顺利的一次，一般在见壳后 10d 左右出现蜕壳高峰。在天气条件较好年份，完成第三次蜕壳仅需 14d。

第二次蜕壳后，水域生态环境好，河蟹摄食旺盛，体内营养积累充分，第三次蜕壳顺利，增幅大。临蜕壳前 2～3d 河蟹摄食量明显下降，说明开始进入蜕壳准备阶段，摄食量下降越明显，第三次蜕壳集中度越高。蟹壳干净、完整、饱满、有光泽、步足指节浅黄白色，说明环境条件好，营养供给充分。河蟹第三次蜕壳随着水体空间的逐步放大，池周很难观察到蟹壳，蟹壳大多数在深水区和伊乐藻等水草上。连续十年间，第三次蜕壳最早出现时间为 2017 年 5 月 13 日，最早结束时间为 2016 年和 2017 年 6 月 3 日。最迟出现时间为 2010 年 6 月 1 日，最迟结束时间为 2010 年 6 月 21 日。第三次蜕壳期间，水域生态环境不理想，底质会出现局部恶化，池水透明度严重下降，水体缺乏亮度，池水浑浊程度将达全年高峰，观察蟹壳较为困难。蟹壳规格小，不干净，有青苔等着生在蟹壳上，步足指节呈暗红色。如果苗种质量不理想和水域生态环境较差，第三次蜕壳仍会部分延续第一、第二次蜕壳不顺利的情况。

（4）第四次蜕壳，一般在 6 月上中旬至 7 月中下旬，水温范围 28～35℃，为较高温度蜕壳。整体蜕壳所需时间 22～36d。第四次蜕壳处在梅雨期间，特殊的天气条件往往对养殖水环境造成较大影响。第四次蜕壳开始前 3～5d，池水透明度有明显上升，蜕壳高峰在见壳后 12d 左右出现。

第三次蜕壳后水温适宜，有利于河蟹摄食生长，各种沉水植物也进入旺发阶段。部分沉水植物处于生殖生长阶段，枝茎叶部分衰老枯黄，若不提前采取有效的人工修剪或梳理措施，势必造成池底和水体有机质含量大幅增加，为后续管理带来困难。连续十年间，第四次蜕壳最早出现时间为 2016 年和 2019 年的 6 月 14 日，最早结束时间为 2013 年 7 月 16 日。最迟出现时间为 2010 年和 2012 年的 7 月 1 日，最迟结束时间为 2011 年 7 月 27 日。水域生态环境好且相对稳定，河蟹摄食旺盛，第四次蜕壳也会有较大增幅，即使蜕壳后期遇到高温，也能顺利完成蜕壳。否则遇高温就可能造成蜕壳后期软壳蟹的伤亡。梅雨期间降雨量大，光照少，水体溶氧相对不足，会有不同程度的缺氧情况发生。特别是强降雨，若不采取及时降水措施，易造成塘口生态环境的突变，青苔蔓延和蓝藻暴发。控制好塘口水位，机械有效增氧，采取微生态制剂及时有效降解池底和水体有机质，科学投饵，维持沉水植物的生命活力，保持养殖水环境的生物多样性，才能确保生态平衡。否则一旦养殖水域生态环境出现恶化趋势，将很难观察到蟹壳。

（5）第五次蜕壳，一般在 8 月上中旬至 9 月上中旬，水温范围 34～25℃，为较高温度蜕壳。整体蜕壳所需时间 18～42d。第五次蜕壳是在到达全年最高水温后逐步回落的过程中出现，当下降后的水温出现反弹重新进入高温状态，即使已经开始的第五次蜕壳也会暂时终止。只有当水温降至适宜范围后，才会重新开始批量蜕壳。连续十年间，第五次蜕壳最早出现时间为 2012 年 8 月 3 日，最早结束时间为 2014 年 8 月 31 日。最迟出现时间为 2013 年 8 月 20 日，最迟结束时间为 2016 年 9 月 21 日。

近几年，5 母以上亲本蟹繁育的蟹种在养殖过程中，第五次蜕壳后移现象较为突出，2020 年 10 月 9 日发现一只 250g 公蟹蜕壳。第五次蜕壳一般在见壳后 15d 左右出现蜕壳高峰。第五次蜕壳开始与第四次蜕壳开始比较，间隔时间为 34～66d。第四次蜕壳后，高温期间养殖水域生态环境的好坏是成蟹养殖成败的关键。第三次蜕壳后，对各种沉水植物的修剪、梳理必须到位，并适当施入微量元素，确保梅雨期间各种沉水植物有强大的根系和新生枝茎叶。梅雨期间不要随意破坏脆弱的生态环境。出梅后，针对各种沉水植物长势开展必要的修剪、梳理，确保高温期间各种沉水植物较好的生命活力。如果养殖水域生态环境良好，底质干净，水体溶解氧高，投喂合理，第四次蜕壳后河蟹有较长的营养生长期，体内营养积累充分，不仅伤亡小，第五次蜕壳后的增幅也大。如果水域生态环境出现恶化，底质败坏，水体高度富营养化，河蟹得不到有效营养补充，体质衰弱，进入高温后将出现批量伤亡，并延续至成蟹上市。不仅成活率低，而且第五次蜕壳后的增幅也小，既影响养殖产量，也影响养成规格和质量。

（6）第五次蜕壳结束后，河蟹开始进入性成熟阶段。随着性腺发育的不断推进，当雌雄蟹性腺发育进入第三时相，在相同区域，同一种群的河蟹，往往在相近时间内出现生殖洄游。生殖洄游的出现意味着河蟹可以大批量上市销售。第四次蜕壳后和第五次蜕壳期间的天气条件对河蟹性成熟出现早晚起决定性作用。一般来说，日照时数长，生殖洄游出现推迟，日照时数短，生殖洄游出现提早。连续十年间，生殖洄游通常在10月1日前后出现，最早为2014年9月15日，最迟为2013年10月13日。

（五）生殖洄游观察与分析

长江中下游地区生殖洄游一般在每年的寒露前后出现，是河蟹初步成熟的标志。也是河蟹作为时令佳品大批量上市的开始。生殖洄游是自然界中发生的河蟹群体性行为方式，是河蟹整体初步成熟的表现，并不代表每一只个体都达初步性成熟水平。

1. 生殖洄游时间

生殖洄游的出现，有一定的地域一致性和种群相似性。相同区域和相似种群，生殖洄游往往在同一日或相近时间的下午或晚间出现。河蟹在池周浅水区集群沿顺时针方向游动，造成池水在短期内突然浑浊，然后晚上和白天出现部分河蟹上岸活动。

长江中下游地区，河蟹生殖洄游通常出现在10月1日前后，辽宁等北方地区生殖洄游要相应提早近1个月左右。长江中下游地区生殖洄游活动现象较频繁的时间段在霜降前后一个月左右。进入11月份已有个别蟹打洞，11月底集群大规模游动现象逐步消失。2010—2019年连续10年对南京市高淳区蟹池的跟踪观察发现，生殖洄游最早出现时间为2014年9月15日，最迟出现时间为2013年10月13日，两者相差28d。

2. 影响生殖洄游的主要因素

长江中下游地区河蟹第四次蜕壳一般在每年7月20日左右结束，第五次蜕壳普遍在9月20日前结束。7月10日开始，水温普遍达30℃以上，7月10日至9月20日的日照时数和阴雨天数对第五次蜕壳及其后的生殖洄游影响十分明显。河蟹最适生长温度15～30℃，高温抑制摄食与蜕壳生长，易造成水环境的较大变化，当水温超过32℃会给蜕壳带来一定障碍。实践表明，日照时数长，阴雨天数少，平均气温相对就高，第五次蜕壳相应推迟，整体蜕壳所需时间相对延长，生殖洄游出现时间就晚。相反，日照时数短，阴雨天数多，平均气温相对较低，第五次蜕壳相应提早，整体蜕壳所需时间相对缩短，生殖洄游出现时间也会提早。

从2010—2019年南京市高淳区连续十年间7月10日至9月20日最高气温平均值来看，以7月下旬最高。由高到低依次排序为：7月下旬、8月上旬、

8月中旬、7月中旬、8月下旬、9月上旬、9月中旬。其中7月中旬、7月下旬、8月上旬、8月中旬最高气温均值在32℃以上，仅个别年份例外。8月下旬最高气温均值仍在31℃以上，至9月份最高气温均值降至30℃以下，仅少数年份例外。

日照时数长短决定气温高低，气温高低直接影响水温。连续十年的7月10日至9月20日，日最高气温均值为32.5℃，平均每年此时段总日照时数467.71h，平均每天6.5h，平均每年此时段降雨量356.79mm。但每年数据都有一定差异，如2013年此段时间总日照时数达573.8h，平均每天7.97h，总日照时数比均值多106.09h，每天平均多1.47h。最高气温平均达34.2℃，比均值高1.95℃。阴天时数13d，比均值少8.3d。降水日数17d，比均值少8.1d，降雨量234.66mm，比均值少122.19mm。受持续高温天气影响，2013年第五次蜕壳8月20日开始，生殖洄游在10月13日出现，为连续十年间最迟的一年。又如2014年，此段时间总日照时数为230.5h，每天平均仅3.2h，总日照时数比均值少237.21h，每天平均少3.3h。日最高气温平均为29.7℃，比均值少2.55℃。阴天时数44d，比均值多22.7d。降水日数36d，比均值多10.9d，降雨量447mm，比均值多90.21mm。由于没有出现持续高温，7月28日就发现第五次蜕壳，8月20日有大批量蟹壳，8月31日蜕壳基本结束。9月15日出现生殖洄游现象，为连续十年间最早的一年。

第四次蜕壳后的水域生态环境及温度，对第五次蜕壳前河蟹体内的营养积累十分重要，并对第五次蜕壳及蜕壳后的生长发育有很大影响。完成第五次蜕壳后的软壳蟹主要依赖内源性营养完成甲壳的初步硬化和内部各组织器官的逐步完善。如体内营养积累充分，蜕壳后处在第Ⅰ时相的性腺将迅速启动发育程序，进入第Ⅱ时相。待甲壳初步硬化后，河蟹开始摄取外源性营养，经消化吸收后，一方面满足肌肉细胞和各组织器官生长发育需要，另一方面多余的营养大量储藏在肝脏之中。并由肝脏源源不断地向性腺输送相应养分，促进性腺发育。河蟹的性腺发育程度与水温、水质、营养供给密切相关，当性腺发育由第Ⅱ时相转入第Ⅲ时相时，进入比较成熟阶段。雌蟹卵巢在肝脏中的占比超过50%，雄蟹两侧性腺在腹背交界处的基部呈初步愈合状态，比较黏稠，生殖洄游相应出现。观察表明，第五次蜕壳基本结束后11～26d出现生殖洄游。主要因素是水温的高低，可能生殖洄游也受到光周期的影响。相关观察数据表明，每年7月10日至9月20日的总日照时数对生殖洄游影响最大。

第五次蜕壳开始后至出现生殖洄游阶段的水域生态环境与营养供给，不仅影响性腺发育程度，而且影响河蟹品质。这一阶段水温适宜，水域环境好，软壳蟹甲壳初步硬化后能不断摄取外源性营养，有效促进生长与发育，性腺发育水平迅速提高。肌肉中的呈味氨基酸游离数量增多，有鲜味与甜味。肝脏能积累大量营养，脂肪含量高。特别是进入生殖洄游后，随水温的逐步下降，肝脏消化吸收功能下降，分泌的消化液减少，苦味逐步消失，并有一定数量的呈味氨基酸游离出来，有鲜甜味。肝脏营养积累丰满，促进性腺发育，性腺在体内占比不断增加。相反，如果水域环境差，营养供给不足，河蟹肌肉松弛，肝脏体积小，性腺发育差。错过生长发育的最佳时机，往往进入生殖洄游后，甲壳的硬化还不能完全到位，可食部分少，水分含量高，肌肉与肝脏缺乏鲜味与甜味，甚至带有一定的苦味。因此，要提升养殖河蟹品质，必须强化生殖洄游前的有效管理。

河蟹生殖洄游不仅与气象要素密切相关，而且与种质也有很大的关系。辽宁盘锦等北方地区的河蟹生殖洄游出现较早，1995 年前北方蟹种南下，9 月初长江中下游地区池塘养蟹就出现生殖洄游现象。近年来，人工选育的 250g 的雌蟹与 350g 的雄蟹，交配产卵后繁育的蟹种，在第二年的成蟹养殖过程中，发现生殖洄游时间有适当推迟，一般比普通河蟹推迟 5d 左右。可能与规格大，生长发育期延长有一定关系。

二、 外部环境

（一）养殖水体生态平衡与环境污染

良好的水域生态环境是河蟹养殖成功的基础。必须具备洁净的池底（不含有毒、有害物质），充足的水体溶解氧含量，适宜的池水透明度，水体中有满足养殖对象健康生长需要的各种营养元素。

1. 水体生态平衡

养殖水域生态环境由大气、水体、底泥（土壤）及各种生命物质构成，是一个相对封闭的人工自然生态系统。水域环境中既有生命物质也有非生命物质，生物与环境构成统一整体。生物与生物、生物与环境之间相互影响，相互制约，并在一定时期内处于相对稳定的动态平衡状态。这种动态平衡往往受外部天气条件和人为因素干扰较大。遵循自然规律，把握各类主要生命物质生长发育的基本规律，协调好养殖水环境中消费者、生产者和分解者之间的关系，充分发挥各种自然要素的力量，促进养殖水环境中物流、能流正常有序运行，才能达到动态平衡。当土壤或水体等生态系统的结构和功能遭受内部或外来因素的严重破坏，而丧失自然平衡的功能，进而导致其中物质流、能量流不能正常有序运转时，便造成水环境污染。

2. 生态系统的构成

养殖水域环境中生命物质种类繁多，数量庞大。根据其基本生活习性大致分为三大类，一是消费者，主要是鱼虾蟹等养殖对象（含外源性进入的野杂鱼等）、人工投放的活螺蛳、自然生长的底栖动物、水生昆虫、水体浮游动物等；二是生产者，人工种植的各种沉水植物和各类自然生长的水生植物，水体浮游植物、青苔等丝状藻类；三是分解者，养殖水体及池底中大量自然生长的各种微生物及人工投放的各类微生态制剂。

分解者在一定条件下矿化池底和水体有机质，为生产者提供养分来源，并为消费者提供适当营养元素；生产者进行光合作用，吸收水域环境中的二氧化碳和养分，固化水体和土壤中的 N、P 等无机盐类，释放大量氧气，为一切生命物质提供重要的氧气来源；消费者摄取一定数量的水体有机物及人工饵料，产生代谢产物被分解者所利用。一切生命物质在生长发育过程中也会形成一定数量的有机残体和代谢产物被分解者所利用。消费者、生产者和分解者三者之间相互联系，相互制约，共同促进，构成生命物质之间以及生命物质与非生命物质之间的物流、能流循环。

一切生命物质的生长、繁衍都离不开种子、营养和环境三大要素。每一种生命物质都有其生长发育规律和一定的生命周期。往往越低等的生命体其生命周期越短，繁衍速度越快，受营养与环境条件的影响越大。养殖水域环境中的每一种生命物质都有其适宜生长的温度范围，生命物质利用水体温度或吸收光能开启生命旅程。初期利用其内源性营养进行早期生长发育，然后利用外源性营养生长发育和繁衍下一代，并形成一定规模的群体优势，对养殖水环境构成不同程度影响。

3. 生态系统的特点

河蟹浅水生态养殖人工自然生态系统往往受内外两方面因素综合影响，其中以气象条件的影响最为明显。依据水温变化与水生动植物生长发育规律，可以将人工养殖水域自然生态系统初步划分为冬春季和夏秋季两大阶段。依据生命物质的生长变化特点，采取适当的人工干预措施，以确保养殖水域生态环境的动态平衡。

（1）冬春季，从清塘上水、苗种放养、沉水植物种植移栽至第二次蜕壳基本结束（5月上旬），前后历时 5 个月左右时间。

干池、清塘、晒塘一般从上年 12 月份开始，蟹种放养要求在 2 月底前完成，苗种放养前要进行塘口整修与土壤改良。鉴于环沟型塘口池底往往有深水区与浅水区之分，初次上水通常仅局限环沟深水区，大田浅水区一般不上水，保持 50cm 左右的环沟水深，水体容量相对较小。冬春季节整体水温在 20℃以下，养殖水环境中的物流、能流水平相对较低。深水区上水后，一般在春节前后移栽适量伊乐藻、微齿眼子菜等低温萌发的沉水植物。伊乐藻水温 4℃ 左右发根萌芽，水温 10℃ 以上较快生长，3 月 20 日至 4 月 15 日进入快速生长阶段，4 月 15 日至 5 月 20 日进入生殖生长阶段，开出白花，部分枝茎叶逐步老化。苦草、轮叶黑藻 3 月下旬开始萌发，5 月上旬进入快速生长阶段，总体生物量较小。

冬春季节河蟹浅水生态养殖塘口为藻草型水体。营造良好的生态环境，并保持养殖水体生态平衡。一要防止浮游动物过度繁衍，造成池水浑浊，浮游植物数量锐减，水体缺氧；二要防止青苔大量滋生蔓延，影响沉水植物与浮游植物生长；三要控制伊乐藻生物量，防止过度生长和早发枝茎叶的衰老、枯萎；四要控制好有效养殖水体和适当的池水透明度，避免河蟹频繁活动造成池水深度浑浊，水草叶面上脏。塘口上水后适当培养水体浮游植物（硅藻、绿藻等），有利于早期形成以有益藻类为主体的生态环境。藻类吸收水体养分、二氧化碳进行光合作用，释放出大量氧气，有效增加水体溶解氧含量，可以促进河蟹等养殖对象的健康生长，对微生物彻底降解水体和池底有机质大有好处，为伊乐藻等沉水植物生长创造良好环境。随着水温的逐步回升，2 月底 3 月初浮游动物进入生长繁衍阶段，宜采取适当的杀虫措施，抑制浮游动物过度繁衍，避免生态平衡的破坏。青苔生命力顽强，实践证明，改良土壤，生石灰、漂白粉彻底清塘可适当延缓青苔的出现时间，茶褐色的池水也可抑制青苔生长。水温 8℃ 以下，青苔处在缓慢生长阶段，在 3 月底之前，发现青苔要立即采取药物进行局部杀灭，否则进入 4 月份随水温升高，青苔进入快速生长状态，将增加防控难度，青苔大量滋生蔓延会破坏塘口生态平衡。

3 月中下旬开始河蟹第一次蜕壳，随着蜕壳高峰的到来，塘口逐步加水至大田浅水区水深 5～10cm。此时伊乐藻进入快速生长状态，为避免旺盛生长后，早发枝茎叶的快速衰老、枯萎和生物量过大问题，应在第一次蜕壳基本结束后，也就是 4 月初对伊乐藻进行深度梳理或不留茬修剪，促其重新萌发新的枝茎。第一次蜕壳结束后，河蟹规格增大，活动能力增强，要根据沉水植物生长情况逐步放大水体空间，并适当投放一定数量的优质活螺蛳来净化水质。为促进池底和水体有机质的及时降解，可定期泼洒一定数量的微生态制剂及碳源，确保池底和水质干净。水体悬浮有机颗粒处在较低水平，有较高透明度，沉水植物叶面干净。第二次蜕壳进入高峰后同样要逐步提升塘口水位，并采取对伊乐藻的深度梳理和不留茬修剪措施，采用微生态制剂及时降解池底和水体有机质，还可增投部分优质活螺蛳来净化水质，从而促进养殖水体物流、能流正常有序运行，确保冬春季节养殖水体的生态平衡。

（2）夏秋季，自 5 月中旬至 10 月下旬，近 6 个月时间。水温范围 18～34℃，养殖水环境中的物流、能流处于较高水平。

进入 5 月份各种沉水植物生物量在养殖水体中已占据主导地位，水体浮游植物数量大幅减少。河蟹浅水生态养殖塘口大多已转为草型水体。草型水体要维持好生态平衡，一要防止伊乐藻断枝、漂浮腐烂，败坏底质，污染水质；二要防止轮叶黑藻植株衰老、枯萎和断枝漂浮，丧失生命活力；三要防止苦草发根分蘖能力差，叶片枯黄、叶面吸脏、伴生丝状青苔，丧失无性繁殖能力；四要防止池底有机质含量过高，腐烂发臭，败坏底质，造成严重缺氧；五要防止青苔滋生蔓延，形成种群优势，破坏生态平衡；六要防止水体悬浮有机颗粒数量过高，透明度不足，暴发蓝藻；七要防止持续高温、台风、强降雨等极端灾害性天气对水域生态环境的破坏。

5 月初河蟹第二次蜕壳基本结束后，要充分利用蜕壳结束后的窗口期，分批次有计划地对平台及环沟深水区伊乐藻进行不留茬修剪或深度梳理，大幅减少伊乐藻生物量，去除衰老枝茎叶。6 月初河蟹第三次蜕壳基本结束后，要分批次有计划地在入梅前彻底清理掉环沟深水区伊乐藻，并采取相应的局部底改措施。对平台及大田浅水区伊乐藻也要在入梅前分批次有计划地进行不留茬修剪或深度梳理，大幅减少梅雨期间伊乐藻存塘量，促其重新萌发新的植株。梅雨期间，一般不要对伊乐藻进行梳理和修剪，以免破坏生态平衡。出梅后，根据伊乐藻长势再行修剪或梳理，高温过后伊乐藻会重新萌发新的枝茎叶，对改善底层水质与促进河蟹第五次蜕壳大有好处。

轮叶黑藻 5 月份进入快速生长阶段，5 月上旬部分开出白花，植株基部出现部分黄褐色枝茎，宜在 5 月中旬至 6 月上旬前分批次进行留低茬修剪，促其在根部长出新的主枝，避免早发主枝老化枯萎或断枝、漂浮。出梅后，根据长势再分批次修剪 1~2 次，确保高温季节轮叶黑藻有较旺盛的生命力，为养殖水体物流、能流正常有序运行做出贡献。

5 月份苦草进入快速生长阶段，6 月份处暴长阶段，7 月份为滞长阶段，8 月份出现恢复性生长，9 月份进入生殖生长阶段，10 月份为枯萎衰老阶段。要充分利用沉水植物土壤根系吸收转化池底有机养分和改善土壤生态的功能。并经常检查池底淤泥状况，若池底有机质含量较高要及时处理，防止池底缺氧。出梅以后，要定期对浮在水面的苦草叶片进行修剪，避免受强光照射后部分叶片局部枯黄腐烂，增加水体有机质含量，同时修剪后可促进植株根系发达和分蘖，并能产生地下匍匐茎，生长出新的植株。修剪还有利于风浪作用和水体流动，对促进沉水植物生长和改善水质有益。苦草缺乏生命活力会导致叶面出现着生藻类、吸脏和伴生丝状青苔，严重时苦草局部腐烂，败坏水质，造成养殖水域环境的污染。

及时有效管护好各类沉水植物，保持旺盛的生命力，有利于底质与水质的净化，也可抑制青苔的滋生蔓延和蓝藻的暴发。针对池底有机质和水体悬浮有机颗粒较多的问题，要经常使用乳酸菌、芽孢杆菌等微生态制剂降解池底与水体有机质，减少富集。对待青苔要采取综合防控措施，不能任其蔓延，形成种群优势，破坏水体生态平衡。池底和水体缺氧是造成生态失衡的源头，改善底质，调节水质，维护沉水植物旺盛生命力，适时开启塘口增氧设备或促进水体内循环，可有效改善底质和水质。塘口一旦发生蓝藻微颗粒必须及时采取杀灭措施，否则容易造成暴发态势，进而破坏生态平衡。梅雨期间气压低、光照少、降雨量大，要严格控制好塘口水位，不能让水位陡涨，造成生态失衡。要根据沉水植物长势与池水透明度来确定塘口水位，满足沉水植物的光照需求，降雨量过多，要及时排水。进入高温后可逐步将塘口水位调至全年最高水平，平时适当补水即可，要增加微生态制剂的使用频次。遇台风和强降雨，要严控塘口水位，防止环境突变，引起青苔蔓延或蓝藻暴发。

4. 生态平衡构建与维护

根据池底结构和塘口形态，做好沉水植物的总体布局并合理种植、移栽，开展有效管护，确保沉水植物适当的生物量（50％左右覆盖面）和较旺盛的生命力是维持养殖水体生态平衡的关键。

前期适当培养水体有益藻类，综合防控青苔，适当投放一定数量优质活螺蛳，中后期经常使用微生态制剂等改善底质和降解水体有机质，保持塘口水位的相对稳定，适时开启增氧设备，协调好分解者、生产者、消费者三者关系，做到整个养殖过程物流、能流正常有序运行，不造成环境污染。

（二）土壤与池底结构对水生动植物的影响

1. 土壤对水生动植物的影响

（1）土壤特性：土壤是地表能够生长绿色植物收获物的疏松表层，可归结为固相、液相和气相三相物质组成的疏松多孔体。土壤矿物质约占固相部分质量的95％以上，土壤有机质不到5％。固相部分含有作物需要的各种养分，并为植物生长提供机械支持。土壤母质是由矿物岩石经过风化而成。成土母质决定着土壤的先天特性。土壤的先天性差异会影响土壤的理化性质，进而影响土壤生物学性质和土壤生态学性质。生物与土壤是相互依存的。好的土壤是生物多样性的基础，而生物是保护土壤、积累养分、提高土壤肥力的最主要因素。

（2）池底土壤的功能：在河蟹浅水生态养殖水环境中，池底土壤长期处在水体的底部，液相物质占比较大。池底土壤承担贮水功能，承接水体中所有沉淀物质，为生命物质提供生长环境与活动场所，并提供养分支持。土壤质地、土壤肥力不仅直接影响水质，还会对养殖水环境中所有生命物质产生不同程度的影响。

（3）池底土壤对水质的影响：池底土壤理化性质对水体理化性质有直接影

响。土壤是由大小不同的各种土粒组成，可分为砂土、壤土、黏壤土、黏土四大类。不同类型的土壤粒径存在很大差异，黏粒含量各不相同。不同类型的土壤酸碱度和缓冲性也存在较大差异。池底土壤长期浸泡在养殖水体之中，并会有不同程度的有机沉积物，土壤中大量易溶于水的物质往往在不同条件下被释放进入养殖水体中，直接影响水体中各类物质的组成。如水体的硬度、碱度、各种阴阳离子含量等都与土壤密切相关，水体 pH 及缓冲系统也受土壤影响。池底沉积物中的物质，在一定条件下也会以不同方式进入水体，影响水质。养殖水域环境中的池底往往受到水流、风浪等外力作用或河蟹等底栖动物活动的影响，造成池底泥浆颗粒等悬浮在水体中。水体容量越小，浑浊程度往往越高。特别是黏粒含量较高的土壤，池水浑浊后短期内难以澄清。在池底和水体有机质含量较高且不能得到彻底有效降解的情况下，水体中的泥浆颗粒与有机碎屑等混合在一起，长期悬浮在水体之中，导致池水长期浑浊，透明度严重下降，并带来水体生态结构一系列连锁反应，造成水质的变化。

（4）池底土壤对底质的影响：土壤质地和土壤有机质含量直接影响土壤和池底微生物种群构成与数量。影响微生物对池底有机质的降解效率与结果，关系到底质状况与土壤肥力。池底有机质得不到及时有效降解，往往会产生有毒、有害物质，滋生大量病害菌，对养殖对象构成威胁。养殖水体青苔滋生、蔓延已成为公害，青苔喜磷和 pH 较高水体（pH≥8），降磷或增氮，调节水体氮磷比，可抑制青苔蔓延。生石灰彻底清塘能改变土壤质地和结构，适量增施发酵有机肥、矿物质元素和微生态制剂，可促进土壤微生态平衡，对青苔萌发与蔓延也有一定的抑制作用。土壤肥力强有利于养殖前期浮游植物的生长与繁衍，有利于沉水植物的生长，有利于养殖水环境的生态平衡。水体溶解氧含量低，池底有机质不能被及时有效降解，往往造成大量腐败菌滋生。在浮游动物繁殖季节，腐败菌等为浮游动物生长繁殖提供营养，造成水体浮游动物迅速形成种群优势，消耗水体有益藻类、大量耗氧，还易造成池水浑浊，沉水植物叶面大量上脏，破坏生态平衡。土壤质地与土壤肥力对池底自然生长的水生动植物结构和数量也有不同程度的影响，大量的蚯蚓是土壤肥沃的标志，沉水植物良好生长能改善土壤生态，净化底质。

（5）池底土壤对沉水植物的影响：土壤质地与土壤肥力对种植与移栽的沉水植物生长有直接影响。土壤板结或土壤肥力差，人工种植与移栽的沉水植物萌发后难以扎根或扎根较浅，缺乏长势，在外力作用下易漂浮，很难形成群体优势。土壤肥力差，沉水植物长势不旺，营养生长期相应缩短，植株易老化，净化、优化底质和水质功能得不到有效发挥。进入高温季节，沉水植物枝茎叶枯萎老化，断枝、漂浮、腐烂，败坏底质和水质，破坏养殖水体生态平衡。同样，土壤中淤泥过厚，浮游生物大量繁衍生长，池水透明度差，也不利于沉水植物生长，且扎根不牢。土壤质地与土壤肥力对养殖水域生态平衡有重要作用。适宜的土壤质地与良好的土壤肥力，可以促进养殖水域生物的多样性。水质稳定、活、爽，水体营养盐丰富，可以满足河蟹等养殖对象对水体各种营养元素的需求，促进健康生长，还可以加速软壳蟹的硬化进程。

2. 池底结构对水生动植物的影响

池底结构决定养殖水域形态结构，水域形态结构决定有效水体空间的大小，影响河蟹个体对有效水体空间的占有。池底结构影响水体接受光照的程度，水体流动性强有利于水质自净。深水区往往有利于有机质的沉积，深水区水位过深、面积过小，不利于池底有机质的有效降解。池底形态结构决定各种沉水植物的合理布局，不同品种的沉水植物对水体深浅有较强的选择性。伊乐藻、轮叶黑藻在水位较高的情况下，进入较高水温后易断枝飘浮，失去生命活力。池底平坦有利于同一品种沉水植物生长，方便管理与维护。深水区水温相对稳定，适合河蟹集中栖息，深水区底质状况对河蟹生长影响较大。

河蟹生态养殖池的设计、开挖应根据土壤质地、地形、地貌等综合因素考虑决定。黏粒含量较高的土壤，如果开挖成池底平坦的塘口，池水容易浑浊，不利于沉水植物的生长和管护。砂性土壤可以开挖成池底平坦的塘口，池水不易浑浊，有利于伊乐藻的移栽、生长和管护，可高密度养殖。黏粒含量较高的土壤，可开挖成环沟型塘口，采取中高密度的蟹种放养模式。深水区占比可达30%～40%，环沟要适当放宽，沟深控制在50cm左右，环沟外侧设置4～8m宽的浅水平台，较大塘口设置一定数量的中间沟，促进池内水流畅通。环沟型塘口应以苦草和轮叶黑藻为主体，伊乐藻为辅。伊乐藻移栽在环沟深水区斜坡两侧，主要为河蟹第一、第二次蜕壳提供栖息场所。第二次蜕壳后可在平台及大田浅水区适当套栽少量伊乐藻，伊乐藻在沉水植物中占比控制在20%以内。大田浅水区及平台，通常较深区域种植苦草为主，较浅区域种植轮叶黑藻芽苞或移栽轮叶黑藻秧苗。

沉水植物的种植或移栽既要确保形成一定的区域种群优势，又不能密度过高，影响有效分蘖与无性繁殖。塘口大小依据地形、地貌确定，最好东西走向，长方形。如池底高程差太大，宜进行塘口分隔，面积每口池5～30亩。每年干池清塘后将环沟内过多淤泥清理投放到大田浅水区或平台较低区域，进行池底冻晒。塘口上水前大田浅水区及平台每亩可施25～50kg的发酵有机肥，增加土壤有机质含量，为水体浮游植物培育和沉水植物生长提供长效有机肥。

（三）沉水植物生长及影响因子

沉水植物完全依赖水体环境生活，是典型的水生植物。植株扎根底泥，大部分生活周期内营养体全部沉没水中，有性繁殖部分可沉水、浮水或挺立于水面。由于完全沉水，适应水环境的特征十分明显，大多数叶片（含茎）的表皮细胞中含有叶绿体，叶绿体大而多，叶片通常仅几层细胞厚（2 或 3 层）；叶面上的气孔已丧失功能或没有气孔，通气组织特别发达。金鱼藻、黑藻等为代表的高等类群有茎、叶分化，茎幼嫩且细，茎表皮细胞具叶绿体，茎内气室发达，以利于气体交换，叶片薄，多呈带状或针状。

沉水植物完全生活在水体之中，主要利用根系吸收土壤和水体氮、磷、矿物质养分，叶片吸收水体碳源等营养元素，通过光合作用获得生长，土壤、水体养分的吸收利用可有效净化底质和水质，光合释氧又能优化底质和水质。实践表明，沉水植物是构建蟹池贫营养型水域生态环境的主体。

1. 沉水植物的萌发与生长

沉水植物种子或营养繁殖体的萌发、生长离不开水温、溶氧、光照、水位、透明度、pH、底泥等外界环境条件，与此同时还会受到水生动植物、微生物等环境生物因子的影响。

不同种类的沉水植物有适宜的水温生长范围，气温、光照等天气条件决定水温高低。沉水植物种子或营养繁殖体萌发是一个十分复杂的生理生化过程，是在一系列酶的参与下进行的，水温影响酶的活性，水温的升高可以显著增加酶的活性，启动许多生理生化过程。较高的水温可以显著提高种子的发芽率。沉水植物种子或营养繁殖体萌发是一个十分缓慢的过程，长江中下游地区通常需要一个月左右时间。水温高，萌发所需时间会相应缩短。伊乐藻、轮叶狐尾藻等萌发早的沉水植物，水温 5℃ 左右发根萌芽，苦草、轮叶黑藻 10℃ 左右才发根萌芽。萌发早能更早占领生活空间和光照资源，从而在竞争中取胜。达不到相应的水温等外部条件，种子或营养繁殖体就不能萌发，外部条件满足，内部条件不充分，生命体也会在萌发过程中夭折。

适温范围内，沉水植物种子或营养繁殖体依赖内源性营养积累完成胚胎发育全过程，形成幼苗。当幼苗体内各组织器官得到初步完善后将开启胚后发育进程，开始光合作用，进行外源性营养生活。植物内源性营养向外源性营养的转变需要一个良好的相互衔接过程。植物光合作用产生碳水化合物，呼吸作用消耗碳水化合物，当两者达到动态平衡的光照强度称光补偿点。达到补偿点以上的光照才能促进植物有效生长。在一定的光强范围内，植物的光合强度随光照的上升而增加，当光照上升至某一数值后，光合强度不再继续增加，此时的光照强度就是光饱和点。沉水植物为阴生植物，光补偿点和光饱和点比陆生阳生植物低很多，许多沉水植物的光补偿点范围为全日照的 $0.5\% \sim 3\%$，大多数水生植物在进行光合作用时吸收 $300 \sim 700nm$ 波长的光能。

长江中下游地区，水温低于 10℃ 或高于 30℃ 都会给大多数沉水植物生长造成一定程度的胁迫。水温不同，沉水植物的光补偿点和光饱和点也不同。观察表明，水温32℃以上苦草生长受到一定程度胁迫，伊乐藻生长受阻，35℃以上伊乐藻进入休眠、枯萎、断枝和腐烂状态。水体透明度高、溶氧充足可有效提升沉水植物的高温耐受能力。在适宜的外部环境条件下，萌发后的沉水植物幼苗由于光补偿点普遍较低，加上生长初期植株个体对土壤和水体养分需求相对较少，一般幼苗期均能获得良好生长。幼苗在生长过程中，根系不断发达，枝茎叶数量逐步增加，对土壤和水体养分的需求也随之加大，依据植株密度以及养分供给状况，沉水植物生长出现分化。适宜的密度和良好的养分供给是沉水植物有效生长的前提。

伊乐藻、轮叶黑藻在生命力旺盛阶段，枝茎节间能发出一定数量的水中不定白根，吸取水体有效养分，白根入土可萌生新的植株。苦草进入旺盛生长阶段也能发出一定数量的地下匍匐茎，产生更多植株。生命周期内的沉水植物以固有的节律生长发育，对水域生态环境产生不同程度的影响，但不同的环境条件也会改变沉水植物的生长发育进程。生命力旺盛的沉水植物可有效净化、优化水质与底质，促进水体的生物多样性。相反，衰老、死亡、腐烂的沉水植物将造成水域生态环境的二次污染。

2. 天气条件和水文因子的影响

在适温范围内，光照是沉水植物光合作用的能量来源。光照不仅受到季节和天气条件的影响，还受到水位、水体透明度、水色、风浪等环境因子影响。夏季日照时间长，光照强度高，冬季日照时间短，光照强度低，春秋两季居中。晴好天气光照足，阴雨天气光照少。水位低、透明度高、自然水色、风平浪静，光照条件好，反之则差。不同种类的沉水植物光补偿点和饱和点存在差异。如轮叶狐尾藻的光补偿点和饱和点分别为全日照的2％和15％，轮叶黑藻的光补偿点也较低，苦草对光的需求量最低，适于在低光照条件下的水下生长，不耐强光。夏季光照强度高，长时间日照，表水层水温往往高出低层10℃左右，导致沉水植物浮水叶枯黄、死亡、腐烂。如高温期间，浮在水面的苦草叶片枯黄腐烂，而表水层以下叶片尚能维持较旺盛的生命力。

沉水植物的光照强度受水体透明度和水色影响，随水深的增加呈指数下降。沉水植物生物量与水深存在负相关。光照强度随水位加深大幅衰减，水体表层以红光为主，越往深层，蓝光等短波光线逐渐占主导地位。透明度的高低受水体中各种悬浮颗粒及溶解物质的浓度影响，底悬浮是造成透明度下降的重要因素。透明度越低，沉水植物所接受的光照越少。水色反映水体对不同波长可见光的反射能力，影响沉水植物对所需光波的吸收。观察表明，茶褐色水体不利于伊乐藻等沉水植物生长，但对抑制青苔生长有利。

植物生长发育对昼夜长度要求产生生理反应的现象称为植物的光周期。根据花芽分化时对日照长短需求的不同，可分为长日照植物、短日照植物和日中性植物三种。只有当日照时长超过临界日长，或暗期短于某一时数时，才能完成植株的花芽分化并形成花芽，否则不会形成花芽，而只停留在营养生长阶段。观察表明，伊乐藻、轮叶黑藻、苦草等沉水植物都有相应的光周期现象，并会受到水位、水体透明度等环境因子的影响。光周期影响沉水植物生长发育进程，处在营养生长期的沉水植物净化、优化水质和底质的能力更强。

水位、水流等水文因子对沉水植物的影响也十分明显。风形成水面波浪，一方面会减弱水体的光照强度，另一方面造成水流的加速、底悬浮等。水位波动产生的拉力、拖曳对沉水植物构成物理影响。如四月份苦草萌发后根系尚处于欠发达状态，较高水位的大幅波动导致苦草幼苗大量漂浮，四月中旬移栽的轮叶黑藻秧苗受水位波动而部分漂浮。水位大幅波动易导致底悬浮，沉水植物叶表黏附悬浮物质和附生藻类，降低光合作用效率，阻碍气体交换和叶片对营养的吸收，附生藻类还可能与叶片产生营养吸收的竞争。水的流速与沉水植物光合作用效率有很强的相关性，$0\sim0.01m/s$ 的微流速范围内，沉水植物光合作用效率与流速呈正比例关系；当流速超过 $0.01m/s$ 或水体处于静态状态时，光合作用又受到明显抑制；$0.01\sim0.9m/s$ 流速范围内，沉水植物光合作用效率与流速呈反相关；$0.9m/s$ 以上的高流速导致沉水植物衰减，水生附着物、苔藓类植物增加。氧化还原电位与水位呈强烈的负相关，水位越深，沉水植物根系受到的损害越大。

3. 水体、土壤养分的影响

沉水植物生长离不开水体和土壤养分，受地理位置等综合因素影响，不同地域水体、土壤养分存在较大差异。合理的养分结构和相对充分的营养元素含量是沉水植物有效生长的物质基础。碳是一切植物生长都必需的营养元素，其量约占植物体干重的一半，无机碳源是沉水植物生长的重要限制因子。氮、磷是沉水植物组织中的重要营养元素，其浓度并不高，大概每克干重含磷 3mg、氮 13mg。沉水植物生长必需的 C、N、P 及各种无机盐类等均由水体和土壤提供。某些沉水植物在水体低无机碳条件下会产生各种形态和生理适应机制，如长出浮水和挺水叶片，吸收空气中的 CO_2、从沉积物中提取 CO_2、CAM 途径、C_4 途径以及吸收 HCO_3 作为无机碳源等。观察表明，沉水植物土壤根系主要吸收土壤中的 N、P 及矿物质元素，部分沉水植物生命力旺盛阶段枝茎节间能发出一定数量的水中不定白根，用来吸收水体中的相应养分。叶片（含茎）组织主要吸收水体碳源，兼有吸收水体部分 N、P 及无机盐类的功能。

大气中 CO_2 浓度约为 380ppm，干燥空气组成以体积计为：N_2 78.03%，O_2 20.99%，Ar 0.94%，CO_2 0.03%，其他 0.01%。天然水体中 CO_2 浓度通常都很小，CO_2 在水中的溶解度仅为空气中的万分之一，具体数值由溶解及电离平衡决定。水体中的无机碳源除游离 CO_2 外，还以 HCO_3^-、CO_3^{2-} 等形态存在。不同种类的沉水植物对碳源的利用能力是不相同的，CO_2 补偿点也不相同。溶于水中的 CO_2 和 HCO_3^- 均可通过扩散或某种机制进入沉水植物细胞内，HCO_3^- 不能透过叶绿体膜，只能以 CO_2 的形式进入叶绿体的间质。在 RuBP 羧化酶的催化下，进入叶绿体间质的 CO_2 被合成有机化合物，一时尚不能被同化的 CO_2 在碳酸酐酶作用下形成 HCO_3^-，形成一种暂存形式。当间质中 CO_2 浓度下降时，HCO_3^- 又可以在碳酸酐酶作用下变成 CO_2 被合成有机化合物。CO_2 补偿点，常用来表示光呼吸作用的大小，若在某一 CO_2 浓度下，光合成固定 CO_2 的速率与主要因光呼吸释放 CO_2 的速率相当时，则此时 CO_2 浓度称为 CO_2 补偿点。该点越高，则光呼吸使体内损失的 CO_2 越多，若外界环境 CO_2 供应不足，植物就会死亡。狐尾藻具有较低的 CO_2 补偿点，苦草、狐尾藻对 HCO_3^- 形式的碳源有很强的利用能力。

pH 影响水体无机碳源的存在形式。pH<4，水体中只有 CO_2；pH>12，只有 CO_3^{2-}；pH=8.3 时，几乎都以 HCO_3^- 存在；pH 在 4.0~8.3 时，则 CO_2 与 HCO_3^- 共存；pH 在 8.3~12 则 HCO_3^- 与 CO_3^{2-} 共存。高 pH 水体中，CO_2 含量大大降低，抑制沉水植物光合作用。水生植物光合作用有最适宜的 pH 范围，不同品种的沉水植物对 pH 耐受性存在较大差异。伊乐藻光合作用最适 pH 为 6~7，大于 7 和小于 6 时光合作用都下降。金鱼藻光合作用最适 pH 是 7.0~8.0，苦草、狐尾藻比较耐受高 pH 环境条件。蟹池水体 pH 呈现明显的季节和周日变比特点，导致水体中无机碳源存在形式的变化。通常夏季 pH 较高，冬季较低，春秋两季居中。阴雨天气低，晴好天气高；晚上低，白天高；上午低，下午高。

水体的碱度和硬度也影响沉水植物生长。总碱度主要由 HCO_3^-、CO_3^{2-} 构成，能与 H^+ 结合，消耗酸。碱度的组成及大小，有明显的周日变化及垂直分布不均，总碱度适宜为每升 1.0~3.0 毫克当量，低于 0.2 毫克当量或大于 3.5 毫克当量会抑制生物生长。碱度是水体碳源含量的一种表现方式。Ca^{2+}、Mg^{2+} 浓度构成水的硬度，养殖水体总硬度适宜为每升 1~3 毫克当量，小于 0.2 毫克当量时，即使施用无机肥料，浮游植物也生长不好。Ca、Mg 都是生命过程中必需的元素，Ca 被认为是植物的第二位营养元素，对于蛋白质的合成与代谢，碳水化合物的转运，细胞的穿透性以及 N、P 的吸收转化等均有重要影响。Mg 是叶绿素的组分，Mg 不足则 RNA 净合成停止，氮代谢混乱，细胞内积累碳水化合物及不稳定的磷脂。总碱度大于总硬度时，表明水中 Ca^{2+}、Mg^{2+} 均以碳酸盐存在，没有永久硬度；相反，总硬度大于总碱度时，水中有永久硬度存在。Ca^{2+} 浓度增大时，可使生物减少从环境中吸收重金属，从而降低它们的毒性。

水体中的碳源有外界输入与内源产生两条途径，输入性碳源主要是空气中的 CO_2 通过各种方式溶解进入水体，内源性碳源通过生物、生物化学、化学作用产生，主要有水生动植物呼吸作用产生的 CO_2、水体有机质和池底沉积物分解释放进入水体的 CO_2 等。氧化还原电位影响底泥有机质降解进程与结果，当水体供氧水平为 $8.6\sim12.0mg/L$ 时，底泥有机质降解时 CO_2 释放速率增加，供氧水平下降为 $5.0\sim0mg/L$ 时，CH_4 释放速率加快，供氧水平为 $5.0\sim8.6mg/L$ 时，底泥有机质完全降解的速率最为缓慢。底泥中加入葡萄糖后，厌氧分解中乙酸所占比例最大，可提升水体 CO_2、HCO_3^- 水平，促进沉水植物的光合作用。

底泥是沉水植物生长的营养宝库，根植底泥的沉水植物主要通过根系吸收N、P 及无机盐类，底泥有机质的提高有利于植物生物量增加，有机质过量，底泥厌氧环境对植物产生胁迫，使生物量下降。底泥的粗细是重要物理性质，影响其他理化性质。不同质地底泥中的营养含量和保持力存在较大差异，不仅影响沉水植物扎根，还影响生长。底泥越细，黏粒含量越高，在外力作用下越容易引起底悬浮。底泥再悬浮后，生物有效磷含量显著下降，平均下降 61.59%。

底泥营养盐的有机态要通过一系列复杂的化学、生物过程分解成无机态，才能为植物根系吸收利用。有机物的降解以微生物为主，离不开各种酶含量和酶活性。有机质分解矿化过程中，大约有 50% 是在厌氧条件下发生的，厌氧条件下 NH_3、N、TN 的释放量大于好氧条件。底泥的氧化还原电位越低，底泥中磷元素越容易释放。厌氧性底泥中硝化作用受到抑制，常常累积高浓度的氨氮，非离子氨浓度增高的胁迫会直接导致沉水植物光合速率下降。NH_4^+ 在根部同化、NO_3^- 主要在植物叶片中同化。过量氮的供应会消耗植株体内存储的碳水化合物，减弱植物对逆境的抵抗能力。营养过剩，植物组织中大量矿质营养的积累影响细胞个体长大，导致生长速率的下降。高水位、过量的氮供应、根区的压氧环境、外部扰动都会使沉水植物碳源不足的影响加剧，在硬度较低的水体中更是如此。

底泥中有超过一半的有机物通过硫酸盐的还原被矿化，往往导致底泥中累积大量有毒化合物，如硫化氢。厌氧性底泥主要通过过量的有机物、还原性铁和硫化物对水生植物生理代谢和生长造成影响。底泥中硫化物的积累和毒性是造成许多沉水植物消亡的重要因素。底泥中有机质含量过高，并不适合沉水植物的有效生长。与之相反，贫营养底泥上生长的苦草根冠比富营养的要大，根系的生物量超过总生物量的 10% 以上。

土壤质地和有机质含量对沉水植物生长有十分重要的意义。蟹池及时干池、清除过多淤泥、生石灰彻底清塘，冬季长时间冻晒池底，施入适量有机肥和微生态制剂，翻耕池底等措施有利于池底土壤改良和生态修复，可促进沉水植物的萌发与生长。水体养分离不开底泥，水体养分结构合理可提升沉水植物的生命活力。如伊乐藻、轮叶黑藻等在适温范围内枝茎节间可发出一定数量的水中不定白根，吸收水体养分，保持旺盛的生命活力。水体养分充足，部分带根漂浮的苦草也能生出大量白根，并具一定的无性繁殖能力。良好的水体、土壤养分有利于贫营养草型水域生态环境的营造。

4. 生物因素的影响

沉水植物在萌发、生长过程中不仅受天气、环境条件的影响，同时还会受到各种生物因子的影响和侵害。

生物因素对沉水植物的影响主要有生物竞争和敌害生物侵害两个方面。生物竞争有相同品种和不同品种之间的竞争。蟹池种植或移栽同一品种的沉水植物，幼苗萌发后由于密度过高导致土壤、水体养分及光照资源等供应匮乏，植株缺乏长势或难以有效生长。不同品种的沉水植物萌发有早有晚，生长速度有快有慢，同一地域不同品种沉水植物之间，在萌发与生长过程中会发生养分与光照资源等方面的争夺，竞争力强的一方会抑制其他品种的萌发与生长。轮叶狐尾藻萌发早，2月底幼苗便可出土面，适温范围广、生长期长、根系发达、无性繁殖能力强，极容易在蟹池形成种群优势，从而抑制苦草、轮叶黑藻等沉水植物的萌发与生长。小茨藻与苦草、轮叶黑藻等沉水植物均在3月底4月初萌发，但小茨藻萌发后生长速度极快，4月下旬可形成较大生物量，5月份进入暴长状态，枝茎叶密度极高，形成种群优势后对水体养分和光照资源利用有很强的掠夺性，明显抑制苦草、轮叶黑藻的萌发与生长。苦草和轮叶黑藻萌发期相近，但生长发育进程不同，不适宜间种。4—5月轮叶黑藻生长速度高于苦草，有明显的竞争优势，5月份普遍出现夏芽，开出白花，进入生殖生长阶段，6月份生命力逐渐衰退。而苦草5月份进入快速生长并具有较强的无性繁殖能力，6—7月为暴长阶段，竞争力明显优于轮叶黑藻，生长在苦草丛中的轮叶黑藻往往出现萎缩甚至逐步消失。

丝状青苔与蓝藻都是蟹池生命体的组成部分，两者一旦形成种群优势均对沉水植物生长构成严重危害。青苔适温范围广，生长周期长，适应环境能力强，一旦滋生蔓延形成种群优势，掠夺性利用水体养分和光照资源，将严重损害沉水植物生长。5月份水温升高后，富营养化水体往往出现蓝藻，蓝藻一旦暴发，大肆掠夺水体养分和光照资源，同样构成对沉水植物生长的危害。

敌害生物对沉水植物的侵害虽有一定的选择性，但也带有很强的普遍性。沉水植物的敌害生物主要有水鸟、牧食性水生动物（草食性鱼类、河蟹、部分螺类等）、病虫害等。冬春季节，水鸟觅食沉水植物种子或营养繁殖体，严重影响春季萌发。河蟹喜食轮叶黑藻和苦草幼苗，基本不食伊乐藻，故对轮叶黑藻与苦草的萌发与生长要采取适当保护措施。草鱼、鳊鱼等大量牧食沉水植物茎叶，椭圆萝卜螺牧食苦草叶片组织，都给沉水植物生长带来不同程度的侵害。近几年来，每年4—5月部分蟹池出现大量草虫，噬食伊乐藻、苦草叶片组织，对伊乐藻、苦草的萌发与生长带来重大挑战，还有部分病菌侵害伊乐藻等沉水植物的根、茎、叶等组织，造成不同程度的伤害。环棱螺与沉水植物可互利共生，环棱螺往往吸附在苦草、伊乐藻等沉水植物枝茎或叶片上，能摄食叶面的附着物或附生藻类，提高茎叶的吸光与营养功能，螺类的生命活动能增加水体营养盐循环、澄清水质，促进沉水植物生长。

蟹池沉水植物在种植与管护过程中必须趋利避害，避免生物因素造成的损害。主要采取有针对性的技术防范措施，如提前修建护草围网，开展合理布局和科学种植，有效防控敌害生物，采取必要的杀灭措施等。

(四) 伊乐藻、苦草、轮叶黑藻栽培技术

河蟹浅水生态养殖过程中，沉水植物对构建贫营养型养殖水环境起着不可替代的作用。在较高池水透明度前提下，沉水植物通过发根、分蘖和无性繁殖等方式，大量吸收池底和水体养分，进行有效生长。一方面可以净化底质和水质，保持洁净的底质与清澈的水质；另一方面沉水植物吸收水体中的二氧化碳，进行光合作用，释放出大量氧气溶解于水，优化水质。另外，沉水植物的土壤根系在呼吸过程中，对土壤有释氧功能，可改善土壤生态。特别在高温期间，有生命活力的沉水植物覆盖面达50%左右对养殖成败起到决定性作用。

1. 伊乐藻的生物学特性与移栽、管护技术

（1）生长特点：伊乐藻（图7）为低温速生沉水植物，耐低温不耐高温，冬季也能保持良好生存状态。系外来物种，对水温、土壤肥力、池水透明度和水体溶解氧等环境条件都有较高要求。冬春季节移栽的伊乐藻枝茎，水温4℃左右便能发根萌芽，缓慢生长。10℃以上较快生长，18～22℃生长最旺盛。伊乐藻耐高温能力差，水温32℃以上生长受阻，35℃以上进入休眠、枯萎、断枝和腐烂状态。高温期间如果塘口水质好，植株低矮的伊乐藻生存状态相对较好。

伊乐藻无主茎和主根，有丛生特点。生命力旺盛期间，枝茎节间不断萌生新枝和不定白根，白根入土为土壤根系，未入土为水中不定白根，最长可达58cm。根从枝茎节间单独发出，生长初期植株低矮，从枝茎节间发出的白根大多可以入泥，成为植株的土壤根系，起固定植株和吸收土壤养分的双重作用。伊乐藻的发根特点决定土壤根系数量相对较少，如果遇到土壤板结，入土根系则更少。在适温范围内，水质条件较好，伊乐藻在生长过程中枝茎节间能

图 7　伊乐藻

持续生出一定数量的不定白根，吸收水体养分。如果枝茎较长，生出的白根无法进入土壤。实践观察表明，伊乐藻植株主要养分依赖入土根系，对生命活力起主导作用。伊乐藻植株顶生优势十分明显，枝茎节间不断萌生新的嫩芽，长成新的分枝，分枝上又开始发出新的嫩芽，如此不断生长的结果造成上部枝茎叶密集程度不断加大，成为庞大的草冠。而处在底部的枝茎则会渐渐枯黄老化，叶片枯黄腐烂，早发根系因养分供应不足逐步发黄、发黑，丧失活力。只有枝茎节间新生的入土白根才能吸收到土壤中较充足的养分。任其生长往往是头重脚轻，最终断枝漂浮。在适温范围内伊乐藻有较强的无性繁殖能力，漂浮的断枝也会在节间生出白根，白根入泥则可长成新的植株。观察发现，伊乐藻植株从草尖以下 30cm 之内，枝茎叶基本呈绿色，其余基部枝茎往往成为黄褐色。如水质好、透明度高、水体溶解氧丰富，情况将大有改观，但枝茎越长，基部枝茎生命活力越差。

（2）生长发育：长江中下游地区，冬季 12 月底移栽的伊乐藻枝茎，元月下旬就能观察到一定数量的白根与嫩芽。2 月底前处于萌发与缓慢生长状态，3 月上中旬发根、萌芽能力增强，显示出强大生命力。3 月 20 日至 4 月 15 日进入快速生长阶段，伊乐藻嫩芽数量增多，草芽竖起，枝茎节间生出大量水中不定白根，日均生长可达 1cm 以上。4 月 16 日至 5 月 23 日进入生殖生长阶段，伊乐藻草尖出水面，叶腋开出白花，花期长达 2 个多月，盛花期为 5 月上中旬，至6月下旬水面仍有白花漂浮。7月20日仍发现部分伊乐藻叶腋有绿色果实，有白花漂浮水面。5月24日至7月17日伊乐藻处在稳定生长阶段。之后生命活力明显衰退，生长速度减缓，发根、萌芽能力下降，节间白根数量从多到少，从少到无。新生枝茎节间距明显缩小，黄褐色枝茎叶占比逐步加大，遇短期高温抑制伊乐藻生长。池水浑浊，叶面吸脏，出现着生藻类，伴生丝状青苔程度加剧，但仍有缓慢的生长能力，生物量可达全年最大化状态。6月中旬环沟深水区未修剪的伊乐藻开始出现断枝漂浮现象。

　　7月18日至8月29日伊乐藻进入休眠、枯萎、腐烂阶段。持续35℃以上高温天数越多，对伊乐藻损害越大。高温条件下，伊乐藻代谢能力严重衰退，进入休眠、枯萎状态，断枝、漂浮、腐烂程度加剧，种群生物量迅速下降。高温集中时段，伊乐藻生存处艰，黄褐色枝茎叶占比迅速扩大，根系发黄、发黑，没有白根，底茎断裂，枝茎上叶片腐烂残缺，断枝截面发黑，漂浮、腐烂程度加剧，种群生物量急剧下降，甚至全部消失。8月上中旬随水温的逐步下降，塘口水环境良好处在休眠状态的伊乐藻枝茎开始萌发新的白根与嫩芽，9月份有良好长势，进入秋季恢复性生长阶段。可为河蟹第五次蜕壳营造优越的蜕壳栖息场所与良好的底层水环境。

　　（3）草害的形成：伊乐藻蛋白含量低，河蟹牧食性差，植株通常不易被损毁，但有时也会夹食部分嫩草尖。适温范围内，土壤、水质条件好，伊乐藻生长速度极快，水位越高，枝茎节间距越大，可达2.5cm，最长枝茎可达95cm。短期内可以形成超大生物量，而产生自我密闭，草丛内缺光、缺氧、缺养分，枝茎叶枯黄、腐烂。池水透明度低，水体中往往悬浮较多有机碎屑及泥浆微颗粒，导致伊乐藻叶面吸脏并出现着生藻类，有时伴生丝状青苔，植株生命活力进一步下降。

　　进入高温，植株密度高，底层水体溶氧含量低，底部枝茎叶呼吸困难，造成烂根和枝茎叶部分枯黄腐烂。失去生命活力的大量伊乐藻在养殖水体中往往形成草害。一是在腐烂过程中会消耗大量水体溶解氧、滋生病害菌，伊乐藻残枝为青苔滋生蔓延创造出有利条件；二是腐烂过程中会增加池底和水体中的有机质含量，降低池水透明度，诱发蓝藻。观察表明，水体透明度高，溶氧含量高，伊乐藻也具有一定的抗高温能力。特别是苦草与轮叶黑藻茂盛区域套栽的少量伊乐藻，高温期间也能长期保持良好的生存状态。

　　（4）移栽与管护：伊乐藻在河蟹生态养殖水环境中，净化、优化底质和水质能力总体低于轮叶黑藻与苦草。但不易遭损毁，可为河蟹蜕壳、隐蔽提供良好的栖息场所。特别在5月份之前，可以发挥其低温速生的优势。伊乐藻作为重要的沉水植物，主要适合在砂土、沙壤土为主的平坦池底进行主体布局。土壤黏粒含量较高的环沟型塘口，一般作为辅助性的沉水植物进行布局。

伊乐藻布局。环沟型塘口可划分为环沟、中间沟较深区域和平台、大田浅水区较浅区域几大部分。长江中下游地区，沉水植物的布局要根据池底结构、土壤性质及气候特点等因素综合确定。黏粒含量较高的土壤，伊乐藻通常不宜作为主导品种布局移栽，在沉水植物占比中应控制在 10%～40% 范围内。一般环沟深水区斜坡两侧，在养殖前期可间隔性条栽或小棵穴栽少量伊乐藻，在每年元月底前移栽完毕。中间沟也可以小棵穴栽少量伊乐藻。主要在河蟹第一至第三次蜕壳期间起到提供蜕壳隐蔽场所及部分净化底质、水质的功能。

大田浅水区及平台在第一次蜕壳初步结束上水后，可移栽适量伊乐藻。大田浅水区伊乐藻套栽在苦草或轮叶黑藻以外预留的空白区域内，采取条栽或小棵穴栽。平台移栽伊乐藻要根据平台的宽度来确定，6m 以上较宽的平台，伊乐藻可套栽在苦草或轮叶黑藻空白区域。较窄平台伊乐藻采取铺栽方式，留出 1.5～2m 隔离通道。斜坡式平台建议拦网播种苦草籽。大田浅水区及平台上移栽的适量伊乐藻，主要为河蟹第二至第五次蜕壳提供栖息隐蔽场所及在第五次蜕壳期间起局部净化底质和优化水质作用。

环沟、中间沟伊乐藻的移栽与管理。每年 2 月底之前水温长期处在 8℃ 以下，冬季移栽的伊乐藻枝茎，根的生长优于芽的萌发。干池、清塘、晒塘上水后，要尽可能早地在深水区斜坡两侧移栽伊乐藻枝茎，主要为其冬季发根萌芽留出足够的时间。选择移栽的伊乐藻做到枝茎粗壮，枝茎内营养积累充分。移栽时尽可能让枝茎上更多的节间深入土壤或接近底泥，以便节间能发出更多的白根进入土壤。枝茎移栽时不要栽在浮泥上，以免扎根不牢。小棵移栽时 10 根左右枝茎为一束，株距 50cm 左右，要将枝茎插入土壤中。条栽时 5～7 根枝茎一束横插在事先开挖的浅沟内，覆上土，部分枝茎外露，10～20m 左右一段，留 2～3m 间隔空隙，并保持足够的池水透明度。如果植株密度过高，进入茂盛生长状态后，修剪或梳理伊乐藻的劳动强度大，不便于管理。

3 月初伊乐藻局部返青，根据长势与土壤肥力可适当施入复合肥，促其根系发达，有利于延长营养生长期，3 月中旬全面返青。伊乐藻移栽存活后，要对环沟进行发酵有机肥适度肥水，培养一定数量的浮游植物，增加水体溶解氧含量，减轻苗种投放后及第一次蜕壳后池水的浑浊程度。伊乐藻局部返青后，如水体中浮游动物过多，宜在第一次蜕壳前杀一次水体浮游动物。否则，水体浑浊度高，伊乐藻叶面易吸脏，影响生长。第一次蜕壳期间，伊乐藻进入快速生长阶段，日均生长达 1cm 以上。第一次蜕壳初步结束后，黏粒含量较高的池底，池水往往有所浑浊，应在 3 月底 4 月初分批次对深水区伊乐藻进行第一次不留茬修剪或深度梳理，仅留根系和少量嫩枝、嫩芽，操作时尽可能减轻人为的池水浑浊。不留茬修剪简单易行，重新恢复生长时间略长。深度梳理工作量稍大，可以保留部分新生嫩枝，恢复生长速度快。不留茬修剪和深度梳理后，必须及时打捞池内漂浮的断枝，以免断枝随水漂流，发根入泥后在池内无序生长。修剪后可采取适度肥水等措施，提高池水透明度，也可根据长势适量施肥，促其生长。

3月底4月初修剪后的伊乐藻，半个多月生长进入较茂盛状态，可为河蟹第二次蜕壳提供良好的栖息隐蔽场所，并有较强的净化水质能力。随着第二次蜕壳的初步结束，池水浑浊程度逐步加大，伊乐藻叶面吸脏情况也往往随之而来，水质不理想叶面将有着生藻类出现，并伴生丝状青苔。4月份随着水体和池底有机质数量的不断增加，要定期使用微生态制剂及时降解池底和水体有机质，有针对性地使用生物有机肥培养水体浮游植物，提高池水透明度，也可增放部分优质活螺蛳。4月底至5月上旬要分批次进行伊乐藻第二次不留茬修剪或深度梳理，对茂盛区域的伊乐藻可适当连根清除部分，避免疯长后生物量过大。修剪后根据水质状况采取适当调水措施，结合长势适当追施肥料。

4月底5月初环沟深水区处理过的伊乐藻将在5月中旬再次进入茂盛状态，有利于第三次蜕壳。但随水温升高枝茎叶老化程度将进一步加大，第三次蜕壳初步结束后，池水浑浊程度往往全面加剧。伊乐藻叶面吸脏程度加重，并有着生藻类和丝状青苔伴生。鉴于苦草、轮叶黑藻等均已有良好长势，6月上旬要分批次对深水区伊乐藻进行第三次全面清理，绝大部分连根清除，对池底较浅区域的伊乐藻可保留少部分作不留茬修剪或深度梳理。第四次蜕壳一般在6月中下旬至7月上中旬，梅雨期间水温相对较低，残留的伊乐藻会萌发部分嫩枝与白根，并有一定长势。出梅以后，根据环沟深水区残留伊乐藻长势进行第四次不留茬修剪或深度梳理，绝大部分清理出水体，以免断枝、漂浮腐烂，败坏底质与水质。

大田浅水区及平台伊乐藻的移栽与管理。一般3月底4月初大田浅水区及平台将逐步上水，上水后在大田浅水区预留的空白区域内小棵穴栽或分段铺栽伊乐藻枝茎，铺栽时密度不要过高，做到稀疏有致，让枝茎节间尽可能接触或接近底泥，移栽后一周左右就可存活并有良好长势。池周平台是否移栽伊乐藻要根据宽度及平坦程度加以考虑，平台宽度4m以内且不平坦，建议不要移栽伊乐藻，否则后期受持续高温影响后，失去生命活力的伊乐藻往往会大量滋生青苔，伊乐藻枯萎、腐烂后将污染底质和水质，可考虑围网种植苦草或轮叶黑藻。大田浅水区上水后，移栽伊乐藻要早，一旦存活，适量施肥，促进发根萌芽，延长营养生长期。移栽太迟，植株进入生殖生长阶段，即使成活，枝茎叶腋也随之结出花苞，开出白花，植株易老化。大田浅水区移栽适量伊乐藻要尽量避开较深区域。

河蟹第二次蜕壳后大田浅水区水深一般在20cm左右，环沟深水区池水浑浊程度大，靠近环沟水域的伊乐藻往往叶面会有少量脏吸附，部分枝茎叶腋有花苞，并开出白花。及时降解环沟内水体中的悬浮有机颗粒有利于伊乐藻叶面干净。套栽在苦草或轮叶黑藻之间的伊乐藻长势较好。伊乐藻植株高度宜控制在 30cm 左右，植株密度过高和基部枝茎有发黄趋势，可以考虑在第二次蜕壳结束后，对大田浅水区伊乐藻进行深度梳理或不留茬修剪，并清除漂浮断枝。修剪后的伊乐藻很快会发根萌芽，要适当施肥促其根系发达和枝茎叶粗壮。5月下旬进入稳定生长期的伊乐藻叶面往往有脏吸附，并有着生藻类和丝状青苔伴生，处在池水浑浊区域的伊乐藻尤其明显。第三次蜕壳初步完成后，环沟池水浑浊程度进一步增加，水体中悬浮有机碎屑数量增多，伊乐藻以黄根为主，白根数量减少，枝茎叶老化，叶面易吸脏并有着生藻类，往往伴生不同程度的丝状青苔。在第三次蜕壳初步结束后，在 6 月上旬对大田浅水区伊乐藻分批次进行第二次不留茬修剪或深度梳理。入梅前可以施入相应肥料或微量元素，充分利用梅雨季节低温阴雨的天气特点，形成富有生命活力的新植株。第三次蜕壳后随着塘口水位的逐步提升和所有沉水植物的有效生长，池水透明度也会逐步提升。梅雨期间要及时有效控制塘口水位，大田浅水区水位不要超过 40cm，做到沉水植物不过快生长。要确保池底和水体不造成严重缺氧，有条件的塘口要经常开启增氧设备。梅雨期间养殖水体生态系统相对脆弱，一般不要对沉水植物采取修剪措施。

出梅后，在进入高温前（7 月 20 日左右）对植株高度超过 30cm 以上的大田浅水区伊乐藻，可分批次进行第三次留低茬修剪或深度梳理，主要为高温后的秋季恢复性生长留下一定数量的营养繁殖体。第三次修剪，一方面为剩余伊乐藻过高温减负；另一方面打捞修剪后的伊乐藻可降低水体磷含量，减轻水体有机质，减少青苔滋生场所。出梅后迅速转入高温天气，持续高温对伊乐藻生长有很强的抑制作用。一般条件下，植株高度超过 30cm 的伊乐藻在 7 月底 8月初会出现断枝、漂浮、枝茎老化、枯萎甚至腐烂，并伴生大量丝状青苔。如果死亡腐烂的伊乐藻数量多会引发蓝藻。

第五次蜕壳通常出现在 8 月中下旬至 9 月中下旬。7 月底 8 月初达全年最高水温，当水温整体重新降至 32℃ 以下时，有生命活力的伊乐藻枝茎会逐步发根萌芽。当水温降至 28℃ 以下时，伊乐藻会重新萌发新的生机，9 月份进入秋季全面恢复性生长阶段。大田浅水区新生的低矮植株可为河蟹第五次蜕壳提供良好的栖息隐蔽场所，并兼有净化底质和优化水质功能，能有效提升河蟹的商品性状。

2. 苦草的生物学特性与种植、管护技术

（1）生长特点：苦草（图 8）为淡水生常温草本，无直立茎，有横走的匍匐茎，根系发达，为须根。叶基生，叶片带状，花单性，异株，水鳖科，苦草属。生长周期从每年 3 月至 10 月，长达 8 个月。春季依赖种子繁衍生长，种籽细小，干种籽每克可达 6 万粒。

图 8　苦　草

　　2 月底 3 月初水温上升后，苦草种籽开始萌发，水温 10℃以内发根萌芽极其缓慢。16℃以上萌发加快，3 月下旬形成幼苗，4 月上中旬缓慢生长，4 月中旬可形成 8cm 左右完整植株。4 月下旬发根分蘖能力增强，进入较快生长状态，日均生长接近 1cm。5 月份水温整体达 20℃以上，苦草进入快速生长阶段，日均生长 1.5～2cm。5 月上中旬生长较好的苦草普遍出现地下匍匐茎，开始无性繁殖。苦草在萌发与生长过程中，叶片数量逐渐增加，土壤根系不断增多，后发叶片越来越宽大，部分老叶片逐步凋谢。5 月份部分较长叶片草尖漂浮出水面，叶片最大宽度可达 7mm。6 月份水温普遍达 24～30℃，苦草进入暴长阶段，无性繁殖能力增强，生命力旺盛，叶片长短随水位深浅而定，叶片宽度逐渐增大。总体而言，苦草叶面干净，根系发达，绝大部分为白根，但底质、水质较差塘口，叶面有少量脏吸附，并有部分黄根。6 月中下旬至 7 月上旬正值梅雨季节，扎根不牢的苦草往往出现连根整株漂浮现象。

　　7 月份随着高温的到来，苦草进入滞长阶段。水温 32℃以上抑制苦草生长，35℃以上苦草生命力衰减，黄根、黑根数量增加，枯黄叶片数量增多。7 月下旬进入高温后，连根漂浮的苦草数量大幅减少，表水层以下叶片整体较干净，叶片最大宽度可达 15mm，有较多草尖浮出水面。池水透明度差，以黄根为主，白根占比仅为 10%～20%。进入 8 月份，随水温的逐步回落，苦草进入秋季恢复性生长阶段，白根占比逐步上升，新的叶片不断从基部发出，无性繁殖能力增强，植株数量迅速增加。8月份苦草生物量可达全年新一轮高峰。

8月下旬雄性苦草开始出现幼小的佛焰苞。9月份进入全面生殖生长阶段，水面开始漂浮苦草白花。雄性植株基部叶片间出现大量圆锥形佛焰苞，并不断生长发育，佛焰苞破裂后，水面漂浮雄性花粉。9月上旬雌性植株基部叶片间开始发出数量不等幼小藤茎，藤茎的顶端长出子房，并不断生长。9月下旬苦草进入盛花期，植株中的枯黄叶片数量增加，叶面吸脏程度加重，白根占比明显下降，有带根植株整体漂浮。雄性佛焰苞相继破裂，白色花粉大量漂浮水面，雌性植株基部发出的子房藤茎数量逐步增加，藤茎越来越长，子房变粗变长，子房颜色为绿色，子房内果实为青色。

10月份苦草进入性成熟阶段，子房内种籽逐步成熟。绝大多数植株为黄根，白根占比进一步下降，并出现黑根，有较多数量植株连根漂浮。叶片逐步枯黄，叶面吸脏加重。11月份苦草进入枯萎腐烂阶段，大多数叶片枯黄，叶面有脏吸附，根系黄中发黑，仅极少白根，植株数量大幅减少。连接子房的藤茎大多数断裂，子房漂浮水面，子房长度8.5～15cm，最大直径2～3mm，子房颜色大多为绿色，少数为紫色。子房内果实为褐色，极少数绿色。

(2) 分蘖和无性繁殖：3月上旬苦草萌发时出现长0.7cm长针形叶片和白根，随着幼苗的生长，基部发出的叶片数量逐步增加，叶片宽度不断加大。4月上旬有2～3枚叶片，叶片宽小于1mm，长0.9～1.8cm，2～4根白根，长0.5～2.2cm。4月下旬5枚叶片，长4.5～7.5cm，3枚新叶，2枚老叶，叶片宽2～4mm，6～7根白根，长0.4～3.4cm。5月上旬苦草5～9枚叶片，叶片长5.5～16.2cm，有2～3枚枯萎小叶片，其余为新叶片，叶片宽4～6mm，白根11～25根，长2.4～8cm。个别植株发出匍匐茎。6月上旬观察到每株苦草有8～14枚叶片，叶片长25～57cm，叶片宽4～10mm，新的叶片从植株基部中央不断萌发，外围叶片逐步枯黄腐烂，95%以上白根，长4.9～15cm。植株密度稀的区域，苦草会发出一定数量匍匐茎。苦草为须根，根系发达，通常一株苦草有50～100根白根，最多可达200根左右，白根长3～21cm，扎根深浅不一。在生长周期内苦草叶片9～27枚，叶长21～113cm，叶片宽5～17mm，往往有1～4枚枯黄叶片。

苦草对土壤质地、土壤肥力、池水透明度、水体溶解氧含量都有较高要求。土壤板结或淤泥过多，苦草扎根浅，在3—4月的萌发阶段和6—7月的梅雨季节往往容易整株连根漂浮，损毁严重。土壤肥力差，苦草生长速度慢，叶片窄，颜色浅。池水透明度低，苦草缺乏长势，叶面吸脏。水体溶解氧含量低，白根占比下降，根系发黄，甚至局部发黑，叶面吸脏并伴生丝状青苔，缺乏分蘖和无性繁殖能力。在水质良好的条件下，5月中旬至8月中下旬在适温范围内苦草有极强的分蘖和无性繁殖能力。预计一株健壮的苦草在池底生长空间允许的前提下可繁殖8～32棵完整植株。6月中旬观察部分苦草植株发出的匍匐茎有1～2根，茎长5～9cm，并已长出新的植株。无性繁殖生长出的新植株有强大的生命力，并能进一步繁殖出新的植株。苦草的生长点在基部，随着叶片的长大和数量的增加，光合作用能力不断增强，对净化底质、水质能起到积极作用，并能有效增加水体溶解氧含量，优化底质和水质。7～8月高温期间，浮出水面的叶片受强光照射与高温影响，枯黄腐烂，叶面吸脏，表水层20cm以内苦草叶片生命力脆弱，但表水层以下叶片有较旺盛的生命力。

（3）布局与种植：苦草大多在3月底4月初发根萌芽，5月份进入快速生长阶段，5月下旬形成初步的种群优势。5月下旬至10月初4个多月时间苦草能形成强大的群体优势，对净化底质与水质有十分积极的作用。在浅水生态养殖塘口，苦草可以作为主体沉水植物进行布局。苦草蛋白质含量高，为河蟹所喜食，生长初期，土壤根系相对较浅，容易损毁。蟹种亩放密度超过600只的塘口应在播撒苦草籽前进行有效围网，为前期萌发创造良好的环境条件。苦草种籽休眠期长，7月份播种仍可萌发。

苦草总体布局要根据蟹种放养密度、土壤质地、土壤肥力及池底结构综合确定。蟹种亩放密度超过1 200只的塘口，苦草一般不宜作为单一主体沉水植物，应套种或移栽一定数量轮叶黑藻。环沟内前期蟹种密度过高，不适宜播种苦草。但5月中下旬以后，可以在池内缺乏沉水植物的区域移栽较大的带根苦草。苦草一般播种在大田浅水区、平台及池埂斜坡等区域，有利于形成局部的种群优势。水草多样化塘口，在大田浅水区及平台相对较深区域适宜播撒苦草籽。大田浅水区围网后播撒苦草籽，要适当预留若干条1.5～2m宽通风巷，以5～6m长条宽幅均匀播种，每平方米植株控制在1万～2万株。通风巷内在河蟹第一次蜕壳结束后，可小棵移栽少量伊乐藻，并在第三次蜕壳结束后进行不留茬修剪。根据池底水位深浅可分批播种苦草籽，也可分批次移栽。选择苦草籽要求成熟度高，籽粒饱满。一般每亩面积播撒苦草籽250g左右即可。播种密度过高，秧苗密集，缺乏长势，不利于分蘖和无性繁殖。密度太低，植株容易遭受破坏，难以形成群体优势。在上水前根据土壤肥力，大田浅水区可施入一定数量的发酵有机肥等。

（4）有效管护：河蟹进入第一次蜕壳高峰大田浅水区逐步上水，苦草籽开始发芽。也可以探索在3月底4月初进行苦草秧苗集中繁育，在4月底5月初进行移栽。第二次蜕壳期间苦草处在萌发阶段，要及时检查出苗和长势，根据需要适当施肥。苦草长势好植株密度高，可在河蟹第三次蜕壳前撤除护草围网，放大河蟹有效活动水体空间。第三次蜕壳结束后，苦草进入暴长阶段，无性繁殖能力增强，除个别情况外，一般都需要撤除护草围网。6月上旬要观察苦草长势与发根情况，在入梅前适当施肥或施用微量元素，促进苦草根系发达。要始终保持种植区域水体有较高透明度与充足的溶解氧含量。池水浑浊，溶氧含量低，苦草叶面易吸脏并有着生藻类，根系发黄。

河蟹第四次蜕壳处在梅雨季节，气压低、光照不足，水体溶解氧含量偏低，扎根不牢的苦草易遭损毁。主要是河蟹频繁活动，夹食或夹断苦草白根，造成植株漂浮。要在苦草区域适当投喂河蟹喜食饵料，并严格控制好塘口水位，避免苦草植株过快生长，扎根不深。出梅后，天气晴好，苦草草尖大多会漂浮在水面上。为防止高温期间阳光高强度直射与表水层水温过高对叶片组织的破坏，在进入高温前，可在水面下 10～20cm 处将苦草叶片切断，并打捞出水体。一方面可避免草尖枯萎腐烂败坏水质；另一方面有利于水体的风浪作用，可有效改善水质；最后一个方面是修剪后可促进苦草根系发达和无性繁殖能力增强。7月中下旬至 8 月上中旬往往遭遇持续高温天气影响，持续高温抑制苦草生长，黄根占比上升，无性繁殖能力下降。水质较差塘口，叶面吸脏加重，伴生丝状藻类，叶片老化，生命活力衰退。水质较好塘口，苦草仍能维持旺盛生命力。在 7～9 月修剪出水面苦草叶片需作为一项经常性工作来做。在苦草生命力旺盛期间，叶片干净，叶面常常吸附较多的仔螺蛳，生物多样性十分丰富，水质稳定。

8月份水温逐步回落，苦草进入秋季恢复性生长阶段，白根占比上升，分蘖能力增强，无性繁殖速度加快，生命力旺盛，净化底质、水质能力强。进入9月份苦草进入生殖生长阶段，普遍开出白花，生命力逐步下降，但仍能进行分蘖与无性繁殖，有一定的水质净化能力。苦草进入盛花期河蟹第五次蜕壳基本结束。10月份苦草进入性成熟阶段，河蟹也已进入性成熟阶段。苦草在河蟹第三、第四、第五次蜕壳过程中，对营造良好的水域生态环境能发挥积极作用。

3. 轮叶黑藻的生物学特性与种植、管护技术

（1）生长特点：轮叶黑藻（图 9）为多年生常温沉水草本，有直立茎，茎圆柱形，质较脆，隶属水鳖科、黑藻属。休眠芽是其繁衍后代的主要方式，休眠芽长卵圆形，有夏芽和冬芽，繁衍往往以冬芽为主体。夏芽由根部向下枝茎顶端发出，深植土壤之中，一般 5 月中旬开始出现，直至冬季仍深藏土壤之中。冬芽9月中旬开始在枝茎叶腋萌生，10月份枝茎叶腋普遍长有冬芽，直至 11 月枝茎逐步衰老枯萎，冬芽落入池底进入冬季休眠状态。

轮叶黑藻冬芽绿色，平均长 1.21cm 左右，平均最大直径 0.33cm，大小不等，平均每克 10 粒。冬芽一般 2 月底前种植，3 月上中旬芽苞开始拔节萌发，通常有 9 节。水温 10℃左右节间发根萌芽，3 月底 4 月初芽苞节间发出数根 3.5～5.5cm 长的白根，并萌生数个新芽，新芽长成主枝，主枝上不断萌生

图9　轮叶黑藻

分枝。自然生长的轮叶黑藻4月上旬就出土面，形成低矮植株。4月份芽苞种植的轮叶黑藻生长速度逐步加快，4月中旬可形成8～21cm高的植株，一枚冬芽萌发后可形成数根嫩枝和相应数量的白根。4月下旬进入较快生长状态，4月底可普遍形成20cm左右高度的植株，并有良好长势。

　　5月份水温整体达20℃以上，轮叶黑藻进入快速生长状态，日均生长可达1～2cm。植株顶部草尖由4月底在水面以下，转为与水面持平，其生长速度紧随水位升高。5月上中旬部分早发植株已开出白花，根部出现夏芽，转入生殖生长阶段。5月下旬普遍开出白花，长出夏芽。6月份仍有一定长势，根部新生枝茎节间距进一步放大，观察到最大枝茎节间距为5.1cm，枯黄枝茎叶占比不断加大，早发枝茎叶逐步老化，叶面有不同程度吸脏。大田浅水区水位超过50cm以上，未修剪的轮叶黑藻6月20日左右出现大批量断枝漂浮。但在6月10日前将大田浅水区水位控制在10cm左右或在5月份使用控草激素，可保持低矮植株，仍能发根萌芽，不会造成6—7月大批量断枝漂浮。6月中下旬漂浮的断枝如果下沉到池底，在透明度较高的情况下，枝茎节间能发根萌芽，长成新的植株。6月底7月初在池周浅水区拦网移栽带根轮叶黑藻或枝茎，经半个月左右生长便能形成良好长势。

　　6月中下旬至7月初是轮叶黑藻换茬生长季节，早发枝茎基部局部枯黄后断裂，枝茎漂浮。如果植株低矮，根系完好，新芽将从根部不断发出。生命力旺盛的轮叶黑藻有较强的抗高温能力，6月10日前有效修剪过的轮叶黑藻在7月下旬至8月上旬日均生长可达2cm。8月份将继续发根萌芽，有嫩芽从根部发出，枝茎节间也能发出一定数量的水中不定白根，生命力旺盛。但老化的枝茎基部发黄，黄褐色枝茎叶比例增加，叶面往往有着生藻类和脏吸附，并伴有丝状青苔。8月下旬开出白花，叶腋出现果实。

9月份，未有效控制的轮叶黑藻大多呈断枝漂浮状态，主枝上有部分嫩枝，有少量节间白根与花柄。9月上旬为轮叶黑藻秋季盛花期，有少量嫩芽从根部发出，有夏芽，有一定数量节间不定白根，9月中旬结出果实。9月下旬仍有部分花柄，但枯黄枝茎叶占比进一步上升。9月中旬叶腋开始出现冬芽，10月上旬枝茎叶逐步枯黄，节间发出大量花柄，叶腋普遍出现冬芽，断枝漂浮数量增加。10月下旬植株数量大幅减少，断枝严重，11月枝茎叶枯萎腐烂，数量进一步减少，枝茎叶腋冬芽数量有所增加，冬芽不断长大。11—12月随着植株枯萎死亡，冬芽落入池底，进入休眠状态。

（2）分蘖与无性繁殖：轮叶黑藻有直立茎，叶片3～8枚轮生，通常5枚轮生。每粒冬芽可形成2～9根主枝，早发枝茎直径在1mm左右，后发枝茎直径可达2mm。相对来说土壤根系并不发达，为须根。根在基部逐步发出，一般为数根至32根，有较强的扎根能力，深入土壤的白根长度1.9～39cm。轮叶黑藻旺盛生长阶段，枝茎节间能发出一定数量的水中不定白根，最长不定白根长达50cm，不定白根入泥后可在枝茎节间萌生出新的植株。生长期从3月至10月，长达8个月。环境条件许可，轮叶黑藻根部能不断萌生新芽长成新枝，早发枝茎逐步衰退。枝茎有明显的顶生优势，枝茎节间会不断萌生分枝和嫩芽，形成较大草冠。高大植株可达1m以上。植株过长，根部和枝茎底部缺乏必要养分补充，根系将发黄、发黑，不再萌生新芽，枝茎底部局部枯黄，叶片腐烂，随后出现断枝漂浮，要求植株高度在40cm以内。充分把握轮叶黑藻根部萌芽，顶生优势明显，枝茎节间不定白根入土可生长成新的植株及枝茎过长基部断裂等生长特点。在4—10月通过一系列人工干预措施，确保轮叶黑藻维持较旺盛生命力。

土壤质地、土壤肥力、池水透明度、塘口水位等对轮叶黑藻生长都有一定影响。土壤质地硬，扎根浅，无法有效吸收土壤养分。土壤肥力差，轮叶黑藻缺乏长势，发根萌芽能力弱。池水透明度低，光合作用弱，叶面有着生藻类且易吸脏。塘口水位过高，生长速度过快，土壤根系不发达，进入6—7月容易断枝漂浮。适当疏松土壤，增加土壤肥力，有效控制好塘口水位，保持合理的种植与移栽密度，有针对性地施肥，确保较高池水透明度，采取适时修剪和活螺蛳压枝等办法，可以充分发挥出轮叶黑藻净化、优化水质的功能。

（3）布局和种植：轮叶黑藻蛋白质含量高，是河蟹摄食最多的水草，在人工种植、移栽过程中，针对较高密度的蟹种放养，必须设置护草围网进行有效保护。在种植、移栽过程中还应确保形成一定区域的种群优势。轮叶黑藻在蟹池内有两种生长方式，一是自然生长，二是人工种植。自然生长是利用上年度落入池底的芽苞，在塘口上水后自然萌发生长出的轮叶黑藻。相对来说植株密度高，根系发达，不易被损毁。人工种植分冬芽种植、秧苗移栽和枝茎扦插三种方式，当前应用最多的是冬芽种植和秧苗移栽。

冬芽种植，一般在大田浅水区或平台暴晒后，利用冬闲季节提前打好洞穴，穴深6~7cm，直径10cm左右，穴间距50~100cm。洞穴呈长条宽幅（5~8m）、长条窄幅（1.5~2m）或小区域集中布局等多种方式，幅间距2~3m，可以作为通风巷，便于在第一次蜕壳后移栽少量伊乐藻。大田浅水区较深区域一般不宜种植冬芽。要根据土壤肥力情况，适当在洞穴内施入少量有机肥，施有机肥的洞穴要适当打大一点。一般在3月10日前播种冬芽，每穴放置芽苞10粒左右，芽苞在穴底呈均匀分布，并用碎土覆盖，每亩1.5~2kg芽苞。种植后要保持土壤有一定湿度和芽苞呼吸所需的氧气。如土壤干燥，可以通过大田浅水区整体上水后再脱水，或采用机械过水的办法保持穴内潮湿。种植以后还要经常检查其存在状态，避免鸟类等敌害生物摄食。一般芽苞种植后15~30d大田浅水区开始上水，3月底4月初便可发根萌芽。大田浅水区上水早的塘口3月19日已发现有5cm左右长的嫩芽和一定数量的白根。2月底前种植的冬芽，在3月上旬不断伸展长大，出现明显的节，然后从节间发出单独的白根与嫩芽，一般有5~6根白根及相应的芽。白根入土形成土壤根系，数量逐步增加，观察到1枚冬芽最多有26根入土须根，芽不断生长形成主枝，原来的芽苞逐步枯萎退化。早发枝茎直径细小，后发枝茎逐步粗大。轮叶黑藻主枝上可萌生2~5根分枝，有较大的草冠，顶生优势明显。

秧苗移栽，通常4月中旬开始，最迟可至7月初。移栽的最佳时机为4月15日至4月20日，此时段秧苗纯自然生长，发根萌芽能力强，植株高度15cm左右，移栽后能迅速适应环境，成活率高。秧苗移栽前必须建好护草围网，移栽存活后可适当施肥，促其发根生长。采用秧苗横栽，即用泥土在枝茎中间下压的办法，也可以收到良好效果。4月中旬移栽的秧苗在4月底便可形成20cm左右的完整植株。6月底7月初是轮叶黑藻换茬生长季节，枝茎移栽容易成活。将修剪下来的绿色枝茎扦插入泥或用泥土压住枝条，也可以投放一定数量的活螺蛳将绿色枝茎压入池底，通过枝茎节间萌生白根与嫩芽长成新的植株。轮叶黑藻枝茎移栽前必须设置护草围网，控制河蟹进入，选择有足够透明度的较浅区域移栽。

（4）有效管护：轮叶黑藻从3月至10月，8个月的生长期内可分春、秋两茬生长。3月底4月初轮叶黑藻萌发后，4月下旬开始生长速度加快，一个月左右时间生长便进入生殖生长阶段。轮叶黑藻旺盛生长阶段净化和优化水质能力强，光合作用能产生大量氧气溶入水中。特别是7—8月的高温时段，效果明显。轮叶黑藻为河蟹所喜食，单独的植株或区域小群体容易遭损毁，必须形成相应的群体优势。种植要选择池水相对较浅区域，形成一定的群体优势，不可与苦草间种，否则换茬生长季节在土壤养分争夺上，轮叶黑藻会失去竞争力，植株将逐步枯萎消失。但轮叶黑藻通风巷内可以适量播种苦草籽或移栽少量伊乐藻。

轮叶黑藻主要依靠土壤根系吸收养分，根据长势适时施肥十分重要。观察表明，萌发早与营养不良的轮叶黑藻会较早转入生殖生长期，萌发迟与营养好的植株，生殖生长期出现较迟。植株密度过高会抑制根部新芽萌生和发白根的能力。轮叶黑藻对池水透明度有较高要求，如果池水长期浑浊且水体中有机质含量较高，叶面易吸脏，并会伴生丝状青苔，严重时叶面有着生藻类出现，生命力衰退，最终逐步消失。植株老化程度越高，此类现象越明显。因此要及时控制池水浑浊的源头，增加投饵，采取杀虫等措施，通过适时放大水体空间、投放活螺蛳、泼洒微生态制剂、有针对性地追施肥料等措施来提升池水透明度。在河蟹养殖前期要严格控制池内青苔滋生蔓延，为萌发生长创造良好的外部环境。为避免6—7月轮叶黑藻断枝漂浮现象的发生，维持长期较旺盛的生命力，可以采取适时修剪和严格控制塘口水位或施用一定数量的控草激素等措施和办法。

轮叶黑藻的修剪要根据其长势来确定，鉴于根部不断萌生新芽、枝茎顶生优势明显和早发枝茎基部逐步衰老等特点，修剪前要检查植株根系、根部萌芽及早发枝茎基部的衰老程度。第一次修剪宜在5月中旬，当部分植株高度达到40cm便可修剪，出现夏芽或花柄时也必须修剪，修剪时基部枝茎应呈绿色。修剪时留茬高度5～8cm即可。留茬过长，被切除草尖后残留的枝茎逐步枯黄腐烂，将造成水体有机污染。留茬过低，可能会切除根部新生的嫩芽，影响生长。考虑到修剪时会造成池水浑浊，宜分批次进行，先修剪枝茎较高植株，梯次推进，但批次之间相隔时间不宜过长，以不引起池水大面积浑浊即可。错过最佳时机，部分植株会老化，缺乏重新发棵能力。修剪后的轮叶黑藻重新萌发后可适当施肥，促其生长，15d左右进入茂盛生长状态。

入梅前，对生长旺盛的轮叶黑藻进行第二次修剪，并可泼洒一定数量的微量元素。梅雨期间，考虑塘口生态系统较脆弱，不宜修剪，但必须有效控制塘口水位，避免枝茎疯长，造成底部枝茎发黄老化。出梅后要随时观察轮叶黑藻长势，根据发根萌芽情况进行第三次修剪，第三次修剪可分批次进行。修剪后重新发棵的轮叶黑藻转入快速生长阶段，日均生长达2cm左右，扎根底泥的植株在7—8月的高温期间能保持良好的生长状态，有很强的净化、优化水质功能。8月上旬开出白花，8月下旬叶腋出现绿色果实，8月底生物量达全年新一轮高峰。第五次蜕壳开始后，根据上市的需要，结合轮叶黑藻长势，若需河蟹提前上市销售，可分批次局部清理掉池内的轮叶黑藻，并为苦草无性繁殖腾出空间。

激素控制轮叶黑藻生长的相关做法，在 4 月中旬形成完整植株后，开始使用控草激素，10d 控 1 次，连续 2～3 次，5 月中旬植株高度在 10cm 左右，5 月中旬大田浅水区水位维持在 20cm 左右。7 月中上旬轮叶黑藻植株高度在 25cm 左右，10 月上旬在 40cm 之内。

（五）蟹池青苔发生特点与综合防控

1. 生长特性和危害

青苔为极原始的绿色藻类，是指水绵、双星藻、转板藻等绿藻所形成的绿色丝状群体。青苔结构简单、适应性强，高海拔与低海拔、高纬度与低纬度水体都能生存，有着顽强的生命力。繁殖能力强，断裂的丝状体和丝状体内产生的孢子均可繁衍生长。通常在潮湿地方或浅水区域容易发生，喜欢相对静止的水体，对池水透明度、光的波长和水体养分有较强的选择性。青苔适合在蟹池浅水区域的池底、石砾或枯草残枝上着生，青苔丝状体往往以假根（固着器）吸附在池底土壤等附着物上，主要起固定作用。断裂的青苔丝状体随水流飘散，遇适宜的场所重新繁殖生长。

青苔一年四季可以全天候生长，适宜生长的温度范围广。水温 8～35℃都能生长，最适宜生长温度 26～32℃。水温低于 8℃，生长速度缓慢，水温高于 35℃抑制其生长。青苔对池水透明度有较高要求，喜磷和较高 pH（≥8）水体，不喜褐色及茶褐色水体。青苔孢子存在于池底土壤及水体之中，休眠期长。在环境适宜的条件下萌发，有超强的繁殖速度和惊人的生物量。

在阴雨、弱光等环境条件相对较差而不适合其他沉水植物有效生长时，青苔可以在短期内大规模生长繁衍，形成一定规模的种群优势。高温期间出现台风和强降雨，蟹池生态环境往往出现较大幅度变化，对沉水植物生长带来一定影响，青苔可在短期内暴发蔓延，形成巨大的生物量。青苔蔓延后大量吸收水体和池底养分，常常伴生在各种沉水植物表面，严重影响沉水植物的生长。青苔大面积蔓延后占据大量水体空间，造成河蟹活动困难，也增加摄食难度。大量蔓延造成水体养分失衡，特别是青苔形成绝对种群优势后，导致土壤和水体养分供应匮乏。青苔在衰老过程中会大批死亡、腐烂，严重败坏底质与水质，给养殖生产带来重大损失。在一定营养盐浓度范围内，水体中可利用氮源的 90％及磷源的 80％以上都能被丝状绿藻吸收利用。青苔大多数种类对 pH 较敏感，为高 pH 及硬度、重金属污染物等水体指示生物。

2. 发生阶段

部分蟹池 2 月初可见明显的青苔痕迹，主要是刚毛藻和水绵。2 月份水温较低，池底浅水区及移栽的伊乐藻枝茎上有少量绿色青苔，生长缓慢，长势不明显。连续低温阴雨会导致池岸潮湿区域有青苔等低等藻类大面积出现。3月份随气温上升，青苔生长速度明显加快，并有少量丝状或絮状青苔漂浮。3月下旬青苔生长速度进一步加快。4月份青苔进入快速生长，缺乏生命活力的伊乐藻上会滋生青苔，池周浅水区池底有青苔着生，池水透明度高，会在池底不断向深水区延伸。苦草丛中也会有丝状青苔，并有少量飘浮。5月份青苔保持快速生长，大多数塘口均有发生，生命力脆弱的伊乐藻往往成为青苔滋生蔓延的重点对象，浅水区池底、苦草丛中及蟹壳上均有可能出现青苔。

6月份青苔处在旺发阶段，浅水区空白池底、生命力脆弱的伊乐藻上及草丛周边均有青苔发生，生命力衰退的轮叶黑藻也有丝状青苔伴生。7月份青苔仍处蔓延态势，缺乏生命力的伊乐藻往往被大量青苔覆盖，轮叶黑藻、轮叶狐尾藻、苦草等生命力衰退的植株枝茎叶上往往也有青苔伴生，塘口四周池底浅水区有丝状青苔滋生。遇高温，青苔生物量大的区域有死亡青苔呈块状漂浮。8月份青苔处于大规模暴发阶段，特别是台风、强降雨造成生态失衡后，青苔短期内大规模暴发，生物量达全年最高峰。缺乏生命活力的各种沉水植物往往都有不同程度的青苔伴生，并有死亡青苔呈碎片状腐烂漂浮。9月份青苔数量有所下降，但仍处旺盛生长状态，池周浅水区有新的青苔生长，生命力较弱的伊乐藻、轮叶黑藻往往有青苔伴生，水面有死亡青苔漂浮。池水浑浊的塘口青苔会逐步消失。

进入10月份，河蟹出现生殖洄游，池水浑浊程度加大，池表有不同程度青苔碎片漂浮，数量大幅减少，直至整体消失。但残留的少量青苔仍有顽强的生命力，缺乏生命力的伊乐藻、轮叶狐尾藻、轮叶黑藻、苦草上仍有丝状青苔伴生。特别是在河蟹大量起捕上市后，池水透明度升高，池周浅水区往往有新一轮的青苔滋生蔓延。至12月底池内仍有一定数量的丝状青苔，少数塘口大量青苔可覆盖池底。

3. 防控措施

有效控制青苔的滋生与蔓延必须从种源、环境条件、养分供给等三个方面进行及时、必要的人工干预，始终将青苔抑制在萌芽状态。

一是种源控制。结合清塘杀灭青苔丝状体和孢子（最大限度减少种源）。通过干池晒塘、药物彻底清塘、翻耕土壤，可以有效杀灭大量青苔丝状体及孢子，有效遏制养殖前期青苔的发生。实践证明，生石灰或漂白粉彻底清塘，3月底池内仍未发现青苔。而采用茶粕清塘，2月份可见青苔痕迹，3月份进入较快生长阶段，特别是3月下旬生长速度明显加快。

二是改变环境条件。青苔丝状体往往附着在池底土壤表面或枯败的水草残枝上。在池周浅水区种植适量沉水植物，减少附着场所。对生命力衰败的沉水植物及时清理，可有效减少青苔着生场所。实践表明，养殖前期在水体内培养以硅藻为主的有益藻类种群，形成茶褐色或黄绿色的池水，可有效遏制青苔的滋生蔓延。茶褐色的池水可以阻断青苔对所需光波的吸收利用，藻类大规模繁衍生长也抑制青苔对水体养分的吸收利用。养殖前期通过人工定期泼洒腐殖酸等产品改变水色，对青苔的生长蔓延也有一定的抑制作用。改良土壤，调节水体 pH 可以形成不利于青苔生长蔓延的环境条件。大田浅水区在上水前施入一定数量的发酵有机肥或无机肥料，一方面有利于苦草、轮叶黑藻、伊乐藻等沉水植物的萌发与生长；另一方面，施肥后池底及水体氮磷比发生了根本性变化，不利于青苔滋生。改变土壤质地与肥力，适量增施发酵有机肥、矿物质元素可促进土壤生态平衡。根据沉水植物和藻类生长发育特点，适时、适量使用微生态制剂、相关肥料，促进沉水植物和藻类生命力旺盛，也可抑制青苔蔓延。根据底质与水质状况适时使用杀虫、消毒、解毒产品，调节水体 pH，对青苔蔓延也可以起到积极作用。

三是调整水体养分组成。充分利用生物竞争，切断青苔生长的养分来源。观察表明，降磷或增氮，调节水体氮、磷比，可抑制青苔蔓延。在适宜的环境条件下，处在生命力旺盛阶段的藻类和沉水植物对水体和土壤养分的吸收利用要强于青苔，并且藻类和沉水植物在生命力旺盛阶段会产生大量的化感物质，这些化感物质对青苔有一定的抑制作用。藻类和沉水植物形成群体优势后，水体养分组成不适宜青苔的滋生蔓延。在藻类和沉水植物需要养分补充时，适当施肥维持它们较旺盛的生命力，可以有效阻断青苔对水体养分的需求。实践表明，当沉水植物上伴生一定数量丝状青苔时，适时、适量泼洒一定数量的碳铵等无机肥料，可以导致青苔萎缩死亡，呈块状漂浮，最终消失。

四是通过食物链方式有效控制。细鳞斜颌鲴、萝卜螺等水生动物具有摄食一定数量丝状藻类的能力。通过投放一定数量的细鳞斜颌鲴鱼种，对青苔滋生蔓延有一定的抑制作用。

五是药物局部杀灭。在整个河蟹养殖过程中要密切注意青苔的滋生蔓延动向，不可大意，一旦发现立即杀灭。漂白粉、硫酸铜等杀青苔效果都十分明显，但必须在青苔萌发初期进行局部杀灭。硫酸铜不能大面积使用，特别是水温升高后，硫酸铜对沉水植物生长影响极大，需慎用。采用草木灰＋漂白粉＋碳铵可以进行较大范围泼洒，可有效杀灭青苔。药物杀灭青苔必须与营造良好的水域生态环境有机结合，才能有效遏制青苔滋生与蔓延。

4. 综合防控

蟹池青苔综合防控应根据其生长特点来展开，做到以防为主，防治结合。

首先做好干池晒塘工作。晒塘后池内若有成块状的青苔必须人工清除。在晒塘的基础上要用生石灰或漂白粉彻底清塘，有效杀灭青苔丝状体及孢子。彻底清塘可延迟青苔一个月以上时间在塘口出现。清塘上水后，冬春季节可亩放

50尾左右的细鳞斜颌鲴春片鱼种。苗种下塘前在环沟深水区进行硅藻等有益藻类培养并形成种群优势，池水呈茶褐色或深黄绿色，可有效遏制青苔滋生蔓延。河蟹第一次蜕壳开始后在大田浅水区撒入适量的发酵有机肥等。第一次蜕壳高峰后大田浅水区逐步上水，有机肥等一方面有利于水体藻类培养，另一方面有利于苦草、轮叶黑藻、伊乐藻的萌发生长，也可以抑制大田浅水区青苔的发生。

4月份青苔进入快速生长阶段，缺乏生命活力的伊乐藻上会滋生青苔。因此在第一次蜕壳基本结束后，要分批次对深水区伊乐藻进行不留茬修剪，并使用微生态制剂及时降解水体有机质。对修剪或移栽后发根萌芽的伊乐藻及时追施肥料，促其旺盛生长。4月份发现池内局部区域有少量青苔，应立即采用药物杀灭。5月份各类沉水植物进入快速生长阶段，水体藻类密度大幅下降，青苔也处在快速生长阶段。生命力脆弱的伊乐藻往往成为青苔滋生蔓延的重点场所，浅水区池底、苦草丛中及蟹壳上均有可能着生青苔。在5月初和5月中旬分别根据伊乐藻、轮叶黑藻长势进行分批次修剪，并适时施肥，确保它们旺盛的生命力。要经常使用微生态制剂降解水体及池底有机质。检查环沟深水区底质状况，适时改底。平时密切注意池内青苔滋生，一旦发现立即采取药物局部杀灭。在河蟹第二次蜕壳基本结束后，若池内仍有一定数量的青苔，可采用草木灰+漂白粉+碳铵泼洒，可有效杀灭青苔。

6月份青苔处在旺发阶段，有效控制塘口水位，防止梅雨期间生态环境突变，可避免青苔大面积暴发。适时改底，采用微生态制剂及时降解水体及池底有机质，确保沉水植物旺盛生命力。6月下旬对池周浅水区进行围网移栽轮叶黑藻，减少青苔滋生场所。7月份青苔仍可蔓延，要减少沉水植物枯萎枝茎叶，维持其旺盛的生命力。高温导致死亡青苔漂浮，采取人工打捞与药物杀灭相结合，确保青苔不蔓延。采用微生态制剂及时降解水体有机质，适时改底。8月份青苔仍有大规模暴发可能，合理控制塘口水位，维护好以沉水植物为主体的生态平衡，必要时采取人工打捞与药物杀灭相结合的办法。9月份池内青苔有所减少，随着河蟹生殖洄游的出现，池内青苔大幅减少，直至消失。实践表明，采取以防为主，防治结合的办法完全可以控制蟹池青苔蔓延。如果塘口生态环境管理得当，池内将不会出现青苔发生与蔓延，甚至完全没有青苔发生。

（六）蟹池蓝藻发生特点与综合防控

1. 生长特性

蓝藻广泛分布于自然界，包括各种水体、土壤中和部分生物体内外，甚至在岩石表面和其他恶劣环境（高温、低温、盐湖、荒漠等）中都可以找到它的

踪迹，因此有"先锋生物"之美称。蓝藻是一类较古老的原核生物，在21亿～
17亿年前形成。它的发展使整个地球大气从无氧状态发展到有氧状态，从而孕
育了一切好氧生物的进化与发展。约150属，2 000种，多数在淡水中。喜光、
喜温、喜有机质，是能进行产氧性光合作用的大型原核生物。

　　蓝藻的细胞体积一般比细菌大，直径为3～10μm，最大的可达60μm。革
兰氏染色阴性、无鞭毛，含叶绿素a（但不形成叶绿体）、β胡萝卜素及较多数
量的蓝藻素，后两者在空气中和水中受热即变白。蓝藻细胞形态多样，很少单
独存在，一般组成群体，有圆形、球形、片状、丝状等，大体可分5群。细胞
内有能固定CO_2的羧酸体。在水生性种类的细胞中，常有气泡构造，细胞中的
内含物有可用作碳源营养的糖原、PHB、可用作氮源营养的蓝细菌肽和储存
磷的聚磷酸盐等。漂浮水面的蓝藻兼有固化空气中氮的能力。蓝藻有超强的繁
衍能力，一旦环境条件适宜，可形成暴发态势。据有关研究人员介绍，在适宜
环境条件下，蓝藻2h可繁殖一代，呈指数级增长。蟹池蓝藻在环境条件较差
的情况下，有明显的暴发阶段，暴发以后对水体资源的利用带有很强的掠
夺性。

2. 发生特点和危害

　　蓝藻一般在6—9月富营养型养殖水体中出现。进入10月份河蟹出现生殖
洄游，池水浑浊，蓝藻数量逐步下降。蓝藻喜高温，水温25℃以下，一般不
会出现。水环境较差塘口，水温达25℃以上就会发生蓝藻。近年来，蟹池较
早发现蓝藻的时间是2020年5月21日。水温30℃以上，蓝藻处在生命力较活
跃状态，环境条件适宜就易发生。长江中下游地区，每年6月初环境条件差的
塘口往往就有蓝藻出现。水温达32℃以上处在最活跃状态，每年7—8月为蟹
池蓝藻频发阶段，一旦环境条件适宜就会暴发，给养殖生产带来重大损失。蓝
藻生命力顽强，一旦出现以后，很难自行消失。只有当水域生态环境发生彻底
改变，才能逐步消失。

　　蓝藻喜静止、高pH和有机质含量高的水体。在适宜生长的温度范围内，
水体悬浮有机颗粒数量多，池水透明度下降，溶解氧含量低，往往容易产生蓝
藻。蓝藻首先在池水下风有机质含量较高的水体中出现，然后不断繁衍，密度
逐步升高，继而造成局部的蓝藻水华，且蓝藻颗粒逐步向其他区域扩散。pH
在9以上易发蓝藻。磷是蓝藻生长的必需元素，对水体含磷量有较高要求。蓝
藻细胞内常有气泡，高温季节可以浮出水面利用空气中的氮，具有特殊的生长
优势。

　　蓝藻的大规模繁衍生长，往往是在养殖水环境出现问题的时候，沉水植物
基本消失或生命力不旺盛，叶面大量吸脏，水体中缺乏有益藻类优势种群。水
域生态环境条件好的塘口，通常不会出现蓝藻，即使池水下风偶尔出现少量蓝

藻，随水环境的优化，有时也会自行消失，一般不会暴发。如果有少量蓝藻较长时间存在，可以采用药物进行局部杀灭。水域生态环境非常好的塘口，池内适量加注带有蓝藻微颗粒的外源水，也不会造成蓝藻暴发，并且进入水体的蓝藻颗粒很快自行消失。蓝藻有顽强的生命力，当塘口生态环境一旦失衡后就易出现。如果生态环境没有根本性改变，即使药物杀灭以后，很快也会重新发生并进入暴发状态。关键是养殖水体内是否具备蓝藻生存与暴发的基本条件。

蓝藻暴发后，迅速在水体内形成种群优势，呈指数级上升。大量吸收利用水体养分，造成其他水生动植物生长有效养分的缺乏。蓝藻出现以后并不会立即造成危害，但随着数量的不断增加，进入暴发状态以后，蓝藻颗粒密度迅速增加，细小颗粒集聚为大颗粒，池水透明度明显下降，直接影响沉水植物的光合作用。蓝藻颗粒大量分布在水体中，河蟹、鱼类呼吸时颗粒随水流进入鳃腔，分布在鳃小片上，造成呼吸不畅。高密度的蓝藻颗粒夜间呼吸作用大量耗氧，造成夜间水体溶氧不足。最严重的是蓝藻大批量死亡以后，在腐烂过程中会消耗大量水体溶解氧，并产生藻毒素等有毒有害物质，直接对水生动植物构成危害。蓝藻死亡后造成水质与底质的败坏，滋生大量病害菌，造成河蟹感染死亡。

3. 发生过程

2018年观察浅水生态养殖塘口蓝藻发生与暴发的全过程。主要情况如下：15亩面积塘口，池周为环沟，中间建有南北走向和东西走向的中间沟，其余为大田浅水区。环沟深水区斜坡两侧及大田浅水区护草围网外移栽伊乐藻，4处护草围网内分别播种苦草籽和移栽轮叶黑藻秧苗。5月份观察移栽的轮叶黑藻秧苗与苦草成活率不高，缺乏长势，伊乐藻叶面有脏吸附并有着生藻类，轮叶狐尾藻叶面也有脏吸附。因池内轮叶黑藻与苦草缺乏长势，未及时对伊乐藻采取修剪措施。第三次蜕壳，观察蟹壳较脏，步足指尖呈暗红色，表明底质较差。

5月29日降水至大田浅水区水深20cm，6月1日有机酸泼洒，6月4日每亩用过磷酸钙7.5kg与碳铵5kg化水全池泼洒。6月8日观察，轮叶黑藻发出较多数量嫩枝及嫩芽，新枝节间发出白根。伊乐藻、轮叶狐尾藻也萌生新芽，池内浮萍也开始转绿。6月12日大田浅水区平均水深30cm，轮叶黑藻有明显生机，部分漂浮枝茎发出较长白根。伊乐藻叶面开始变干净，并发出白根。池东北角有少量铁锈水。6月17日大田浅水区水深33cm，自然水色，透明度35cm。大田浅水区护草围网内苦草、轮叶黑藻得到恢复性生长，苦草出现地下匍匐茎，轮叶黑藻萌发出一定数量嫩枝和白根。伊乐藻有嫩芽出现。但苦草叶面有脏，大田浅水区池水有些发白，池东北角铁锈水消失。

6月25日大田浅水区水深36cm，自然水色，池水透明度45cm。伊乐藻开始展示生命活力，有嫩芽及少量白根，叶面较干净。护草围网内轮叶黑藻隐在水面以下，基部发出 3～20cm 长嫩枝。下风水体中有少量蓝藻颗粒。6 月 25 日对大田浅水区护草围网外伊乐藻进行局部清理出通风巷。7 月 3 日因强降雨大田浅水区水位达 45cm，自然水色，透明度 40cm 左右。观察到池水下风已出现蓝藻水华，整个池表水有发白的现象。轮叶黑藻出现嫩芽，并开出白花。河蟹从原来的零星伤亡增至每天 2 亩水面 1 只。撤除护草围网。7 月 6 日自然水色略带白浊，透明度 40cm。池水下风有较大面积蓝藻水华，整个水体中也有微小的蓝藻颗粒分布。从发现池水下风有蓝藻颗粒分布到池表水发白仅 8d 时间，池表水发白后 3d，水体已全面分布细小的蓝藻颗粒，蓝藻进入暴发状态。

蓝藻暴发后，水体中蓝藻颗粒数量不断增加，颗粒由小变大。暴发后 10d，测定水体 pH 9.6，NH_3、NO_2^- 基本没有。暴发 14d 后，测定 pH 9.3～9.4，NH_3 0.2、NO_2^- 0，镜检每滴水中有 10 个左右微囊藻、3 个颤藻，并有少量硅藻、绿藻，微囊藻占比 70% 左右，水体中微囊藻每毫升达 200 个。暴发后 20d，随着蓝藻数量的不断增加，池水透明度明显下降，7 月底透明度降至 30cm 左右。整个塘口池水表面出现蓝藻水华。

8 月 3 日采取药物杀灭蓝藻，8 月 4 日观察，水体中蓝藻大颗粒团消失，但仍有细微蓝藻颗粒分布，数量有所减少，池表漂浮的蓝藻发白，池水透明度略有上升。8 月 9 日观察，水体中蓝藻颗粒全部消失，池水透明度达 45cm。环沟池水有发红现象，大田浅水区自然水色，池内浮萍由红转绿，轮叶狐尾藻出现嫩草尖，漂浮的轮叶黑藻枝茎上出现嫩芽，并有少量节间白根发生。但水体中有较多数量悬浮有机颗粒。

蓝藻从发现至杀灭，在塘口生存时间长达 43d。对池内生态造成很大破坏，给河蟹养殖带来重大损失。蓝藻的发生与暴发往往是塘口生态系统处在较脆弱的时段。如梅雨期间和高温时段遇台风与强降雨。连续阴雨寡照、低气压，强降雨造成塘口水位大幅上升，塘口生态平衡遭受不同程度损害，水体悬浮有机质数量增加，水体溶解氧含量下降，处在适温生长范围内的蓝藻就逆势出现并不断繁衍生长直至暴发。

4. 综合防控

蟹池蓝藻的发生与暴发必须引起高度重视。要贯彻以防为主，防治结合的方针。营造良好的水域生态环境，确保高温期间蟹池内有 50% 以上生命力较旺盛的沉水植物，水体内能量流动与物质转移正常有序运行，不出现流动性障碍是遏制蓝藻出现与暴发最有效的办法。否则，即使进入 8 月中下旬，沉水植物彻底损毁后仍会引起蓝藻发生与暴发。

蓝藻的发生与暴发离不开种源、外部环境条件与养分的供给。在养殖过程中由于自然和人为因素，断绝种源十分困难。环境条件的变化与养分供给是紧密结合在一起的，当生态环境良好，蓝藻生长所需养分往往无法得到有效满足。因此，蓝藻的综合防控核心是营造良好的水域生态环境。

第一，干池晒塘、药物彻底清塘、改良土壤，有效杀灭蓝藻细胞及部分休眠孢子。第二，通过食物链有效抑制蓝藻发生数量。春季在蟹池投放部分白鲢鱼种，养殖过程中阶段性投放一定数量的活螺蛳，利用白鲢滤食蓝藻等浮游植物，螺蛳摄食水体悬浮有机碎屑等。在蓝藻初发阶段可有效减少发生数量，净化水质，降低暴发风险。第三，蓝藻频发季节慎用含蓝藻颗粒的外源水。生态环境较差的塘口，长时间加注含蓝藻颗粒的外源水，往往引起池内蓝藻暴发。高温期间有条件的塘口可使用地下水进行补给。在缺乏条件的情况下，加注含蓝藻颗粒的外源水，要使用密眼筛绢网进行过滤，尽可能减少进入养殖水体的蓝藻数量；同时要尽可能缩短每次加水的时间，做到少量多次。第四，营造良好生态环境，切断蓝藻生长的养分来源。如改良土壤，增施适量发酵有机肥、矿物质元素和微生态制剂，促进土壤微生态平衡。养殖前期通过培养硅藻、绿藻等有益藻类形成适当的种群优势，压缩蓝藻的生存空间。养殖中后期开展沉水植物的有效管理，增强植株有效分蘖和无性繁殖能力，确保其旺盛生命力，最大限度减少沉水植物生长过程中出现的枯枝败叶，减少水体悬浮有机碎屑的数量。经常开启增氧设备，促进水体流动，通过泼洒乳酸菌、芽孢杆菌等微生态制剂有效降解池底和水体有机质。必要时采取适当的改底措施，适时泼洒有机酸调节水体 pH，造成不利于蓝藻发生与暴发的环境条件。也可以投放一定数量的小球藻，形成适当的种群优势，抑制蓝藻发生与暴发。第五，强化日常监管，做到防治有机结合。

蟹池蓝藻从发生、发展到暴发有一个持续过程，必须密切关注。养殖水体一旦出现蓝藻，说明水体能流、物流出现阶段性障碍，要立即排查原因，并采取蓝藻杀灭与生态修复措施。药物杀灭蓝藻是治标，生态修复是治本。蓝藻杀灭以后可以采取相应的解毒调水措施，通过泼洒乳酸菌等微生态制剂及时降解水体有机质，根据沉水植物生存状态采取有针对性的补救措施。

梅雨期间和台风季节维护塘口生态平衡，最重要的是控制好塘口水位。强降雨往往造成水位大幅上升，如果不及时排水，受低气压、光照不足等因素影响，水体溶解氧含量处在较低状态，特别是池底严重缺氧，水体中的悬浮有机质含量将逐步上升，为蓝藻发生与暴发创造相应条件。雨水的营养盐含量与池水存在很大差异，池内过多的雨水增加，势必大幅改变池水的无机盐含量，从而影响各种生命物质的代谢进程，对生态平衡带来损害。强降雨期间保持塘口相对稳定的水位，是维持生态平衡的重要手段。梅雨期间生态系统脆弱，不宜对沉水植物采取修剪和深度梳理措施，否则易诱发蓝藻的出现甚至暴发。

（七）主要气象要素对浅水生态养殖水环境的综合影响

1. 水域生态系统特点

动植物和微生物加上它们生存环境的综合体称为生态系统。在一定条件下，就整个生态系统来说，由于各种生物群体之间的相互作用与制约，使得生物与生物、生物与环境之间，维持着相对稳定的状态，称为生态平衡。

河蟹养殖水环境是由大气、土壤、水体及相应水生动植物和微生物构成的水域生态系统。养殖水环境中的生态平衡是动态的，有一定的可塑性，只要平衡不被彻底打破，就有相应的自然修复功能。外部因素既能促进平衡也能破坏平衡。

气温、日照、降雨、气流、气压等主要气象要素为外在的自然因素，总是直接或间接地对河蟹浅水生态养殖水环境中各类生命物质和非生命物质产生多重作用，从而影响着养殖水环境的生态平衡。要维护好养殖水环境的生态平衡，必须充分遵循自然规律，根据水生动植物生长发育特点，结合主要气象要素对水环境的综合影响，有针对性地采取必要的人为干预措施，保持养殖水环境中的能量流动和物质转移正常有序。河蟹营底栖生活，喜欢清新的水质，洁净的底质。要求水体溶解氧含量不低于 5mg/L，pH 中性偏碱性，水体中有满足生长发育所需的各种营养盐类，有理想的蜕壳栖息场所，池底和养殖水体中不含有毒、有害物质。

2. 主要气象因子对水生动植物的影响

主要气象要素对养殖水环境中生命物质和非生命物质的影响是全方位的。特别是寒流侵袭、高温、干旱、阴雨、台风、强降雨等极端灾害性天气对水域生态环境的影响尤为明显，往往造成养殖灾害。

长江中下游地区，气候条件适宜，雨量充沛，自然资源丰富，四季分明，历来是鱼米之乡，也是我国河蟹增养殖的主产区。多年观察表明，某一特定地理区域范围内，历年的平均气温、日照时数、降雨量总在一定的数值范围内，并有相对的稳定性，构成特定的气候条件。然而，同一地域不同年份的气候条件也存在很大的差异性。差异性越大，对养殖生产的影响也越大。

河蟹浅水生态养殖当前有着较高的放养密度，养殖水体生物荷载处在较高水平，有机质含量往往也处在较高水平。充分利用各种有利气象条件，营造良好的水域生态环境，通过适当人为干预措施，避免不利气象条件对养殖水环境的破坏，保持水体有较高的溶解氧含量，避免底质、水质恶化，维护好生命物质的正常生长，养殖才能取得成功。

气温高低、日照长短、光照强度随季节变迁，气温和日照时数决定水温高低。光能和热能是水体温度的主要来源，水温对水环境中的生命物质和非生命物质都构成直接影响。水域环境中每一种生命物质都有其独特的生长发育规律和生命周期，有其适宜生存的温度条件。河蟹生长发育的适宜水温范围11～32℃，低于11℃或高于32℃，摄食活动能力减弱，往往少有蜕壳行为发生。青虾、鱼类等均属变温动物，也是如此。

冬春季节蟹种放养前，池水基本清澈见底，透明度极高。随着蟹种的放养，池水透明度逐步下降，特别是第三次蜕壳基本完成后，不少土壤黏粒含量较高的池底，池水浑浊程度将达全年高峰。主要是水温的逐步升高，河蟹、鱼虾等在池底和水体频繁活动造成底悬浮。水体透明度的下降将严重影响沉水植物的生长。伊乐藻为速生沉水植物，在适温范围内生长旺盛，净化、优化水质作用明显，但水温升高以后，生命活力衰退，管护措施不到位，高温期间就会出现腐烂，败坏底质和水质，形成草害。苦草、轮叶黑藻为常温沉水植物。水温10℃左右开始发根萌芽，20℃以上进入快速生长状态，水温超过32℃生长受到抑制，持续高温发根萌芽能力衰退，枯黄枝茎叶数量增加。在苦草、轮叶黑藻旺盛生长阶段，净化水质和优化水质作用十分明显，但生长过程中，如集中出现大量枯枝败叶也会污染水质，特别是受持续高温影响，缺乏生命活力的植株会增加水体污染程度。

青苔和蓝藻是蟹池内两大主要敌害生物，青苔蔓延与蓝藻暴发对生态环境破坏极大。青苔与蓝藻也有适宜的温度生长范围，为人工防治预留了空间。水温低于8℃青苔生长缓慢，高于35℃抑制其生长。水温低于25℃，蟹池一般不会发生蓝藻。水体浮游动物一般水温8℃以上少量出现，水温12℃以上生长繁殖速度加快，3—5月为生长繁殖旺季，5月份以后数量相应减少。因此在2月底3月初浮游动物刚出现时可有效杀灭，减少种群数量。养殖水体浮游植物种类繁多，每一种都有其适宜生长的温度范围，水温的变化往往会改变种群结构。在适温范围内满足有益藻类对养分的需求，可以形成适度规模的种群优势，有利于水质的改善。池底和水体微生物种类丰富多样，不同品种都有其适宜的温度范围，水温变化也会造成水体微生物群落结构的变化。低温条件下，微生物降解有机质速度慢，一般不会造成对水质的破坏，温度升高以后微生物繁衍生长速度加快，大量消耗水体溶解氧，并产生有毒、有害物质。其他水生动植物也都有适宜生长的水温范围。

3. 不同季节的影响特点

初春期间，蟹种放养后如遭遇较大强度的寒流侵袭，河蟹摄食活动能力下降。第一次蜕壳会出现推迟，第二次蜕壳也不顺利，并有可能延续至第三次蜕壳，影响养殖成活率和养成规格。同时，会给水体浮游植物培养带来一定难度。相反，如果春季持续晴好天气，水温较高，河蟹摄食活动较频繁，第一次蜕壳出现较早，第二次蜕壳也相对顺利。水温高培养浮游植物较为容易，浮游动物出现也早，微生物繁衍速度加快，浮游动物容易形成种群优势，造成养殖前期池水浑浊程度加大。

每年7—8月高温期间，如遇35℃以上持续高温，河蟹摄食活动能力下降，持续时间长，第五次蜕壳相应推迟。高温和低温都会降低河蟹等水生动物的活动强度，可适当提升池水透明度。高温干旱导致水体蒸发量加大，水位下降明显。高温对伊乐藻的生存状态影响十分明显，如管护措施不到位，35℃以上高温持续3d以上就将出现植株大面积断枝、漂浮、腐烂，大幅增加水体悬浮有机颗粒数量，造成蓝藻的发生与暴发。伊乐藻漂浮的残枝还会滋生青苔，并有可能造成大规模蔓延，严重破坏生态环境。持续高温对苦草、轮叶黑藻等常温沉水植物生长也有一定影响。主要是生命代谢水平下降，发根萌芽停滞，叶面出现着生藻类并大量吸脏。

大部分沉水植物光合作用的高温适宜点在28～32℃。水生植物光合作用的强度因光照强度的变化而变化，在一定范围内照度增加，光合作用的速度加快，但超出一定限度（饱和照度），光照增加而光合作用速度不增加，反而减弱以至于停止。高温期间日照时间长，光照强度大，由于对增热起最大作用的长波光线在水表层即被强烈吸收，表水层温度可达37℃以上，高水温与强光照刺激往往导致处在表水层的沉水植物枝茎叶枯黄甚至腐烂，从而增加水体悬浮有机颗粒的数量。夏季高温还使得沉水植物呼吸强度显著增大，而同时光合作用受到抑制，导致净产量大幅降低，成为沉水植物种群诱发提前衰退的主要原因之一。高温期间，如果池底沉积大量的有机质，在甲烷细菌作用下，白天可以观察到有气泡从池底逸散冒出水面。高温期间，池底往往处在缺氧状态，池底有机质含量高，将会滋生大量厌氧菌及致病菌。

水温的高低直接影响水体的物理状态，特别是水体密度和水体中各种溶解物质的溶解度。高温导致水体分层，出现热成层现象。昼夜温差变化大，造成水体上下层对流。高温造成水体溶解氧饱和度下降，溶氧垂直分布出现较大差异，底层缺氧现象比较普遍，形成氧债。水温的变化对水体及池底各种有机、无机物质的化学反应、生化反应也会产生较大影响，并影响水体的各类理化指标。

高温、干旱、阴雨、低气压、台风、强降雨等特殊气象条件对养殖水环境中的生命物质和非生命物质影响十分明显。降雨有利于塘口水位的提升及水温的降低，对缓解持续高温有一定好处。梅雨有利于伊乐藻的恢复性生长，但长期阴雨天气，苦草、轮叶黑藻等沉水植物光照不足，光合作用能力弱，缺乏长势，枯黄枝茎叶占比加大。连续强降雨造成底悬浮，水位升高，池水透明度下降。浮游植物与沉水植物光合作用弱，加上低气压，水体溶氧含量处在较低水平，河蟹摄食量下降，并有暗浮头现象。梅雨期间如不及时有效控制塘口水位，将造成水位大幅上升，水体营养盐含量出现较大变化，从而改变生态环境，诱发蓝藻出现和青苔滋生。

每年 7—8 月份高温期间，往往遭遇不同强度的台风侵袭。台风、强降雨对缓解高温有较大帮助，但往往造成养殖水域生态环境的突然改变。有时造成沉水植物大面积损毁，池水浑浊，透明度下降，沉水植物叶面上脏，严重影响沉水植物的光合作用。高温期间遇强降雨，如不及时有效排水，会造成塘口水位的大幅上升，底层溶氧匮乏，加上低气压，将造成泛池，给养殖生产带来不可估量的损失。

（八）池水透明度与水体悬浮颗粒

1. 影响池水透明度的因素

池水透明度：是光线照射水体后，人体肉眼能看到的水体深度。它与水体中各种悬浮颗粒及溶解物质的浓度有关系。

水体悬浮颗粒：是指悬浮在水体中的固体物质，有的肉眼可见，有的肉眼不可见，有碎片状、丝状、杆状、颗粒状等。包括不溶于水的无机物、有机物及泥沙、黏粒、浮游生物、微生物等。人体肉眼能分辨的颗粒直径为 0.1mm，如果低于 0.1mm 的颗粒物肉眼将无法识别。水体悬浮颗粒是影响池水透明度最主要的因素。

在特定土壤质地的前提下，河蟹生态养殖过程中，受水体空间、气象要素、水生动植物、微生物以及一系列人为操作因素的综合影响，在养殖周期内的不同时段，池水透明度和水色会呈现出不同的变化。池水透明度和水色直接影响养殖水体中绿色植物的光合作用，事关溶解氧含量高低与水质优劣。

2. 悬浮颗粒的形成与危害

蟹池内水体产生的悬浮颗粒源自三个方面：一是外力作用下浮起的池底沉积物。主要是河蟹、鱼、虾等水生动物频繁活动以及台风、强降雨或人工作业活动造成池底泥浆颗粒和有机碎屑再悬浮。悬浮在水体中的泥浆颗粒主要是土壤中的黏粒，颗粒长度为 10^{-3} mm。土壤中的黏粒含量与土壤质地密切相关，悬浮的泥浆颗粒受水分子作用做布朗运动。颗粒越小，温度越高，布朗运动越明显。悬浮在水体中的泥浆颗粒通过相互碰撞以及与水体悬浮有机碎屑相结合后也会逐步沉淀。当水体中不断产生的泥浆悬浮颗粒超过沉淀数量时，池水透明度不断下降，当水体中产生的泥浆悬浮颗粒少于沉淀数量时，池水透明度逐步上升。二是浮游生物（含浮游植物、浮游动物）、微生物等和水体中各种生命物质的代谢物及残体。浮游生物是活的生命体，群体优势十分明显，常常大量分布在水体之中。水生动植物、微生物等生命物质在代谢过程中产生的各类代谢物及死亡后的残体也有部分成为悬浮颗粒。特别是沉水植物在生长发育过程中产生的大量枯枝败叶，腐烂后构成水体悬浮有机颗粒的主体。青苔、蓝藻及其他水生植物衰老枯萎死亡后也会产生大量的有机残体，增加了水体悬浮有机颗粒的数量。三是投入品产生的水体悬浮有机颗粒。如残饵、未经充分发酵的有机肥、活螺蛳携带的有机质、泥浆等。水体中悬浮颗粒密度越高，池水透明度越低。

水体中的悬浮颗粒密度过高，第一，造成进入水体光照强度的减弱，直接影响光合作用，降低水体溶氧含量；第二，造成水生动物的呼吸障碍，悬浮颗粒往往会随水流进入鱼虾蟹等动物鳃腔，造成呼吸不畅；第三，水体中的悬浮颗粒往往吸附在沉水植物的组织表面，阻碍光合作用的正常进行，也影响植物组织的呼吸作用，造成沉水植物生理机能衰退，枯萎、腐烂；第四，悬浮在水体中的有机颗粒在微生物降解过程中会大量消耗水体中的溶解氧。在适宜的水温范围内溶氧不足往往导致水体腐生菌大量滋生，当腐生菌达到一定数量级时池水有发白或白浊化现象出现。水体中长期存在大量悬浮有机颗粒还有可能造成蓝藻暴发。

3. 提升透明度的主要措施

减少养殖水体中悬浮颗粒数量，才能有效提升池水透明度。

第一，从基础性工作着手，减少池底沉积物的再悬浮。沙壤土由于土壤中黏粒含量较低，池水很少浑浊，通常都能够保持较高透明度。针对土壤黏粒含量较高的池底，应提早清塘、晒塘、为池底土壤中土粒的凝结留出足够的时间。土壤板结以后，黏粒数量会相应减少。养殖过程中，鱼虾蟹等在池底的频繁活动以及一系列自然和人为因素都可能导致黏粒含量较高土壤中土粒的进一步细化，产生更多的黏粒。黏粒含量较高的土壤，在蟹种放养前15d左右在池底施入一定数量的发酵有机肥，有利于培养水体浮游植物，促进沉水植物生长，增加水体溶解氧含量，提升池水透明度。水体溶解氧含量高，蟹种下池后相对安静，水体中悬浮颗粒数量减少。池底结构和水草布局对水体中悬浮颗粒的产生有较大影响。环沟型生态养殖塘口要求池周预留6～8m宽的平台，有利于池周沉水植物形成适当的种群优势，可有效降低水体悬浮颗粒布朗运动的强度。根据沉水植物的生长特性与无性繁殖特点进行合理种植与移栽，做好量化管理，维持植株有效分蘖和无性繁殖能力，确保根系发达，可有效遏制池底沉积物再悬浮，减轻悬浮颗粒布朗运动强度。依据河蟹阶段性生长特点，适时放大有效水体空间，做到河蟹与沉水植物生长两不误，相互促进。

第二，减少水体悬浮有机颗粒来源，及时有效降解水体悬浮有机质。沉水植物枯枝败叶、死亡青苔残体、浮游生物残体、残饵、水生动物粪便、未经充分发酵的有机肥等都是水体中悬浮有机颗粒的重要来源。要根据各种沉水植物生长发育特点，有针对性地控制塘口水位，开展及时修剪、梳理等，提前清理掉可能出现的衰败枝茎叶，对新生植株进行适当施肥，促进其发根萌芽，保持沉水植物较旺盛的生命活力。沉水植物发达的土壤根系在呼吸过程中能释放一定数量的氧，可有效改善土壤生态结构，提升池底氧化还原电位，促进池底有机质的有效降解。养殖前期培养以硅藻为主的浮游植物优势种群，调控好水色，在第一次蜕壳前采取必要的杀虫措施。池内青苔一旦出现，立即杀灭，不得任其蔓延。春季水温回升后，不得使用未经充分发酵的有机肥，有针对性地使用微生态制剂并补充相应营养源及时降解池底和水体有机质。必要时采取化学改底，减少池底有机质的富集。水温升高以后，要严防蓝藻的发生与暴发，一旦发现蓝藻必须采取有效杀灭与抑制措施，确保不暴发。

第三，采取生物、物理、化学等综合性措施，有效降低水体悬浮颗粒数量。春季适当投放一定数量细鳞斜颌鲴和白鲢鱼种，阶段性投放适量的活螺蛳。细鳞斜颌鲴具有摄食水体及池底有机碎屑、丝状藻类的功能，白鲢可以滤食水体有机质及部分藻类，活螺蛳可摄食水体有机碎屑等，对净化水质与底质可起积极作用。水温回升后要经常开启增氧设备或促进水体内部微循环，保持水体有较高的溶解氧含量和良好的流动性，提高微生态制剂降解水体及池底有机质的效率。在养殖过程中，要及时打捞漂浮的水草等杂物，保持塘口的清洁卫生。根据沉水植物长势补充必要养分及微量元素，延长营养生长期。如果水体腐败菌大量滋生，必须采取相应的杀菌消毒措施。

池水透明度的提升关键靠沉水植物，通过一系列综合措施确保沉水植物在生长过程中有较强的分蘖和无性繁殖能力是有效净化、优化水质和底质的根本。

（九）蟹池水体溶解氧主要变化特点

1. 溶解氧特点

溶解氧是指以分子状态存在于水中的氧气单质，不是化合态的氧元素，也不是氧气气泡。淡水中自然水体内溶氧饱和含量为 $8\sim10ml/L$，还不到空气中氧气含量的 $1/20$，海水中溶解氧更少。在其他条件一定时，溶解氧饱和含量随温度、含盐量升高而下降。当溶氧饱和度小于 100% 时，水可以从空气中溶解吸收 O_2，反之，溶氧过饱和时，就有 O_2 从水中溢出进入空气。氧气成为气泡溢出，气泡内的气压一定要大于外压，氧气含量大约是饱和含量的 5 倍。正因为如此，在养殖水体或水域内，有时可以看到饱和度高达 $200\%\sim250\%$ 的溶解氧，而且可以维持数小时饱和状态不变。一般来说，贫营养水体溶解氧多近饱和，变化不大；相反，富营养或受污染水体，溶氧浓度很不稳定，大起大落，变化很大。

2. 溶解氧收入与支出

溶解氧是河蟹浅水生态养殖水环境中最重要的一项理化指标，溶解氧含量的高低往往决定着养殖水环境的好坏。

在自然状态下，养殖水体溶解氧的来源有两个方面：一是外源性的，也可以称物理性的，是在外力作用下进入水体的氧气，为输入性溶解氧。主要是空气中的 O_2 通过表水层溶解进入水体，还有风浪、降雨、加水、机械增氧等途径进入。二是内生性的，也可以称生物性的，为植物光合作用产氧。主要是浮游植物和沉水植物光合作用产氧，是养殖水体内溶解氧最重要的来源，在溶解氧总收入中占很大比例。有调查指出，静水养鱼池溶解氧的总收入中，光合作用增氧约占 89%，空气溶解氧约占 7%，其余 4% 为水补给增氧。

养殖水体溶解氧的消耗有三条途径：一是物理耗氧，溶氧过饱和时，会不断向空气中逸散，也会随水流失。二是化学作用耗氧，水体及池底有些物质在化学反应中消耗氧气，主要是氧化反应。三是生物作用耗氧。养殖水环境中所有水生动植物及微生物的呼吸作用都离不开氧气，生物量越大，呼吸作用耗氧越多。在一定条件下，水温越高，呼吸耗氧越快。池底沉积的有机质与水体悬浮的有机颗粒等在微生物降解过程中会大量消耗氧气。在养殖过程中，随着时间的延长，池底往往会积累大量有机质。在各方面条件相对稳定的情况下，底质中的化学反应、生化反应也有相对的稳定性，随着池底有机质数量的增加，其耗氧数量也会加大，有时还会影响整个水环境。一般来说，养殖水体内逸散进入空气中的氧只占总消耗氧气数量的 1.5% 左右，虾蟹鱼类耗氧量占 5%～15%，其他 80% 甚至 90% 以上均为生物呼吸、有机物分解所消耗。特别是大批量的沉水植物枯枝败叶在腐烂过程中耗氧量惊人。

从养殖水体溶解氧的收支平衡来看，在河蟹生长季节，水体溶解氧的主要来源是浮游植物和沉水植物光合作用产生。根据土壤条件，随着季节变化水体浮游植物种类、密度及沉水植物种类、密度也发生一定的变化，浮游植物与沉水植物在生命力旺盛阶段产氧能力强，生命力衰退阶段产氧能力弱。池水透明度和水体、土壤养分对浮游植物与沉水植物的生长影响极大，不同养殖水环境光合作用产氧水平有较大差异。溶氧消耗途径主要是生物呼吸、有机物分解消耗。在不同养殖时段，保持浮游植物和沉水植物适宜的生物量，并保持其合理的结构组成，减少水体中有机质产生数量，及时降解水体中悬浮的有机颗粒和池底沉积的有机质，做到池底没有大量的有机质富集，水体有较高的池水透明度，养殖水体的缺氧状况才会得到有效缓解。

3. 溶解氧的季节性变化

确保养殖水体始终有较高的溶解氧含量是营造水域自然生态环境的核心。在自然条件下，不同季节、不同时段、不同区域、不同水层，水体溶解氧含量在时间和空间的分布上有很大的差异性与特殊性。大致可以划分为冬春和夏秋两大阶段。

第一阶段：每年的 3 月底前和上年度 11 月份以后处在冬季、初春和深秋季节，总体水温在 20℃ 以下。由于水温较低，水体溶氧饱和度相对较高，水体溶解氧基本处于饱和状态，有时会达到过饱和状态，并且水平和垂直分布比较均匀。即使在 10 月份水温处在 25℃～18℃，虽有溶氧含量不稳定的情况出现，但总体不会低于 5mg/L。因此，每年在河蟹生长初期与销售季节，由于水温处在较低水平，溶氧饱和度相对较高，水体溶氧含量比较稳定，一般均能满足养殖河蟹生长发育的需要。2012 年 2 月 4 日 15：30 试验塘口水温 5℃，水体中有一定数量的浮游植物，测到表水层 25cm 深处溶氧含量 11.9mg/L。2011 年 10 月 20 日 14：30 水温 19.5℃，池水透明度 20cm，测定水深 40～60cm 处溶氧含量为 7.5mg/L。

第二阶段：每年 4 月初至 9 月底，从春季到秋季，大概 6 个月时间，水体溶氧在时空分布上存在很大的不确定性与不均衡性，也是河蟹生长发育的关键时段。

受日照、降雨等各种气象要素的综合影响，养殖水域环境中各种生命物质随水温的变化而变化，生物群落出现起伏变化，生物负荷呈总体上升趋势，池底及水体有机质含量也不断变化。水体中能进行光合作用的生命物质是溶氧的主要来源，而池底及水体有机质在腐烂、降解过程中会消耗大量的水体溶解氧。一日之中，白天与黑夜造成溶氧"日较差"（溶氧日变化最大值与最小值之差称"日较差"）。一年之中，以夏季溶氧日较差最大，冬季最小，春、秋两季居中。表层水中溶氧含量昼夜变化极大，一般规律是：水体越肥，水中浮游植物密度越大，则溶氧日较差越大；水温高，光照强度大，光合作用进行强烈时，溶氧日较差也大。酷暑季节，表层水溶氧日较差可变得极大，最高溶氧可达饱和度 200% 以上，最小溶氧量可在饱和度 20% 以下。表层水吸收太阳光能相对较多，水温偏高，降低了溶氧饱和度。夏季达一定深度的水体往往形成跃温层，进而造成溶氧跃层，称为"水层差"。池底往往是溶氧的匮乏区，尤其在沉水植物生命力衰退，池底有机质大量富集的情况下，池底严重缺氧。在一日之中，溶氧的垂直与水平分布是一个动态过程，白天高，夜间低，表层高，底层低。依据气候条件和水环境特点有所不同，溶氧最大、最小值通常在夏季表现较为突出。

每年 4—5 月水温处在持续上升阶段，伊乐藻由快速生长阶段转入生殖生长阶段，草尖出水面开出白花，维持较快的生长速度，生物量处在较高水平。如果 4 月上旬没有采取修剪或深度梳理措施，水体中浮游植物密度将明显下降。4 月份苦草、轮叶黑藻从萌发进入较快生长阶段，能形成初步生物量。第一次蜕壳后如果池内有效水体不足，池水透明度将有适当下降，但水体溶氧含量仍能保持较高水平。2012 年 4 月 23 日下午 18：00 试验塘口水温 30℃，环沟池水淡黄色，透明度 40cm 以上，环沟底层上部溶氧含量 13.1mg/L。5 月上旬第二次对伊乐藻（深水区）采取修剪或深度梳理措施，可减少伊乐藻生物量，避免衰老枝茎叶的大量出现。苦草、轮叶黑藻在 5 月份进入快速生长阶段，并形成较大生物量。苦草出现匍匐茎，分蘖和无性繁殖能力增强，轮叶黑藻部分开出白花。在轮叶黑藻进入生殖生长期前进行留低茬修剪，可延长营养生长期，减轻衰老枝茎叶产生的数量。5 月份养殖水体在池水透明度较高前提下，可保持较高的溶氧含量。但如果池水较浑浊，水体悬浮有机颗粒多或池底有机质含量高，也有缺氧情况发生。特别是第二次蜕壳后河蟹会有晚上上岸行为发生。2011 年 5 月 29 日试验塘口 9：00 水温 23℃，池水浅黄绿色，有一定浑浊，透明度 40cm 左右，测定环沟表水层 25cm 水深处溶解氧含量 6.8mg/L，50cm 水深处溶解氧 5.8mg/L。

　　长江中下游地区每年 6—7 月正值梅雨季节。南京市高淳区通常在 6 月中旬入梅，7 月中旬出梅。常年梅雨期 23d，降雨量 273.2mm。每年梅雨期也存在较大差异，最长梅雨期 45d，最大降雨量 853.1mm；最短梅雨期 16d，最小降雨量 133mm。梅雨期间阴雨寡照，天气闷热、降雨量大。对沉水植物、浮游植物光合作用影响明显，进而影响水体溶解氧含量。6 月上旬水温已达较高水平，伊乐藻仍能维持一定的生命活力，苦草处在盛发阶段，轮叶黑藻尚能维持较强的生命活力，水体溶氧含量处较高水平。2011 年 6 月 2 日试验塘口 14：50 水温 28.8℃，池水浅黄褐色，透明度 41cm。大田浅水区轮叶黑藻茂盛区域水质清澈见底，测定表水层 20cm 深处溶氧含量 16.6mg/L，环沟伊乐藻区域溶氧含量 7.1mg/L，环沟轮叶狐尾藻区域水深 40cm 处溶氧含量 4.1mg/L。

　　6 月中旬左右入梅后，受连续阴雨天气影响，总体水温在 28℃ 以下，有利于入梅前修剪或深度梳理后的伊乐藻恢复性生长，生存状态较好的伊乐藻能发出一定数量的嫩枝和节间不定白根。苦草、轮叶黑藻受光照影响，长势相对较差，特别是遇强降雨，缺乏有效水位控制的塘口，苦草叶片随水位不断长高，发根能力差，高水位下水体光照强度减弱，池底溶氧含量不足，河蟹的频繁摄食活动，造成苦草大量飘浮，损毁程度可达 90％ 以上，甚至造成苦草的整体消失。入梅前未经有效处理的轮叶黑藻，受水位过深影响也会大面积断枝漂浮，甚至消失。梅雨期间水体悬浮有机颗粒数量增多，沉水植物生命活力不旺盛，往往造成蓝藻发生甚至暴发。水体溶解氧处在较低水平，白天也能发现河蟹在水草丛中活动。雨过天晴，环境较差塘口晚上河蟹上岸数量较多，但水环境好，天晴以后水体溶氧含量也能达较高水平。2011 年 6 月 27 日下午 16：00

试验塘口水温 32℃，环沟池水透明度 37cm，测定溶氧含量 7.4mg/L。

每年 7 月 20 日至 8 月 20 日为全年高温时段，水温一般达 32℃以上，甚至出现连续 35℃以上高温。台风、强降雨也将不断侵袭。水温达 32℃以上伊乐藻通常不会发出白根与嫩芽，将进入休眠状态，35℃以上断枝、漂浮、腐烂。水温超过 35℃也抑制苦草与轮叶黑藻的生长，沉水植物枯枝败叶数量增多，并会增加水体悬浮有机颗粒的数量。进入高温时段水体温度分层现象突出，养殖水体溶氧垂直与水平分布极不均匀，溶氧"日较差"明显。常常有河蟹晚上上岸。2011 年 7 月 23 日 15：40 试验塘口池水略带浅黄绿色，环沟池水透明度 53cm，表水层水温 38.5℃，溶氧含量 7.8mg/L，底层水温 32.8℃，溶氧含量 5mg/L。大田浅水区清澈见底，表水层溶氧 13mg/L。8 月 17 日上午 9：25 水温 30.9℃，环沟池水透明度 51cm，表水层 20cm 深处溶氧含量 4.3mg/L，70cm 深处 2.3mg/L。大田浅水区轮叶黑藻区域表水层溶氧含量 8mg/L，伊乐藻区域 6.5mg/L，苦草区域 5mg/L。8 月 20 日上午 9：15 水温 29.5℃，池水透明度 52cm，环沟表水层溶氧含量 4.3mg/L，底层 1.9mg/L。大田浅水区轮叶黑藻区域表水层溶氧 12mg/L，苦草区域 6.8mg/L。台风、强降雨一方面可以降低水温，缓解高温对水生动植物的不利影响，另一方面也会造成水域生态环境的突变，形成青苔蔓延、蓝藻暴发，台风、强降雨过后晚上河蟹上岸等现象。有效控制塘口水位，调水、增氧、改底可以缓解相关情况的出现。

8 月下旬至 9 月底水温逐步回落，总体水温降至 32℃以下，并进入河蟹适宜生长温度范围内。伊乐藻开始发根萌芽，进入秋季恢复性生长阶段，并可形成一定的生物量，对水体溶氧含量增加产生积极贡献。扎根土壤中的苦草、轮叶黑藻生命活力将有效恢复，发根、分蘖能力增强，9 月上旬苦草开出白花，进入生殖生长阶段，仍有一定的无性繁殖能力，对增加水体溶解氧含量仍有积极作用。轮叶黑藻 8 月下旬进入盛花期，仍能维持一定的长势，并有少量嫩芽和节间白根发出，可净化、优化水质，9 月下旬部分轮叶黑藻出现冬芽。2011 年 8 月 31 日 13：20 试验塘口水温 31℃，环沟表水层 38cm 深处溶氧含量 7.6mg/L，58cm 深处 5.3mg/L。9 月 19 日晚 22：00 河蟹出现生殖洄游，环沟表水层 30cm 深处溶氧含量 7.1mg/L，50cm 深处 6.3mg/L。

8 月下旬至 9 月底，水温的逐步下降带来沉水植物的秋季恢复性生长。水体浮游植物数量有所增加，沉水植物光合作用能力逐步增强，水体中虽然有一定数量的悬浮有机颗粒，但水体溶解氧含量日趋稳定与平衡。但如果底质恶化，沉水植物数量不足，水体缺乏透明度，也会造成水体溶氧含量的缺乏，尤其底层溶氧严重不足，带来相应的养殖损失。

第三章　蟹苗繁育与蟹种培育

一、天然河蟹苗的繁育与生长发育

（一）生殖洄游与交配、抱卵

河蟹在淡水中生长达性成熟后，每年从"寒露"开始至"立冬"顺着江河入海，开始生殖洄游。进入海淡水交界水域内的性成熟蟹（"绿蟹"）有两种情况，一种是离海较远的二秋龄性成熟蟹，另一种是近海二秋龄性成熟蟹和一秋龄性早熟蟹。

性腺成熟的河蟹一到海淡水交界水域内，兴奋异常，雌雄蟹拥抱一起，一经交配，雌蟹 7～16h 即可产卵。河蟹交配怀卵所需的外界条件并不十分严格，一般来说，我国沿海的海水盐度 8‰～33‰，均能交配怀卵、越冬孵化。交配怀卵的雌蟹通常称抱卵蟹，所产卵大部分附着雌蟹腹部腹肢刚毛上。每年 12 月至第二年 3 月为河蟹交配产卵的盛期，海水是交配产卵的必要条件。淡水中，偶尔也会出现假交配现象，但交配之后不能产卵。河蟹系硬壳交配，并有多次重复交配现象。交配历时几分钟到一小时，雌、雄紧抱，雌雄蟹腹部相对，雌蟹打开腹部，显露出一对雌孔，雄蟹将腹部按在雌蟹腹部内侧，使雌蟹腹部不能闭合，雄蟹一对交接器的末端紧贴在雌孔上输精，将精荚输入雌蟹生殖孔的纳精囊内。交配完成后，雌蟹产卵，成为抱卵蟹。

抱卵蟹在海水中寻找适合它安全越冬和孵出幼体的地点，直至幼体孵出为止，此地称为河蟹天然繁殖场所。河蟹天然繁殖场所不是固定不变的，而是根据盐度、水温、水流和底质等外界环境因子改变而改变。雌蟹的怀卵量，因个体大小差异，少则 3 万粒左右，多则可达 90 万粒。雌蟹产卵率很高，一次可把体内成熟的卵产完。部分雌蟹在完成第一次产卵后，还可第二次怀卵。抱卵蟹喜栖息在沙滩浅处，从捕捞比例分析是雌蟹多于雄蟹，其比例为 347：74，其中雌蟹平均体重是 104.5g，最大个体 224g，最小个体是 24g。在自然环境中，雌蟹抱卵可长达三四个月之久，负卵越多，雌蟹腹部张开愈大。河蟹产卵后，受精卵开始胚胎发育进程，河蟹在繁殖场度过严寒的冬天，迎来温暖的春天。随水温的上升，行动不便的抱卵蟹开始活动起来，寻找食物的同时保护未出膜的胚胎。

（二）胚胎发育

越冬期的低温条件下，胚胎可长时间滞留于囊胚或原肠阶段，发育十分缓慢。据实践观察，影响胚胎发育的主要因素是温度。水温在 10～18℃，受精卵胚胎发育可在 1 至 2 个月内完成。水温 23～25℃ 左右，只要 14～15d 幼体就能孵化出膜。但是 28℃ 以上的高温环境，容易造成胚胎畸形或死亡。此外，受精卵必须在海水中才能维持其正常的胚胎发育，若中途换入淡水环境，则胚胎发育中止，并逐渐溶解死亡。

从河蟹雌孔产出的受精卵多为紫酱色、豆沙色或橙黄色，卵径在 0.1～0.3mm，属端黄卵，卵黄丰富。刚产出的卵，卵面光滑而清晰，卵黄粒均匀分布。受精卵靠外卵膜所形成的卵柄缠附在雌蟹腹肢内肢刚毛上孵化。由于整个孵化过程受到母体良好的保护，因此，孵化率较高，可达 90% 左右。刚产出的受精卵，不久即出现缢痕，进行不等分裂，第一次分为两个分裂球，继而三个、四个、六个、八个……不断增多，胚胎逐步进入多细胞期、囊胚期、原肠期等阶段。河蟹胚胎发育速度与水温有关，水温高，发育快。早期产卵的河蟹，由于受精卵在低温条件下，胚胎发育十分缓慢，常处于停滞状态，孵化过程历时三四个月。而后期所产的受精卵，时处水温较高，胚胎发育较快，一二个月即可完成。因此，天然条件下，早期产卵的河蟹并不意味着一定能早孵出幼体。

胚胎进入原肠期后，由于水温逐渐升高，胚胎发育加快。此时卵黄逐渐消耗，卵色渐淡，出现新月形的透明部分，胚胎进入无节幼体期。随着卵色越来越淡，透明部分先后出现附肢雏芽和复眼。复眼初为条状，橘红色，左右各一，后来逐渐加粗并在末端膨大，色素加深，终于形成一对椭圆形的大而明显的复眼。继复眼出现之后，心脏开始搏动，附肢、腹节相继形成，色素出现，肌肉开始收缩。此时的卵，外观为浅黄色，卵黄极少，缩成蝶状一块，胚胎已进入原溞状幼体阶段，故河蟹的原溞状幼体是在胚胎内度过的。

当胚体快要出膜的时候，雌蟹腹部附肢充分伸展，舒展摆动，卵膜中的胚体心跳频率加快，每分钟达 150 次左右，胚体不断扭动，并借助背刺穿破卵膜，幼体随着雌蟹腹部不断扇动所造成的水流而出，脱离母体的溞状幼体就能在海水中营自由生活。幼体孵出的卵膜，仍然缠留于腹部的附肢上，以后雌蟹用螯钳逐渐将其清除掉。江浙一带的 4 至 5 月份，海水温度上升到 17℃ 以上，河蟹的胚胎发育迅速，由细囊胚很快进入原肠期，逐渐形成眼点和心脏跳动，随即破膜而出，进入第一期溞状幼体。

（三）幼体生长发育

河蟹的幼体，伴随着多次蜕皮、变态而成为幼蟹，整个幼体发育分溞状幼体和大眼幼体两个阶段。

1. 溞状幼体

溞状幼体由受精卵直接孵化出来，所谓早期溞状幼体及原溞状幼体，它们是在卵膜中度过的，但有时受不良环境的影响提早出膜而成为发育不全的"早产"个体。刚出膜的幼体，形似水溞，称溞状幼体。体略呈三角形，分头胸部和腹部。头胸部背面有一背刺，前端腹面有一颚刺，两侧中部各具一侧刺。前端有复眼一对，腹面有两对触角、一对大颚、两对小颚和两对颚足。腹部狭长，尾节分叉，称为尾叉。身体分布有色素粒。

溞状幼体经五次蜕皮，始进入大眼幼体期。各期的溞状幼体，均以第一、二颚足外肢羽化刚毛的数目、尾叉内面刚毛的对数，以及胸、腹肢的长短和形状作为分期的主要依据。

（1）一期溞状幼体：体长 1.6～1.8mm，皮壳透明，复眼无柄，不能活动。头胸甲的后下角有为数 8 个左右的小齿，排成锯齿状。腹部 6 节，第二至第四节两侧各有一对侧刺，第一对弯向前方，后两对均弯向后方。第二至第五节的后侧角呈刺状，覆盖着后一腹节的前侧角。尾叉内有 3 对刺形羽状刚毛，每叉各分 2 节，末节内侧有排列成栉状的短毛。

第一触角短，圆柱形，末端有 3 根鞭状感觉毛。第二触角原肢延长，末半部具二行钩状刺，外肢三叉戟型，细小。大颚由切齿和臼齿组成，切齿有 5 小齿，侧面有 3 齿。第一小颚原肢 2 节，呈薄片状，底节与基节均生有硬刺毛，基节的外缘有一丛细毛。内肢 2 节，第一节有 1 根刚毛，第二节有 4 根。第二小颚原肢 2 节，每节内侧各分 2 叶，每叶皆具硬刺毛，内肢也分 2 叶，每叶各有 2 根刚毛，外肢称颚舟片，外缘具 3 根羽状刚毛，顶端呈羽状。随着蜕皮次数增多，羽状刚毛的数目也随之增加。第一颚足，原肢的基节内缘约有 10 根刚毛，内肢 5 节，各节的刚毛排列为 2、2、1、2、5，外肢 2 节，第二节末端有 4 根羽状刚毛。第二颚足原肢的基节内缘具 4 根刚毛，内肢 3 节，各节的刚毛排列为 0、1、5。外肢 2 节，第二节末端有 4 根羽状刚毛。

（2）二期溞状幼体：体长 2.1～2.3mm，眼有柄，能活动。头胸甲后下角有 11～12 个小齿，并在该处生长 5 根羽状刚毛。腹部在第一腹节背面中央生出一根短毛。

第一触角的鞭状感觉毛为 4 根。大颚切齿部具 6 个小齿，第一小颚在基部外侧有1羽状刚毛，第二小颚的颚舟片外缘，有5根羽状刚毛，顶端为3根，第一和第二颚足外肢第二节末端有6根羽状刚毛。

（3）三期溞状幼体：体长2.4～3.2mm。头胸甲后下角有10～13个小齿和9～11根羽状刚毛。腹部7节，第六腹节与尾节分开，第一腹节背面中部有3根短毛，尾叉内中部有4对刺状羽状刚毛。第一触角的感觉毛为5根，第二触角内肢雏形出现。大颚切齿部小齿有9个，侧面有4齿，第二小颚的颚舟片外缘有9根羽状刚毛，顶端有7根。第一颚足内肢刚毛的排列为2、2、2、2、5，第一和第二颚足的外肢，末端有8根羽状刚毛，第三颚足和步足出现芽状小突起，腹肢出现雏芽。

（4）四期溞状幼体：体长3.5～3.9mm。头胸甲后下角具17～18个小齿和12根羽状刚毛，第一腹节背面具5根短刚毛，尾叉内中部有刺形刚毛4～5对。第一触角鞭分为二束，共6根感觉毛，第二触角内肢延长呈叶状，约与外肢等长。大颚侧面为5齿，第一小颚在底节外缘有1根羽状刚毛。第二小颚的颚舟片，外缘与顶端的羽状刚毛连在一起，共24～26根。第一颚足内肢的刚毛排列为2、2、2、2、6。第一和第二颚足外肢末端有10根羽状刚毛，第三颚足和步足延长，呈棒状，明显地露于头胸甲之外。腹肢延长，呈芽状。

（5）五期溞状幼体：体长4.5～5.2mm。头胸甲后下角有18个左右小齿，并有许多羽状刚毛延伸到整个头胸甲后缘。第一腹节背面有8根短刚毛，尾叉内中部有5对刺形刚毛。

第一触角鞭状感觉毛分为3行，排列2、2、4，内肢呈芽状突起。第二触角内肢分成2节，长于外肢，与原肢几乎等长。大颚切齿部有10个以上的小齿，触须呈棒状，不分节，也无刚毛。第一和第二颚足外肢末端具12根羽状刚毛。第二颚足内肢各节的刚毛排列为0、1、6，第三颚足的原肢、内肢、外肢已能分辨。内肢5节，后3节已具刚毛，胸足发达，第一胸足呈钳状，第二、第三、第四对的指节腹缘，分别具2、3、2齿，第五对胸足指节的末端有3根不等长的刚毛。腹肢5对，前4对为双肢型，第五对为单肢型，缺内肢。各对腹肢的外肢，均无刚毛，内肢无小钩。

2. 大眼幼体

大眼幼体体长4.9～5.4mm。体扁平，背面由头胸甲覆盖。背额、侧刺均消失，额缘中央内凹成一缺刻。眼柄延长，复眼生于眼柄末端，显露于头胸甲前端两侧，大眼幼体由此得名。腹部7节，尾叉消失，尾节两侧各有3根短毛，后缘有2对羽状刚毛。

第一触角原肢3节，内肢内侧有一短毛，末端为一细爪。外肢分4节，在第二至第四节上各有一束触毛，每束为4根，并在第二、第四节各有1根刺状刚毛；第二触角鞭状，11节，在第七至第十一节上各有长刚毛；大颚底节细长，内侧中部具一突起，基节内侧锋利，无齿。触须 3 节，末节顶端和内外缘有 12～13 根感觉毛；第一小颚，原肢 2 节，呈薄片状，底、基两节各具 20 根左右的硬刺毛。内肢顶端具 2 刺，呈双爪状，内侧有 2～3 根长刺；第二小颚原肢 2 节，薄片状，每片各分为两小片，小片上均生刺毛，内肢不分节，无刚毛，颚舟片边缘满布羽状刚毛。

颚足 3 对，均由原肢、内肢、外肢和上肢组成。第一颚足原肢 2 节，薄片状，底、基两节均生刺状刚毛，内肢不分节，末端有 2 小刺，内末角有 1 个突起和 1 根刺毛，外肢 3 节，第一节外末角有 2 根羽状刚毛，末端有 5 根羽状刚毛，上肢大，略呈三角形，边缘有为数不等的丝状长毛；第二颚足原肢 2 节，各有刺毛，内肢 4 节、座长合节的内侧有 1 刺状刚毛，指节有 7 根硬刺毛，外肢 3 节，第一节有 1 个短刺和 1 根刺毛，末节末端有 5 根羽状刚毛，上肢小，柳叶形，外侧及顶端有 10 多根丝状长毛；第三颚足原肢 2 节，分化不甚明显，上有许多刺状刚毛，内肢 5 节，各节均生有粗大的刺状刚毛，上肢发达，近基部有刺状刚毛，末半部有许多丝状长毛。

胸足 5 对。第一对钳状，称螯足，腕节末端具 1 刺，上生 1 毛，两指内缘都生有锯齿突起；第二、第三、第四胸足，指节腹缘分别有 3、4、4 齿；第五胸足指节末端有 3 根末端弯曲呈钩状的长毛，每一长毛的腹缘列生一行钩状锯齿，蟹末端的 7～8 个齿呈方形，末端呈爪状，腹缘列生一行细毛，排列成梳状。

腹肢 5 对，为主要游泳器官。前 4 对形状相似，双肢型，外肢由前至后渐次变短，羽状刚毛数为 26、23、22、21，内肢末角有 2～3 个小钩；第五对腹肢，单肢型，缺内肢，在原肢外侧常有 2～3 根羽状游泳刚毛，外肢有 14～16 根羽状刚毛。

3. 幼体的活动与习性

幼体随着体形增大、形态的改变，它们的生活习性也相应起着变化。溞状幼体虽然依靠颚足外肢不断划水和腹部的屈伸而运动，就它们的习性而言，还是属于浮游生活的。不同时期的溞状幼体，它们所栖息的水层并不一样，如果把溞状幼体放在培养缸中观察，就可以清楚看到：第一、第二期幼体，常成群的浮游于水体的表层，趋光性特别强烈，随着蜕皮次数增加，幼体逐渐转向水的底层，进入后期的溞状幼体，常以背刺贴着底面，卷曲着腹部，仰卧于水底，并用颚足反向划水，引体向后。

由溞状幼体蜕变为大眼幼体后，幼体也就由浮游生活过渡到既能游泳又能爬行的生活，由于大眼幼体对淡水有一定的敏感性，因而也就由咸淡水过渡到淡水中生活。

大眼幼体有较强的游泳能力，当它用步足爬行时，腹部就弯曲在头胸部之下，而在游泳时，腹部伸直，用游泳足不断划动和尾肢刚毛的颤动，行动十分敏捷。大眼幼体具有强烈的溯水性，借助潮汐的作用，由河口的浅海顺着江河顶风逆浪，溯江而上，进行索饵洄游。据推算，每天的行程可达 30km 左右。由于大眼幼体具有明显的趋岸性，因而在同一江面上，江边幼体的数量显著多于江心，也常密集于沿江的闸口处，十分有利于蟹苗的灌江和捕捞。

由大眼幼体蜕化的幼蟹，腹部弯贴于头胸部之下，腹部附肢数目减少，失去了快捷的游泳能力，转而营爬行为主的生活。

（四）自然习性

在自然界，蟹苗形成后就溯江河而上，也称索饵洄游，在行进途中边觅食边蜕壳生长。有的通过江河进入湖泊和湿地生长，可当年长成蟹种，规格有大有小，平均规格在每只 7g 左右。长江沿江一带进入下半年都能捕捞到不同规格的蟹种，俗称长江天然蟹种。20 世纪 90 年代初长江南京江段还可捕捞到批量蟹种。

幼蟹进入江河、湖泊、湿地以后，第二年通过蜕壳生长，秋季长成成蟹，然后又开启生殖洄游，顺江河而下，到江河入海口进行繁殖，完成繁殖后代使命的亲本蟹将陆续死去。人们在长期实践中，对河蟹天然苗的繁殖和生长发育规律有了更深刻的认识，充分利用蟹苗汛期进行张捕，开展资源增殖活动，取得了明显效果。1969 年我国开始蟹苗捕捞运输和资源增殖活动，20 世纪 90 年代初开始捕捞天然河蟹苗进行蟹种培育，提高了蟹苗成活率，并相继建立省级和国家级长江水系中华绒螯蟹原种场。

二、河蟹苗的人工繁育

河蟹苗的人工繁育揭开了河蟹产业发展的序幕。

受自然和人为因素的影响，河蟹天然苗的产量波动很大，丰歉不定，远远不能满足养殖生产的发展需要。为摆脱自然界的束缚，我国水产科技人员自1971 年开始进行大量人工繁殖的试验研究，突破了河蟹人工繁育技术，并在实践中不断完善。1983 年江苏省水产科技人员在赣榆县利用对虾育苗设施，采用天然海水开展工厂化、规模化河蟹人工育苗获得成功。1984 年 7 月赣榆县水产研究所制订了《中华绒螯蟹天然海水工厂化育苗技术操作规程》。在 20 世纪 90 年代以前，河蟹的增养殖工作仍然以天然苗为主，但河蟹苗的人工繁殖技术已日趋成熟，在部分地区已批量产出。

1992 年下半年长江流域部分地区掀起养蟹热，苗种短缺一度成为河蟹养殖发展的瓶颈，蟹种需求的急剧上升，促进了河蟹人工繁育与蟹种培育规模的迅速扩大。20世纪90年代初，江苏省连云港、盐城、南通等一批沿海地区加快了河蟹工厂化育苗的步伐，1996—2006年，赣榆县一度成为全国最大的蟹苗生产基地。随着人繁蟹苗数量的迅速增加，五期幼蟹培育规模、蟹种培育规模不断发展壮大。人繁苗成为河蟹增养殖主体，天然苗成为补充。为提升蟹苗质量，1996年江苏省在南京市高淳区建立了长江水系中华绒螯蟹省级原种场，2003年通过农业部的国家级原种场验收。

21世纪初，南通、盐城等沿海各地规模化室外土池育苗得到迅速发展，由于价格的优势，市场占有率不断上升，至2007年土池苗成为市场主体，工厂苗逐步萎缩，市场份额忽略不计。

（一）河蟹工厂化育苗

1. 基础设施

工厂化育苗要建设必备的基础设施，主要有亲蟹池、育苗池、饵料池、供水设施、供气设施、供热设施、供电设施。

亲蟹池又分为亲蟹越冬池、亲蟹交配池和亲蟹发育低温控制池。亲蟹越冬池为淡水室外池，每口3～5亩，水深1.5～2m，硬底。亲蟹交配池为海水室外池，面积每口1～2亩，水深1.5m，硬底。亲蟹越冬池和交配池都要建好进排水管和防逃设施。亲蟹低温控制池为封闭式室内水泥池，每只10～20m²，主要用于贮存抱卵亲蟹，通过低温控制性腺发育，留作后期进行人工育苗用。

育苗池，为室内水泥池，长方形，每只20～30m²，水深1.5m，池底向出水孔一侧保持1%～2%的坡度倾斜。池的四角砌成圆弧形。排污孔（出苗孔）建于池底最低处，育苗池外侧建集苗池。育苗池建在室内，为便于通风、采光、保温，育苗室窗户要求高而宽，屋顶用玻璃或玻璃钢瓦。

饵料池，包括单细胞藻类培育池、轮虫培育池和卤虫孵化池。

供水设施，包括泵房、蓄水池、沉淀池、高位池、深水井及进水管道等。

供气设施，包括鼓风机、送气管、气石等。

供热设施，通常用锅炉加温、工厂余热加温、地热加温以及电热器加温等，通过管道将热源直接送到育苗室或饵料室，管道铺设要求科学合理，加热均匀稳定。

供电设施，由配电房、电源和线路构成，还应自配发电机组，保证整个育苗期间不停电。

2. 大眼幼体繁育

第一，要做好亲蟹选育、运输、暂养、交配和抱卵蟹的管理等各项工作。亲本蟹来源于长江水系的二秋龄绿蟹，色泽鲜艳，体质健壮，附肢齐全，规格整齐。雌蟹在每只100g以上，雄蟹在150g以上，雌雄性比为（2∶1）～（3∶1），要严把亲蟹筛选质量关，收集时间以 11 月份至翌年 1 月份为宜，一般在 12 月底前结束。亲蟹的操作、包装、运输要科学合理，雌雄蟹分开包装，防止运输途中风吹、日晒、雨淋和缺氧，防止附肢脱落。购回的亲蟹应称重过数，雌雄分开，放入淡水池中暂养，进行强化培育，使其尽快恢复体力，以利交配促产，也可以将亲蟹运回直接入交配池交配促产。

亲蟹的交配时间一般安排在 12 月至翌年 1 月份进行，根据生产需要也可适当提前或推迟。交配促产时，将雌雄蟹按（2∶1）～（3∶1）的配比移入交配池。也可将越冬池淡水排干，注入海水，移入雌雄蟹。交配促产的合适水温为 9～12℃，盐度为 10‰～35‰，在此条件下，雌雄蟹很快进入交配高峰，经过交配的雌蟹，经 7～16 个小时即可怀卵，大约经 15～20d，当 85％以上的雌蟹怀卵后，即可排干池水，取出雄蟹，再注入海水，转入抱卵蟹的培育。

抱卵蟹前期在室外土池进行培育，日投饵量可增加到在池蟹体重的 6％～8％，饵料要求新鲜适口，以鲜蛤贝肉、小杂鱼为主，辅以一定数量的青绿饲料。3～5d 换一次水，保持水质清新活爽，以促进胚胎发育。育苗前 15～20d，再将抱卵蟹移入室内水泥池进行强化培育。抱卵蟹移入室内水泥池前可以进行消毒杀菌处理。抱卵蟹的培育除投足饵料外，还需充气增氧和排污，适时注入新水，逐步升高水温，并保持相对稳定，以促进胚胎发育同步进行。当水温升到 15～16℃时，要稳定 3～5d，以保证胚胎充分发育。要坚持每天检查抱卵蟹的胚胎发育情况，并提前做好排幼的准备。当胚胎复眼形成、色素加深、卵绝大部分透明，卵黄缩小成蝴蝶状小块，胚胎心脏跳动频率达到 100～120 次/分时，胚胎已进入原溞状幼体阶段，预示着溞状幼体 2～3d 即可孵出，应及时将抱卵蟹移入育苗池排幼。

第二，做好幼体培育前准备工作。首先是育苗池的清洗消毒和过滤海水的注入，将沉淀池的海水注入育苗池要通过双层筛绢网过滤，外层为 60 目，内层为 200 目，水深加到 1～1.2m 即可。其次要搞好基础饵料培育，育苗池进水后，即可开始增温、通气、调水、施肥，促进硅藻、小球藻、扁藻等单细胞藻类大量繁殖。通常光照度宜控制在 4 000～5 000lx，充气量保持在 0.5％，水温 16～20℃，日施硝酸钾 5ppm，磷酸二氢钾 0.5ppm，2～3d 后，当池水呈淡茶色或茶色，单细胞藻类密度达到每毫升 15 万～30 万个时，即可进行幼体培育。

第三，做好幼体排放与培育工作。抱卵蟹进入育苗池可以进行消毒处理，按每平方米育苗池面积 2～3 只抱卵蟹的密度进行挂笼，实行同步排幼，Ⅰ期溞状幼体排放密度控制在每立方米 15 万～20 万只，达到这一要求，应将抱卵蟹取出，入另外的育苗池让其继续排幼。幼体培育的全过程系指从 Z_1～Z_5，Z_5～M（大眼幼体），完成变态的全过程。从 Z_1～Z_5 每期变态约需 3～4d，而

$Z_5 \sim M$ 则需 $4 \sim 5d$，全过程培育共 $23 \sim 25d$。幼体培育通过控温、送气、投饵、调控水质、防治病害等一系列技术措施得以实现，达到育好苗、育壮苗的目的。

（1）控温。溞状幼体各期变态的完成需要特定的适宜温度，随温度的升高，完成蜕皮变态的速度相应加快。各期溞状幼体完成蜕皮变态需要的适宜水温为 Z_1 $16 \sim 22℃$，Z_2 $18 \sim 24℃$，Z_3 $20 \sim 24℃$，Z_4 $22 \sim 25℃$，Z_5 $24 \sim 26℃$，M $25 \sim 26℃$，调控好育苗池的水温，是搞好育苗生产管理的重要一环。水温的控制既要做到与各期变态所需水温同步，即每完成一次变态，水温相应提高 $1 \sim 2℃$，又要做到水温上升平稳，相对稳定，严禁忽高忽低。而当全部变成 M 后，即应停止加温，并在淡化处理过程中，逐步使水温降下来，接近室外自然水温，以利蟹苗出池运输和放养。

（2）送气。在整个育苗过程中，始终要求池水的溶氧保持在 $5mg/L$ 以上，水质清新。要求送气量随着溞状幼体的生长发育逐步加大，通常 $Z_1 \sim Z_2$ 阶段，送气量为每分钟占水体的 0.5%，水面呈微波状即可，而 Z_3 以后，送气量要求增加到每分钟占水体的 $1\% \sim 2.5\%$，水面呈沸腾状，且要求育苗池中充气分布均匀，没有死角。

（3）投饵。投饵是育苗的基本功，溞状幼体的不同发育阶段摄取的饵料种类不一样，大体可分三类：一类为单细胞藻类，主要有三角褐指藻、小球藻、硅藻、扁藻等；一类为轮虫、卤虫、桡足类、枝角类等动物饵料；还有一类为蛋黄、鱼糜等人工饵料。其中以动物饵料营养价值最高。

溞状幼体不同发育阶段不仅摄取的饵料种类不同，摄食的数量也不一样。通常 Z_1 主要摄食单细胞藻类和卤虫灯笼幼体。由于其摄食属被动性质，要使育苗池内投喂的饵料颗粒密度始终保持在每毫升 15 万～30 万个，Z_1 与饵料颗粒密度控制在 $1:6$。Z_2 除摄食单细胞藻类外，前期可适量投喂轮虫和蛋黄，后期则以投喂轮虫、卤虫幼体为主，辅以蛋黄，蛋黄要煮熟挤碎，用 $40 \sim 60$ 目筛绢网过滤，形成悬浮液，才能泼洒投喂。Z_3 主要以轮虫、卤虫无节幼体为饵，兼食蛋黄、糠虾等。Z_4 以卤虫无节幼体为主，辅以蛋黄、鱼糜等。$Z_5 \sim M$，以卤虫无节幼体和大型桡足类、枝角类为主要饵料。在整个育苗期间，溞状幼体摄食量很大，投饵要做到勤投、量足、质优。一般每 $2 \sim 3h$ 投喂一次；饵料要求新鲜适口，始终保持育苗池内有足够饵料供溞状幼体摄食。生产过程中，通过打样瓶在不同区域取样观察，主要检查幼体的胃肠食物饱满程度，幼体的摄食活动情况，水体中饵料颗粒的密度和粪便的数量、形状，综合分析研判后，根据需要及时调整投饵品种和数量。

（4）水质监控。育苗池水质好坏事关幼体的生长、发育和变态的顺利与否，为确保育苗池水质良好，加强池水的管理与监控十分重要。一要坚持定期换水。通常 Z_1 到 Z_2 不换水或少换水，换水量宜控制在总水体的 10% 左右。从 Z_3 开始，逐步增加次数和换水量，日换水量可控制在 $20\% \sim 30\%$。Z_4 换水量可增加到 50%，Z_5 的换水量可达 100%。换水通过虹吸的方法排水，排水时防止幼体吸附在网箱外壁。水体交换量大时，可一边排一边进。要避免池底沉淀物泛起，影响水质。换水时，不要造成前后温差过大，宜控制在 $1℃$ 左右。二要坚持定期排污。也是采取虹吸的方法，将育苗池池底的残饵、幼体的排泄物以及水中的沉淀物吸出。三要坚持倒池。倒池的方法是用虹吸方法将育苗池内的溞状幼体通过虹吸方法吸出，移入事先经过消毒清洗干净的育苗池内，继续进行培育。

（5）病害防治。育苗过程中，幼体感染的病害主要有细菌性疾病和寄生虫等。应坚持预防为主，防治结合的方针。在大眼幼体的实际生产过程中，往往会遇到各种各样的问题，其中 Z_1 变 Z_2，Z_5 变 M 都是关键时刻。如果受精卵的质量不高，在操作过程中有些措施跟得不紧，则会带来育苗过程中各阶段幼体变态，大量的死亡，也就是苗的减员现象十分严重。有时即使能培育出大眼幼体，但大眼幼体下塘后死亡率仍然很高，甚至全军覆没。大眼幼体变齐后如果出现红头苗、白头苗、黑苗比例高，说明大眼幼体整体质量不高，有时还会出现幼体寄生丝状细菌、聚缩虫等现象，严重危及苗的质量。

选择好亲本蟹，进行亲本蟹的强化培育，确保卵粒内有充分的营养积累，也就是使卵径最大化。适时交配，确保受精卵质量是整个育苗的基础。严格按程序操作，保持育苗池良好的水质，使育苗过程中前期水体中的硅藻数量能保持一定的种群优势存在是育好苗的重要条件，从 Z_2 开始加强卤虫等优质动物性饵料的投喂，确保幼体生长发育的营养供给是育好苗的重要保障，只有各项措施到位，苗的数量才会高，质量才能好。

第四，要做好蟹苗淡化出池与运输。当 Z_5 全部变成 M 后，即可开始淡化。淡化方式有逐步淡化和强化淡化两种。通常采用逐步淡化的方式，强化淡化是大眼幼体变齐后仍然维持原来的水体盐度，变齐 3d 后大幅度降低水体盐度进行直接淡化的方式。逐步淡化通过加入低盐度的海水和纯淡水，使育苗池水体的盐度按 $3‰ \sim 5‰$ 的梯度逐步下降，最后达到 $2‰$ 左右。通常淡化时间应掌握在 $4 \sim 5d$，当大眼幼体经过 $4 \sim 5d$ 淡化处理，育苗池水体盐度降到 $2‰$ 左右时，即可出池。先用虹吸方法排水，排掉一部分水以后采用灯光诱捕或拉网方式将苗捕出，沥干水，集中过数，最后打开出水孔闸门放水集苗并剔除杂质，滤去水分，计数称重。

蟹苗运输对提高运输成活率关系极大，良好的运输工具和科学的运输方法十分重要。蟹苗运输有干法和湿法两种，常用的是干法运输。干法运输有杉木箱和泡沫箱两种，杉木箱运输是用杉木制成长 0.63m、宽 0.46m、高 0.1m 的箱状装蟹苗容器，也可采用其他规格型号。四周是木板组成，每边都开一个长方形的纱窗，箱底用塑料窗纱或聚乙烯筛绢网封好，箱底要设1～2根横档，箱口要设沿口，方便箱与箱之间套牢，并做部分木质箱盖。装苗前杉木箱要在淡水中充分浸湿，苗箱底部铺上少量干净水草，将苗均匀地撒在水草上，一般一只苗箱放500g左右大眼幼体，将装好苗的苗箱重叠成若干数量一组，盖上箱盖，用绳索或铁丝捆紧，放到交通工具上，再在苗箱上盖上湿毛巾被即可运输。冷藏车运输最好。

运输一般选择夜晚进行，避免白天阳光直射和风吹雨淋，要保持运输工具内空气流畅和一定的湿度。普通车辆如果遇到高温天气，又是4h以上的长途运输，途中要进行检查，并向湿毛巾被上用喷雾器喷洒淡水。泡沫箱运输，根据泡沫箱大小在箱底摆上木制或竹制支架，支架下放入冰袋或冰冻的矿泉水瓶，支架上放上用聚乙烯筛网袋装好的大眼幼体，一般每袋装大眼幼体500g左右。泡沫箱装好蟹苗后要进行封闭，并在箱侧开若干小孔通风，然后将泡沫箱运到交通工具上即可运输，同样运输时间一般选择在夜晚进行。

（二）室外土池育苗

土池育苗是指在室外土池进行河蟹苗的繁育过程。

1. 基础设施

主要基础设施有亲蟹交配池、轮虫培育池、育苗池、淡化池，其特点是在遵循自然规律的基础上，为河蟹育苗创造必备的人工条件来获取优质大眼幼体的过程。土池育苗占用土地面积较大，单位面积投入成本相对较低，单位面积水体育苗产量相对较低，但总的生产批量较大，易于推广普及，目前已成为河蟹育苗的主要方式。

2. 工艺流程

一般要求亲蟹交配池面积2～3亩，水深1m左右。轮虫培育池面积5～10亩，水深0.7～1m。育苗池面积3～8亩，水深1.5～2m。其工艺流程如下：

（1）首先在沿海一带选择合适的地方，按照设计要求开挖亲蟹交配池、轮虫培育池和育苗池，建立进排水系统，修建淡化池。其中轮虫培育池的面积要大于或等于育苗池面积，育苗前塘口要进行严格的清塘消毒。

（2）亲本蟹的选择，每年的11月份至第二年1月份选购一批优质二龄亲蟹进行强化培育或直接进行交配。雌雄蟹按（2∶1）～（3∶1）进行配比，雌蟹规格一般在150g以上，雄蟹规格200g以上，亲本蟹要求具备长江水系河蟹的典型特征，体质健壮、发育正常、色泽鲜艳、无病无伤，健康活泼，附肢齐全，规格整齐。进入交配池15～30d交配抱卵，干池捕捉雄蟹，然后进行抱卵蟹的冬季培育。

（3）每年的三月份要开展轮虫培育，主要通过施发酵有机肥进行。在抱卵蟹挂篓前7～10d要进行育苗池单细胞藻类的培育，主要培养三角褐指藻、小球藻等。在水温达到17℃和胚胎心跳达到180次/分时进行挂篓，每亩育苗池水面抱卵蟹挂篓数量控制在30～50只，亲本蟹规格大可适当减少挂篓数量。要及时检查抱卵蟹排幼情况，保持每亩水面幼体密度控制在1 000万只左右。一旦达到所需幼体密度应及时取走挂篓蟹。

（4）要经常观察幼体生长发育情况，进入Z_2阶段开始投喂轮虫，每隔12h投喂一次，根据幼体生长发育情况和摄食量适时调整投饵量和投喂品种，在Z_5变大眼幼体前有条件可增投刚孵化的卤虫幼体，直至变成大眼幼体，育苗全程应以活轮虫为主。

（5）育苗池大眼幼体变齐后三天，就可以通过拉网或灯光诱捕的办法，将大眼幼体投放到淡化池或进入网箱内进行淡化处理。当大眼幼体达到7～8日龄或淡化池水体盐度降至2‰左右，符合大眼幼体出池条件，即可捕捞计数销售，操作方法同工厂化育苗。

3. 注意事项

土池育苗可以在纯自然的条件下完成各项操作过程，也可以对某些环节进行人为操控。比如修建提温池促进抱卵蟹胚胎发育，在育苗池安置微孔增氧与水车式增氧设备。建室内或室外水泥淡化池，也可以用土池，池壁覆盖塑料薄膜用作淡化池，还可以在土池内设置大型网箱进行大眼幼体的淡化工作。近年来，由于微孔增氧、水车式增氧设备及微生态制剂等在育苗池内的推广应用，亲蟹挂篓密度大幅增加，育苗产量也有新的提高，但建议挂篓密度不要超过一倍。

土池育苗必须注意以下几点：一要有充分的轮虫来源；二要有符合标准的淡水；三要保持育苗过程中池底不产生有毒、有害物质，保持良好水质；四要确保幼体排放的整齐性。土池育苗要获得良好的效果，必须充分遵循自然规律，把握好各主要操作环节，精心管理，确保各生产环节不出现重大的失误。

三、大眼幼体质量把控与鉴别

（一）质量把控

大眼幼体的质量是整个蟹种培育的基础，不仅影响蟹种培育的质量，也直接影响培育的数量。

在生产实践中，往往出现外表看上去出池大眼幼体无论色泽、活力等各方面都还不错，经过远距离运输后成活率也较高，但下池后数天内就会有各种各样的状况出现，工厂化苗和土池苗都有类似的情况发生，工厂化苗尤为明显。

有下池后大批死亡的，有变成Ⅰ期幼蟹上岸的，也有变成Ⅱ期、Ⅲ期、Ⅳ期幼蟹后陆续死亡的。有的数天之内几乎全军覆没，至五期幼蟹阶段所存无几，最终导致培育失败，令人费解。经过长期的实践，认为要把握好大眼幼体质量关必须掌控好育苗全过程。从亲蟹的选择、运输、交配、抱卵至排幼以及幼体各阶段的生长发育都与大眼幼体质量密切相关。

1. 遗传性状

河蟹的生长速度、形态特征等遗传性状在子一代上的体现，在实践中已得到反复的证明。因此，亲本蟹一定要选择有典型长江水系特征，抗逆性强，生长发育正常，体质健壮，无病无伤，并有一定规格的雌雄个体。如果选择的亲本蟹在生长发育过程中遭受过伤害，将对性腺发育带来不利影响，值得注意。

2. 亲本选育

选择的亲本蟹在暂养、运输过程中不能造成人为缺氧等事故，否则在后续的育苗过程中也会带来潜在的威胁。长江水系亲本蟹要求雌蟹每只200g左右，雄蟹275g左右，要求体质健壮，体内丰富的营养积累有利于性腺发育的顺利进行。只有卵细胞内营养积累充分，精细胞活力强，适时交配后产出的受精卵才有充分的质量保证。不同个体、不同质量的抱卵蟹，其受精卵的卵径存在一定差异。卵径大，受精卵的内源性营养积累充分，有利于胚胎正常发育，抵御外部不良环境的影响；反之亦然。亲本蟹交配抱卵后，要加强对抱卵蟹的饲养与管理，避免缺氧和病害的发生。

3. 幼体繁育

在抱卵蟹挂篓排幼时，要注意幼体排放的同步性，并控制好育苗池内溞状幼体的密度。在挂篓前，育苗池内要培养足够的优质单细胞藻类，确保溞状幼体开口有优质饵料供应，满足Z_1从内源性营养到外源性营养的顺利过渡。同时，育苗池内要求水质清新，溶氧充足，池底干净，无有毒、有害物质。溞状幼体变态整齐，死亡率低，个体大，变态顺利将为大眼幼体整体质量提升奠定良好的基础。Z_1变Z_2是幼体培育中的第一关，如果变态整齐、死亡率低、个体大、活力强、变态顺利意味着整个育苗过程将朝好的方向发展，反之亦然。幼体发育进入Z_2阶段必须以活轮虫为主或辅以适量卤虫幼体，确保幼体在快速生长发育期间有充分的营养保障。Z_5变M是育苗的第二关，只有健壮的Z_5变M才有可能变态顺利和整齐。大眼幼体变态完成后，要进一步增强饵料投喂，满足其营养需求。

4. 注意事项

在整个育苗过程中，水质的调控十分紧要。要防止水体缺氧、水质不达标、底质恶化、病害发生以及有毒、有害物质的产生。大眼幼体变齐后即可进行淡化处理，优质大眼幼体具有很强的适应能力、摄食能力和游泳能力，大眼幼体变齐后3d即使进入纯淡水也没有伤亡出现。工厂化育苗，大眼幼体变齐后通常采取逐步淡化方式；土池育苗，大眼幼体变齐后 3～5d 拉网或灯光诱捕入淡化池淡化。

（二）质量鉴别

优质大眼幼体溯水游泳能力强，体表洁净，规格整齐，个体大，色泽鲜艳，活力强。一般没有杂苗，或杂苗极少，胃肠食物饱满，水体中粪便数量多，成型，打样瓶取样观察，幼体集群在瓶底部朝同一方向迅速游泳。

在生产实践中，确认大眼幼体质量，一方面通过对育苗全过程进行跟踪观察调查，做深入了解，确保整个育苗过程顺利；另一方面通过"一查、二看、三检验"的办法来进一步确认大眼幼体质量。

所谓"一查"主要指在大眼幼体繁育过程中各关键环节是否出现问题，比如 Z_1 变 Z_2，Z_5 变 M 是否顺利，育苗过程是否出现病害，是否造成缺氧等等；"二看"主要是看池内幼体密度、活力、色泽、个体大小等。如果育苗池或淡化池内死苗数量多、红头苗、白头苗、黑苗比例高，说明苗的整体质量较差；"三检验"是指显微镜检查和纯淡水检验。取出池中大眼幼体放在载玻片上用显微镜检查，看体表是否有寄生虫或丝状细菌等，如果体表洁净、无污物、无寄生虫或丝状细菌寄生，则说明苗的质量还可以。纯淡水检验，将变齐 3d 后的大眼幼体放入盛有纯淡水的容器中，并控制好密度，如果静置 24h 后没有伤亡出现，说明苗的质量较好，如果伤亡比例在 10％ 以内还可以考虑选购，超过 10％ 伤亡比例必须慎重。实践表明，优质大眼幼体放入纯淡水中 24h、48h、72h 往往都不会出现伤亡，甚至在密度较高的情况下也不会出现伤亡。但要注意水温的急剧变化与人为造成缺氧带来的不良后果。

优质大眼幼体色泽鲜艳，呈姜黄色，带有光泽，无杂色，用平捞海抄淡化到位的苗检查，甩干水，大眼幼体在捞海上爬行速度非常快，抓一把在手里捏紧，手感很爽，并有强烈的粗糙感，甩干水，幼体在手心活动能力强，松开手幼体能全部迅速散开。如果大眼幼体体表带水，甩不干，必须引起注意。

大眼幼体质量鉴别是一个综合性的复杂过程，只有确保各个方面没有大的问题出现，大眼幼体质量才有根本性的保障。在生产实践中，有表面上看上去质量并不理想的苗，下池后育苗效果还不错的情况存在；也有表面上看上去质量不错的苗，下池后全军覆没的现象。但都是极少数，尚待深入探讨。

四、 蟹种培育

蟹种培育历经 30 年，培育方式在不断演变，规格、产量有了明显提升，但也呈现出一些新的特点和问题。

20世纪90年代初期沿江、沿海等地开始捕捞天然大眼幼体或幼蟹进行人工培育，取得初步成功。同时，沿海工厂化育苗也开始投入批量生产，人们或利用工厂余热和大棚温室培育五期幼蟹进行销售，或选购工厂化苗进行一龄蟹种培育。辽宁省盘锦市等地利用工厂苗开展稻田一龄蟹种规模化培育取得成功，一龄蟹种通过多种途径源源不断发往长江中下游河蟹主产区。山东省东营市利用池塘进行一龄蟹种规模化培育。1995年的一龄蟹种培育在长江中下游地区也已形成一定的规模。

随着国内成蟹总量的不断增加，市场商品蟹规格出现细分，大规格蟹和中小规格蟹市场价格差距逐渐拉开。养大蟹的需求不断上升，五期幼蟹当年养成的小规格蟹市场冷清，一龄蟹种培育开始成为苗种市场主体。一龄蟹种培育在长江中下游地区主要是土池培育，辽宁省盘锦市等东北地区20世纪90年代开始一直以稻田培育一龄蟹种为主。土池培育一龄蟹种按照培育池塘大小可分为小池培育、大池培育和前期小池后期大池培育三种方式；按照培育模式还可分为专池培育和分级培育。

小池培育一龄蟹种，塘口面积0.7～1.5亩，池塘可建成环沟型，也可以建成平底型。大池培育蟹种塘口面积5～10亩，水深1.5～2.0m，池底一般平坦。1995年观察到山东省东营市一龄蟹种培育面积一般在10亩左右。

前期小池后期大池培育，在一口10～20亩的大塘内建若干1亩左右的小池，小池水深在0.5m左右，大池水深达1.5m以上。大眼幼体至五期幼蟹阶段在小池内培育，五期幼蟹之后逐渐将小池埂淹没，实行大池培育。前期小池培育可以提高五期幼蟹的成活率与苗种规格的整齐度；后期大池培育，小池埂上可移植水花生，作为幼蟹必要的栖息场所。水体放大后，水面风浪大，水体自净能力增强，水质稳定，不易变坏，有利于幼蟹生长发育。采用船只投喂饵料能有效减轻劳动强度，提高工作效率。是一种值得深入探讨的一龄蟹种培育方式。

专池培育是指一次性放足大眼幼体进行蟹种培育的方式。分级培育是指幼苗到三期或五期幼蟹在较小水体中培育，三期或五期幼蟹后再进入较大水体中进行培育。当前生产中主要采用专池培育。

下面简要介绍小池培育一龄蟹种与大池培育一龄蟹种的有关操作方法：

（一）小池培育一龄蟹种

1. 培育池选址与塘口设计开挖

培育池选址，要求底质坚硬，土壤为壤土或沙壤土，土壤的保水力强。水源充足，水质清新，交通便捷，电力设施配套齐全。培育池面积每口0.7～1.5亩，长方形东西走向，长40～80m，宽9～13m，培育池池埂截面底宽2.6～3.0m，面宽0.8～1.0m，池埂高0.8～1.1m。池底可以是平底，也可以采用环沟方式。

环沟型结构的培育池要设立浅水区和深水区，在放样开挖过程中，采取池塘四周开挖环沟筑埂的方式进行，在池埂底部内侧预留 0.8～1.2m 宽的平台，环沟开挖呈梯形结构，面宽 1.8～3.0m，深 0.6～0.8m，底宽 0.5～2.0m，挖出的土方主要用来构筑池埂。

新开挖的培育池要求在严冬来临前结束，便于春季整修、加固，做到池埂不漏水、不渗水。每口池都要设置独立的防逃墙，防逃墙对池塘的一面必须保持光滑、平整，以防幼蟹逃逸。若干个相连培育池构成一个单元，若干单元组成一个培育场。每口池都要有独立的进排水系统，整个培育池的外围要修建一条较大的排水渠，排水渠外面池埂要高大坚固，并在池埂中间用彩条布或聚乙烯网片做夹层建成隐形防逃墙。在池埂上建好坚固的防逃墙，防逃墙外侧再修建防护网，严防青蛙、老鼠等敌害侵入。同时还要建好相应的进排水设施。排水口应设置在整个培育场较低的地方，尽可能做到高灌低排。

2. 大眼幼体下池前的准备工作

大眼幼体下池前的准备工作有清塘、水草种植与移栽、蟹种池肥水、优质大眼幼体选购与运输等。

清塘工作不宜太早或太迟。太早清塘，池塘进水后往往容易滋生青苔等敌害生物；太迟，塘口毒性消失慢，肥水工作跟不上去，影响大眼幼体的正常放养。清塘工作一般在清明前后进行，清塘前 6～7d 向培育池内加水，水深控制在浅水区 25～40cm。要提前将池埂及塘内杂草等清除，将黄鳝、青蛙等敌害引诱至水中，提高清塘效果。清塘时应选择晴好天气，根据塘口实际情况使用生石灰或漂白粉全池泼洒。新开塘每亩用 100～150kg 生石灰或 50kg 左右漂白粉全池泼洒，老塘口用 100kg 漂白粉化水全池泼洒。清塘的当晚及次日早晨要派专人突击巡塘，人工清除岸边的敌害生物。清塘结束后待药效消失再将池水排出，一般要经历 7～15d，也可保留部分池水。

塘口育苗进水必须用 60 目以上筛绢网制作过滤袋扎牢在出水口进行过滤，最好采取双层过滤，防止敌害生物幼苗入池。要经常检查进水情况，及时清洗和更换过滤袋，防止筛网破损达不到过滤效果。根据生产需要在培育池内移植水花生，或在浅水区适量移栽伊乐藻或播种苦草籽，也可以在放苗前不移栽任何水草，放苗后根据生产需要再移植水花生。

培育池适度肥水是提高下池大眼幼体培育成活率和苗种质量的重要措施。通过肥水，一方面能有效增加水体中浮游植物的数量，增加水体溶解氧含量；另一方面也能培养出水体中的浮游动物，为下池大眼幼体提供鲜活开口饵料；第三，适度肥水能有效遏制青苔等敌害生物的滋生。大眼幼体下池前 5～7d 通过施适量发酵有机肥进行肥水。一般每亩水面可施发酵猪粪等有机肥 15～30kg，施肥要适时，不宜过早或过迟，过早施肥，水质变老或培养出的浮游动物形成种群优势后导致水体缺氧情况发生，影响大眼幼体下池后的培育；施肥过迟，浮游生物尚未有效形成群体达不到肥水的目的，细菌在分解肥料有机质的过程中大量耗氧而影响水质。

优质河蟹大眼幼体的选购十分重要，必须严格按照要求进行。晴好天气应尽量避免白天运输，可以夜间运输至塘口天亮以后再下池，也可以夜间直接下池。阴雨天可以选择白天运输，一般采用干法运输。

3. 大眼幼体的放养

大眼幼体运送至塘口，根据每口池预定放养数量，可将苗箱直接放入培育池内，轻压苗箱入水，让大眼幼体从苗箱内直接游出。放苗结束后要检查箱内大眼幼体运输死亡情况，并做好记录。袋装大眼幼体定点直接放入池中，也要检查沉入池底的死苗情况，做好记录。

放苗时，环沟型池塘，培育池浅水区水位控制在 10～20cm 即可。平坦型池底，培育池水深控制在 40cm 左右。放苗时，池水呈茶褐色、浅黄绿色或绿色，pH 达 7 以上，水体溶解氧 5mg/L 以上，水体中有一定数量的浮游动物幼体。大眼幼体放养密度根据塘口条件确定，有增氧设备的可适当增加放养量，一般控制每亩水面放优质大眼幼体 0.5～1.5kg，具体根据苗的质量、放苗时间、水质、天气等情况综合确定。一般亩放大眼幼体 1kg 左右，质量特别好的苗，放养时间晚，水质、天气等条件适宜可减少放养量，质量稍欠的苗要加大投放数量。大眼幼体的合理放养密度是做到育成五期幼蟹在塘数量每亩 6 万～10 万只。

4. 大眼幼体至五期幼蟹阶段的培育

大眼幼体至五期幼蟹一般要经历 25d 左右时间，五期幼蟹之前的生产管理主要有投饵、水质调控和巡塘等。

（1）饵料投喂：大眼幼体下池后摄食水体中的天然饵料和人工投喂的饵料。人工投喂的饵料品种主要有煮熟的鱼糜、蛋黄、豆浆、颗粒饲料、豆饼、浮萍等。人工饵料一要保证新鲜度和适口性，二要确保有较高的蛋白质含量与丰富的营养。大眼幼体下池后用煮熟的鱼糜、蛋黄，并辅以适量的豆浆，一般日投饵量占池中幼体总重量的 150%～200%，每隔 3h 投喂一次，所投饵料均要用 40 目筛网过滤，做到全池均匀泼洒，避免残饵败坏水质。如果池内天然饵料充足，可以适当减少投饵次数，甚至可以不投饵。

大眼幼体变成 I 期幼蟹后主要营底栖生活，可以终止豆浆泼洒，以煮熟的鱼糜和蛋黄为主，日投饵量占池中预测幼蟹总重的 100%～150%。每隔 4～5h 投喂一次，全池均匀泼洒，重点池塘四周，饵料残渣不能入池。进入 II 期幼蟹阶段以煮熟的鱼糜为主，也可适量搭配高蛋白的微型颗粒饲料，投饵量占池中幼蟹体重的 70%～100%，每隔 6h 投喂一次。III 期幼蟹的摄食能力明显增强，投入的饵料仍以煮熟的鱼糜为主，辅以适量的幼蟹颗粒料或豆饼糊，投饵量占池中幼蟹体重的50%，白天投喂2次，夜里投喂1次。

Ⅳ期幼蟹阶段以幼蟹颗粒料、豆饼糊为主，辅以适量鱼糜。投饵量占池中幼蟹体重的30%，每天2次投喂，上午1次，傍晚1次，以傍晚投喂为主。Ⅳ期幼蟹变成Ⅴ期幼蟹后，活动能力明显增强，昼伏夜行习性凸显，主要投喂颗粒饲料、豆饼糊、麦麸及少量煮熟的小杂鱼，并辅以浮萍等青饲料。精饲料和小杂鱼的投喂量占池中幼蟹体重的10%～15%，分上午和傍晚2次投喂，傍晚投喂量占全天的70%左右。至五期幼蟹阶段的培育，所投颗粒饲料蛋白质含量要达36%以上，并以鱼粉为主的动物性蛋白源。

一般幼蟹进入Ⅳ期或Ⅴ期阶段后，池水会出现不同程度的浑浊现象，表明池中幼蟹密度较高。在投饵过程中要根据天气、水质、摄食量等因素做必要调整，坚持每天早晚两次巡塘，检查幼蟹活动和摄食情况，如第二天早上饵料有剩余可适当减少，如果投下去的饵料在2h内就吃完就要适当增加。一般保持所投饵料在4h内吃完为度。要保证所投饵料质量，做到幼蟹吃饱、吃匀、吃好。

（2）水质调控：培育池水质要做到肥、活、爽，池中不能有青苔等敌害生物。特别是Ⅰ期幼蟹至Ⅱ期幼蟹阶段要确保池水的高溶氧状态，一般要求水体溶解氧含量不低于5mg/L。根据塘口条件，通过加注新水或开启增氧设备增加水体溶解氧含量。

在每次蜕壳基本结束后要适量加注新水，池水出现不爽迹象，要及时更换老水，五期幼蟹之前塘口浅水区水位控制在40cm以内。一般每隔1～2d加水3～5cm左右，每次大变态结束后有条件的可换水一次，换水量占池水总量的30%左右。加注的新水必须水质清新，溶解氧含量高，有利于幼蟹的摄食和蜕壳生长。大眼幼体下池至五期幼蟹，这一阶段蜕壳频次高，软壳蟹在较短时间内就能硬化，很少有相互残杀现象。只要大眼幼体质量过硬，培育池底质良好，水环境适宜，幼体能及时摄食，满足生长发育需要，大眼幼体育成五期幼蟹均能取得较高成活率，一般不会低于50%，高的可达90%以上。

值得注意的是，大眼幼体下池前一定要将水质调好，避免大眼幼体变态后因培育池水质不良，造成Ⅰ期幼蟹上岸。如此，则会严重影响培育成活率。进入Ⅲ期幼蟹，培育池内必须有一定数量水花生，水花生可以清塘后在池底适量种植，也可以在放苗前后移植，用竹梢将漂浮水花生进行块状固定或拉绳索形成区域水花生网格。池底种植的水花生有较强的净化底质功能。设置一定数量的水花生可以增加幼蟹的有效栖息空间，减少相互残杀。但入池水花生必须清洗干净，严防敌害生物（含鱼类）的幼苗或卵带入池内影响培育效果。要坚持每天巡池，检查幼蟹摄食活动、生长、水质变化及敌害生物的出现情况等，并做好记录。

5. 五期幼蟹育成一龄蟹种

五期幼蟹经过 4～5 次蜕壳，规格每只 5～10g，成为一龄蟹种。此段时间幼蟹个体增肉倍数达 15 倍以上，相对生长时间为 6—9 月，共 100 多天时间。

五期幼蟹之后，硬壳蟹攻击软壳蟹的频率加大，敌害生物侵害增多。加上水温不断升高，培育池生物荷载加重，水体富营养化趋势加剧，池底有机质数量增加，管理难度进一步加大。做好水质调控，改善底质，加强饵料的日常投喂，营造幼蟹良好的栖息环境和有效控制早熟蟹等各项工作都十分重要。

第一，当池内幼蟹整体进入五期幼蟹阶段以后，要进行塘口幼蟹数量的确认，确保培育池五期幼蟹在塘数量控制在每亩 6 万～10 万只。如果数量严重不足，应从较高密度塘口补充同规格幼蟹入池；如果密度太高，要设法捕捞出一部分五期幼蟹，保持适当密度。在调整过程中要尽可能做到在塘幼蟹规格整体的一致性。在长期的生产实践中，我们认为一次性将大眼幼体数量放养到位，进入五期幼蟹后的在塘密度达到预期要求，是培育一龄蟹种最好的做法。

第二，要做好五期幼蟹之后的底质改善和水质调控。总的要求是底质干净，水质活、爽，最重要的是水体要有较高的溶解氧含量。随着幼蟹规格的长大，要逐步提升塘口水位，五期幼蟹之后每隔 3～5d 加水一次，每次加水 5～10cm。有条件的塘口，每隔 10d 左右换水一次，主要在幼蟹大变态之后，换水量占池水总量的 30%～50%。一般每隔 15～30d 泼洒一次生石灰水，每亩用生石灰 5kg 化水全池泼洒（要尽量避开蜕壳高峰期）。梅雨期间要严控塘口水位，防止水位陡涨。每年 7—8 月是底质改善和水质调控的重点阶段。一是种植一定数量的水花生来吸收池底有机质，改善土壤生态，净化底质；二是定期使用乳酸菌、芽孢杆菌等微生态制剂，有效降解池底有机质和水体悬浮有机颗粒；三是使用小球藻等来培养水体浮游植物，优化养殖水环境；四是使用增氧设备来增加水体溶解氧含量，促进水体有机质降解，避免有毒、有害物质的产生。但微生态制剂的应用必须与杀菌药物和生石灰使用错开，以免影响使用效果。高温季节和越冬期间要保持培育池浅水区水深 80cm 左右。

第三，要做好五期幼蟹至一龄蟹种阶段的饵料投喂工作。投饵的总原则是精、青、荤搭配，两头精，中间青，以精饲料投喂为主。饵料品种主要有：颗粒饲料、小杂鱼、豆粕、麦麸、南瓜、浮萍、水草等，所投饵料要保证新鲜、适口、优质，尽量做到每只幼蟹都能及时吃到饵料。同时，各阶段饵料在转换过程中要做到逐步过渡，千万不能投喂霉烂变质饲料。

从多年的生产实践来看，育成 1kg 规格蟹种约需荤饲料（小杂鱼）1～2kg，精饲料（颗粒料、豆粕等）2～4kg，粗饲料（南瓜）1～2kg，青饲料（浮萍、水草等）1～5kg。也可全程投喂不同蛋白含量的颗粒饲料培育一龄蟹种。每天的饵料投喂量应根据在塘幼蟹的总重量，结合天气、水温、水质及摄食情况等综合确定。一般精饲料投喂量占幼蟹在塘总重量的8%～10%，Ⅴ期、Ⅵ期幼蟹阶段分上午9：00、下午5：00两次投喂，上午占30%，下午占70%。Ⅵ期幼蟹之后可在傍晚进行一次性投喂，所投饵料掌握在4h内吃完为度，饵料不足要适当增加，第二天早晨有残饵就应适当减少，避免浪费和残饵腐烂败坏水质。

第四，要做好幼蟹栖息环境的营造工作。一方面随着幼蟹规格的长大，培育池内幼蟹所需的栖息面积越来越大，不断增加培育池内水花生数量有利于幼蟹的栖息；另一方面培育池内幼蟹密度高，蟹种每次蜕壳有先后之分，为幼蟹提供必要的蜕壳隐蔽场所，既有利于幼蟹的顺利蜕壳又可以尽可能减少硬壳蟹对软壳蟹的攻击，同时水花生还有一定的净化水质功能。

五期幼蟹之后要在池塘四周设置环状水花生带，一般每隔10～15d添加一次水花生，高温季节培育池内有生命活力的水花生覆盖面要达到30%～50%。水花生设置要做到疏密有间，有漂浮水花生也有根植底泥中的水花生，便于幼蟹栖息与出入，要保持水花生枝茎叶干净，根系发达。如果池内水花生长势过旺，要适当清除一部分。扎根底泥中的水花生长势太快，采取枝茎修剪和连根拔掉一部分；漂浮设置的水花生通过上下翻动和清除部分出池，遏制其过快生长。一般蟹种池以不断添加水花生为主，添加入池的水花生要尽量避免枝茎叶太嫩的情况发生，否则不易存活，还会对水质带来一定影响。

进入九月份蟹种规格初步定型，要准备越冬蟹巢。进入冬季，一般在11月份池内漂浮设置的水花生部分开始落叶枯萎，可用茶树枝或竹丝扎成小捆放置在培育池的深水区，作为一龄蟹种越冬蟹巢。一般每亩水面放置20～30捆。水花生枯萎以后，可将水花生枯枝集中起来堆放，一般堆放在培育池四周平台上，每隔2～3m一堆，堆放的水花生枝茎必须落泥，供蟹种越冬栖息。

第五，做好早熟蟹的有效控制，是提高规格蟹种产量的有效措施。最有效的办法是保持培育池内适宜的养殖密度，科学合理投喂，做到规格整齐。规模化蟹种培育场可以预留5%～10%左右的空池，事先种植好苦草等沉水植物。在8月中旬对规格达每千克60～80只的超大规格蟹种进行夜晚人工突击捕捉，捕出的超大规格蟹种集中投入空池内进行较高密度饲养。每亩放养量掌握在3万～6万只，以青、粗饲料投喂为主，可有效遏制早熟蟹的形成。同时，也可以将培育池内规格较小的幼蟹捕出投放到空池内强化培育，亩放养量控制在4万只左右。要以荤、精饲料投喂为主，可促其蜕壳生长变成规格蟹种。这两种做法都能有效提高规格蟹种的比例。在8月底至9月上旬，培育池中仍会有少量早熟蟹出现，要坚持每天晚上人工捕捉，避免早熟蟹硬壳后大量残杀软壳蟹。一般要求在 10 月底前早熟蟹基本捕捉干净。只要控制得当，最终捕捞销售时，早熟蟹比例一般在 5% 左右，甚至低于 3%。如果控制不当，早熟蟹比例往往超过 10%，这将严重影响蟹种产量。

第六，要加强巡池，发现问题及时采取措施，并做好记录。一龄蟹种培育过程中要坚持每天早晚巡池，及时观察幼蟹的摄食变化和活动情况。察看水色和检测水质，检查池底淤泥，检查池埂是否渗漏，拦隔设施是否严密，杜绝幼蟹逃逸。对池中出现的青蛙、黄鳝、老鼠等敌害物要及时清除，对水鸟也要采取必要的防护措施。可在培育池上方拉线形成天网覆盖，使水鸟无法降落。要加强底质改善、水质调控和栖息环境营造，严防培育池进水和水花生入池带入野杂鱼苗等。要严防青苔滋生，及时清除池埂杂草，保持塘口整洁，做好病害防治和塘口档案记录等工作。

小池培育一龄蟹种，一般亩产每 500g 50～70 只规格蟹种 2 万～3 万只，亩产 200～300kg。

6. 蟹种越冬与捕捞销售

蟹种越冬一般在 11 月至来年 2 月份，将近 4 个月的时间。确保蟹种越冬安全和越冬后仍有较强壮的体质是一项重要工作。越冬前一个月要及时调整饵料投喂结构，做到以荤、精饲料投喂为主。可加大小杂鱼的投喂比例或投喂优质的高蛋白（以鱼粉为主要蛋白源）颗粒饲料，使越冬前蟹种体内有充足的营养积累，做到膘肥体壮。越冬期间一般塘口浅水区水位控制在 80cm 左右，水温 8℃以上要坚持每天投饵，根据摄食量大小及时调整投饵量。水温 5℃左右坚持晴好天气每隔 2～3 天投喂一次，主要投喂高蛋白颗粒饲料。冬天如遇结冰后下雪，必须进行人工破冰作业，确保蟹种越冬期间不缺氧。

捕捞销售工作一般在春节后进行，也有少量在春节前进行，要提前做好捕捞销售的准备工作。一方面是捕捞销售的物资准备，要有捕捞、运输工具，选择合适的暂养场地和操作场所，制作暂养网箱、包装袋，筛选规格的工具、大小盆子、塑料桶等，还要有计量器具；另一方面是捕捞销售人员的组织与分工，做到分工明确，职责清楚，配合协调，环环紧扣，紧张有序；第三是销售计划的安排与落实。要针对客户的不同需要，结合天气和塘口实际捕捞情况，制订较为详细的销售计划，做到每天捕捞的蟹种能及时销售出去。蟹种捕捞要避开雨雪冰冻天气，避免蟹种受冻伤。

捕捞方法有分阶段捕捞与集中捕捞。分阶段捕捞前要适当降低培育池水位，便于捕捞操作。捕捞时，先用特制小型拉网（或网箱）将培育池中水花生堆内的蟹种捕起。将整堆水花生移入拉网内，再将拉网内的水花生抖落后抱出，将栖息在水花生内的蟹种抖落在网内，抱出的水花生可重新选择地方集中堆成新的水花生堆，为在塘蟹种构筑新的蟹巢。捕出的蟹种清除杂物以后及时运至暂养网箱内进行暂养，要控制网箱内的投放数量，暂养时间不得少于 2h。暂养好的蟹种即可分规格计数销售，一般每 500 只蟹种用一个聚乙烯网袋装好扎紧，放置在阴凉处待售。整个捕捞、运输、暂养、分规格、计数销售过程应该是流水作业。

水花生堆上捕蟹可以进行 2～3 次，捕捞结束后，对培育池进一步做降水处理。在培育池内放置地笼和人工捕捉深水区蟹巢上的蟹种，方法同捕水花生堆蟹种一样，此操作可反复 2～3 次。待捕捉完成后进一步降水，进行干池人工捕捉，同时可以翻拉藏在水花生堆里的蟹种，待水花生堆基本捡不到蟹种后，再将水花生移出塘口，将深水区人工蟹巢也移出培育池。最后干池后，用铁锹挖出洞穴内蟹种。要集中一定人力有秩序的去挖，挖的时候要谨慎操作，尽量避免蟹种受到伤害。各种方法捕出的蟹种，除杂以后及时放入暂养网箱。挖完以后塘口进水，并设置地笼捕捉，也可晚间结合进水人工在岸边捕捉，最终可将培育池内蟹种基本捕捉干净。

集中捕捞主要针对平底池，捕捞前将池内水花生全部清理出塘，直接降水后设置地笼，用地笼网直接张捕。关键要及时将地笼内的蟹种捕出，进网箱暂养，避免地笼内蟹种密度过高，造成缺氧窒息伤亡。干池后，晚上进水再用地笼集中张捕，也可一边进水一边出水张捕，并结合人工捕捉。蟹种在捕捞过程中，要严防冻伤和人为操作过程中的伤害。一般操作时遇强冷空气南下不要大幅降低塘口水位，防止结冰冻伤暴露在水体外的蟹种，已降低水位的塘口也要及时恢复原有水位。捕捉到的蟹种要及时入网箱内暂养，避免脱水时间过长。网箱内暂养的蟹种数量要适度，不能暂养密度过高，造成整体缺氧，一般暂养 2～4h。蟹种操作过程要轻、要快，避免操作受伤。

（二）大池培育一龄蟹种

1. 培育池面积与池底形态结构

培育池面积一般 5～10 亩，可建成平底型或环沟型池底，朝池内出水口方向略带坡度。环沟型池底可设环沟与中间沟，环沟深度控制在 40cm 左右，宽6～8m，池埂内侧预留 2～4m 宽平台。池内应配备条式微孔增氧与水车式增氧设备，确保池内增氧全覆盖，每亩水面不低于 0.5kW 动力。池埂要修建防逃、防渗设施。可用加厚黑色塑料薄膜覆盖整个池埂，再铺设聚乙烯网片，既可防渗漏又可防幼蟹打洞逃逸，还能阻止池埂上杂草丛生，方便人工操作。池埂上再设置防逃墙，塘口水深在 1～1.5m 左右。

2. 大眼幼体下池前的准备工作

大眼幼体下池前的准备工作与小池培育基本相同。值得注意的是要做好水花生的布局与移栽，并做好塘口肥水。首先考虑沿池周栽种一定数量的环状水花生带，并预留出适当的空白区域，既能形成水花生的群体优势又不妨碍幼蟹摄食活动与水体流动。其次，池中间也要栽种一定数量的水花生带并留出空白区域，水花生移栽初期占水面积的 $10\%\sim20\%$。水花生设置呈长条宽幅布局，应做到疏密有间，错落有致，不阻碍池内水体的内循环。

大眼幼体下池前，水体浮游生物的培养十分重要。在彻底消毒杀菌的基础上，通过泼洒一定数量的发酵有机肥或生物有机肥培养水体浮游生物，确保水体有较高密度的浮游植物群体与一定数量的浮游动物幼体，满足大眼幼体下池后对水体溶解氧与天然饵料的需求，做到一期幼蟹变态顺利、规格整齐。塘口水位根据池底结构而定，平底池水深在 $30\sim40cm$ 左右，环沟型池底大田浅水区可不上水，保持环沟和中间沟有水即可。

3. 大眼幼体放养与五期幼蟹培育

考虑到大池培育蟹种，在幼体摄食方面可能造成投饵不均衡，导致成活率有所下降，大眼幼体放养密度宜适当增加。一般亩放大眼幼体 1.5kg 左右，具体根据苗的质量、放苗时间、天气、水质等因素综合确定。做到育成五期幼蟹在塘数量 8 万～16 万只。

大眼幼体至五期幼蟹通常所需时间在 25d 左右。大眼幼体质量好，水温适宜，水体溶解氧含量高，大眼幼体变成Ⅰ期幼蟹集中度高，规格整齐。大眼幼体下池后，依据苗的老嫩程度，摄食和活动能力存在较大差别。有效投饵能促进体内营养积累，利于生长发育与蜕皮、蜕壳。Ⅰ期幼蟹开始营底栖生活，所投饵料要保证新鲜度和适口性，且能满足所有幼蟹摄食需求，尽可能做到少量多次，均匀投喂，饵料残渣不得入池。进入Ⅱ期幼蟹阶段以后可以逐步减少投喂次数，Ⅳ期幼蟹后，摄食活动能力明显增强，往往池水出现轻度浑浊，五期幼蟹池水浑浊程度进一步增大。适当提升塘口水位并开启微孔增氧设备有利于底质、水质改善，促进幼蟹生长发育。要充分发挥乳酸菌、芽孢杆菌等微生态制剂有效降解池底有机质和水体悬浮有机颗粒的作用，促进水体物质循环。5月上旬可以投放一定数量的小球藻等有益藻类，培养水体有益藻类的优势种群，压缩蓝藻、裸藻等有害藻类的生存空间。要经常检查水花生长势，对生长过旺的水花生进行修剪或适当清理，并在 5 月下旬对清理出来的有根系水花生做水面漂浮设置。

4. 五期幼蟹育成一龄蟹种

进入五期幼蟹阶段要及时检查池内幼蟹密度和规格，如密度过高或过低，要充分利用梅雨季节进行适当调整。确保亩产每只 5g 以上规格蟹种2.5 万～3.5 万只。

每年 6、7、8、9 四个月是蟹种培育的关键时段。随着水温的升高，水体富营养化程度加剧，底质也易恶化，幼蟹相互残杀的概率加大，病敌害加重，严重影响养殖成活率。保持干净的池底，良好的水质，有适宜的幼蟹栖息空间，并做好饵料投喂和病敌害防治才能培育出优质、高产的规格蟹种。要经常开展水体理化指标的测定，镜检水体浮游生物组成和悬浮有机颗粒数量，检查池底淤泥状况。定期使用乳酸菌、芽孢杆菌等微生态制剂，适时补充水体及土壤微量元素，维护好水花生的生命活力，并开展必要的修剪与清理，高温季节有生命活力的水花生覆盖面控制在 50% 左右。

梅雨期间控制好塘口水位，避免水位陡涨，保持养殖水环境的生态平衡十分重要。7 月上中旬亩投优质活螺蛳 100～150kg，可固化水体及底泥中的部分有机质，净化水质，减轻水体富营养化程度。高温期间加注外源水特别要注意蓝藻，可采取筛绢网围栏及 80 目以上筛绢网进水过滤。尽可能减少入池蓝藻数量，必要时采取池内杀蓝藻措施。五期幼蟹以后要确保微孔增氧设施全天候开启，高温期间还要开启水车式增氧机，促进水体的内循环。饵料投喂以颗粒饲料为主，每年 9 月份要增加颗粒料动物蛋白（鱼粉）的占比，促进越冬前蟹种体内营养的积累。9 月中旬通过定制的地笼网捕捞早熟蟹，地笼网网目做到中小规格蟹种自由出入，大规格早熟蟹只进不出，确保 10 月底早熟蟹基本捕捞结束。

蟹种捕捞销售与小池培育基本相同，主要采取地笼网集中捕捞。

（三）一龄蟹种培育技术要点

大眼幼体育成规格蟹种，个体增重可达 1 000 倍左右。生产实践表明，大眼幼体育成五期幼蟹达 90% 以上成活率并不困难，但五期幼蟹育成规格蟹种，当前普遍成活率低于 10%。究其原因，一是五期幼蟹之后水温不断升高，水体富营养化程度加重，水环境变化大，底质易恶化；二是营养供给不到位，幼蟹蜕壳的同步性差距拉大，加上栖息场所不足，带来较大规格硬壳蟹对软壳蟹的攻击；三是病敌害造成部分伤亡、塘口局部缺氧伤亡等一系列问题。最终导致大眼幼体培育蟹种成活率处在较低水平。

在五期幼蟹培育蟹种过程中的高淘汰率，不仅浪费苗种资源、饵料资源、影响经济效益，而且有部分育成蟹种在成蟹养殖过程中也表现出成活率低的特点。尽管大眼幼体育成规格蟹种逐步淘汰不可避免，但把握好技术要点，提高蟹种质量和提高培育成活率仍有较大的操作空间。

一是选择优质河蟹大眼幼体。优质河蟹大眼幼体的选择是蟹种培育和成蟹养殖的基础。优质大眼幼体繁育必须从亲本蟹选育、交配、抱卵、挂篓、幼体培育等一系列环节入手，确保胚胎发育与胚后发育顺利正常。值得关注的是，近几年育苗厂家不断提升育苗用亲本蟹规格，普遍采用每只 250g 以上雄蟹、350g 以上雄蟹做亲本繁育蟹苗，给成蟹养殖带来新挑战。大亲本繁育的子代的确有明显的生长优势，培育出的蟹种规格有明显提升，连早熟蟹的规格也从原来的平均每只不足 25g，提升至每只 30g 以上。每年适宜蟹种养殖成蟹的时间是有限的。近年来发现，超大规格亲本的子代在成蟹养殖第五次蜕壳不顺利现象加剧，往往进入 10 月份以后仍有不少蜕壳，性腺发育也相应推迟，造成天气降温后不少成蟹无法硬壳，成蟹质量得不到保证，并加大了养殖后期的死亡率。因此亲本蟹规格选择一定要适度。

二是确保大眼幼体下池至五期幼蟹培育的高成活率。适宜的放养密度、良好的水质、干净的底质，结构合理的浮游生物密度，科学合理的饵料投喂是育成五期幼蟹的关键。

三是加大五期幼蟹至蟹种阶段全方位的有效管理。6、7、8、9 四个月，100 多天时间，对水质的有效调控、对底质的有效控制以及幼蟹栖息场所的合理布局，是提升蟹种质量与成活率的关键。水花生的有效管护是重点：首先，做到植根底泥中的水花生根系发达，能有效吸收池底淤泥中的有机养分，改善土壤生态，保持洁净的底质；其次，漂浮设置的水花生能发出大量水中不定白根，有效吸收水体中的养分；最后，确保水花生干净、活力好，不腐烂，覆盖面不低于 50％，水体有良好的流动性。

养殖水体有充足的溶解氧含量和各种养分，底质不出现恶化，养殖水体生态环境才能保持相对平衡。幼蟹有适宜的栖息场所，饵料投喂满足幼蟹生长发育需要，可减少相互残杀和病敌害侵袭。如此，蟹种培育成活率和蟹种质量就能大幅提升。

第四章　成蟹养殖

成蟹养殖，是在做好清塘、冻晒池底等准备工作的基础上，冬春季节在养殖水体中投放一定数量优质蟹种，通过生态环境营造，饵料投喂、病敌害防治等一系列综合性管理措施，历经 7、8 个月时间，秋季养殖出成蟹（绿蟹）的过程。

苗种是成蟹养殖的基础，水域生态环境是核心，营养供给是保障。要做到"种草不见草，养蟹不见蟹。"即所有沉水植物土壤根系发达，植株在水面下旺盛生长，池水清澈，池底洁净，生物多样性丰富，池周浅水区和水面上看不到病死蟹，河蟹健康活泼，反应敏捷。

一、清塘与土壤改良

清塘是成蟹养殖一年工作的开始。成蟹养殖每年都要干池、清塘。冬季干池捕捉存塘鱼、虾、蟹进行销售，获取收益。干池后可以先冻晒池底再进行清塘，也可以先清塘再进行池底冻晒。每年 11 月底或 12 月初，干池后要开展环沟和中间沟内过多淤泥的清除，清理出的淤泥可以覆盖至大田浅水区或池周平台较深区域，尽可能做到池底局部区域平坦。同时还要开展池埂的整修和养殖设施的维护工作。清塘是利用药物杀灭池内的野杂鱼和敌害生物，冻晒池底可促进池底有机质氧化分解，杀灭部分病原体，改良土壤。

清塘的药物通常有生石灰、漂白粉、茶粕等，清塘的方法有局部清塘和全池彻底清塘。生石灰彻底清塘在 12 月底前进行，在蟹种放养前要留出足够多的时间让生石灰发挥最大效应。大田浅水区上水 30～40cm，每亩用生石灰 100～200kg 化水全池均匀泼洒，泼洒后 15～30d 才能排水，进行大田浅水区池底冻晒，环沟内可适当留少部分水。生石灰清塘兼有改良土壤结构和肥水功能。漂白粉彻底清塘也要在 12 月底前完成，同样采取带水清塘的办法，每亩用漂白粉 35～50kg 化水全池均匀泼洒，清塘后 7～10d 将池水排出，冻晒大田浅水区池底。茶粕清塘只能杀死池内的野杂鱼，对青苔等敌害生物没有杀灭效果，但对养殖前期水体浮游植物培养有一定好处。局部清塘主要在环沟内进行，大田浅水区及池周平台基本不上水，方法同上。生石灰、漂白粉彻底清塘至少两年进行一次，有利于池底环境的改善。

池底土壤为沉水植物发根生长提供机械支持和养分供给，承担池底有机质的降解和水体有效养分的补给。清塘与冻晒池底，可以增加土壤的疏松程度，改善土壤团粒结构。为改善池底土壤的微生物群落组成，等清塘药物失效以后，可以在池底喷洒一定数量的 EM 菌等微生态制剂。在蟹池上水放养苗种前，根据土壤肥力高低，有针对性地施入适量发酵有机肥，可有效提升池底土壤肥力。也可以机械翻耕大田浅水区土壤，对养殖前期培养水体浮游植物和沉水植物发根萌芽有很好的促进作用。

二、 沉水植物布局与管护

（一）蟹池护草围网设置

苦草、轮叶黑藻一般在 3 月底 4 月初发根萌芽，刚刚萌发的幼苗植株低矮，根系不发达。3 月底 4 月初河蟹已初步完成第一次蜕壳，摄食活动能力增强，加上河蟹喜食苦草与轮叶黑藻，在较高蟹种放养密度的情况下，如果大田浅水区和池周平台种植的苦草与轮叶黑藻不设置护草围网，将遭到彻底损毁。河蟹很少摄食伊乐藻，单纯移栽伊乐藻的区域并不需要护草围网。

蟹池护草围网设置数量、形态结构、面积占比要根据蟹种放养密度、池底结构和土壤特点综合确定。护草围网设置要科学合理，围网要严密、牢固，不允许围网内有蟹种进入。高密度养殖应以伊乐藻作为主体水草，护草围网占比小。中低放养密度应以苦草和轮叶黑藻作为主体水草，护草围网占比相对较大。蟹池应根据池底高程设置多个护草围网，一般大田浅水区和池周平台池底较深区域宜围网种植或移栽苦草，较浅区域围网种植或移栽轮叶黑藻。要尽可能压缩护草围网面积，适当放大养殖前期有效水体空间，护草围网面积应控制在塘口总面积的 40%～50%。大田浅水区设置护围网时应在环沟与中间沟两侧留出 2～3m 空白隔离区域，空白区域可以在河蟹第一次蜕壳后移栽部分伊乐藻。6m 以上较宽敞的池周平台可以围网种植苦草或移栽轮叶黑藻，较窄平台可以直接移栽伊乐藻。护草围网形状依据池底形态而定，可以长方形、正方形或其他不规则形状。

（二）沉水植物的合理布局

池底种植、移栽沉水植物，总体布局占池底面积的 30%～40%，必须形成单品种适度规模的区域种群优势。多品种混杂种植、移栽不利于形成单品种区域种群优势。伊乐藻、苦草、轮叶黑藻在其生命力旺盛生长阶段均有很强的分蘖和无性繁殖能力，往往发生种间竞争，不利于多样化生态环境的形成。充分利用各种沉水植物生长的特点，扬长避短，维护生物多样性，才能高效净化、优化水质与底质。

（1）伊乐藻：伊乐藻无主根和主茎，有丛生特点。土壤根系不发达，根从枝茎节间单独发出，部分进入土壤成为土壤根系，大多为水中不定白根。在快速生长阶段，伊乐藻枝茎节间发出大量白根，枝茎节间距随水位升高而变大，枝茎节间距一般在 1cm 左右，最长可达 2.5cm 以上。水位越深枝茎越长，节间距越大。

伊乐藻通过枝茎移栽来扩大群体规模。蟹池移栽伊乐藻主要有三大区域，一是环沟、中间沟深水区移栽，二是大田浅水区或池周平台集中移栽，三是在苦草或轮叶黑藻区域通风巷内套栽。环沟深水区移栽伊乐藻在清塘结束、塘口上水后进行，越早移栽越有利于发根萌芽，要求在春节前移栽完毕。中间沟移栽可适当后移。环沟伊乐藻移栽分穴栽和条栽。一般移栽在环沟斜坡两侧中间位置的水平线上，穴栽株距 1.5m 左右，枝茎数量不宜过多。条栽隔 2～3m 凿出一条 6～10m 长的缝隙，插入适量伊乐藻枝茎后用土压实，部分枝茎露在外面。

大田浅水区或池周平台集中移栽伊乐藻，一般在 3 月底或 4 月初上水后进行，可以根据水位深浅分批次逐步移栽。采取小棵穴栽或铺栽方式，小棵穴栽株行距在 90cm 左右，主要移栽在护草围网外的大田浅水区或池周平台上，尽可能让伊乐藻枝茎上的节间多接触底泥，促使新生植株土壤根系发达。小棵穴栽的伊乐藻在移栽时要适当留出一定空白区域作为隔离区，以畅通水流和便于投饵，隔离区宽 2～3m 左右。铺栽是将伊乐藻枝茎均匀铺撒在移栽区域，将枝茎直接踩入泥底中或用碎土压枝，呈块状分布，铺栽后存活的伊乐藻植株密度高、根系较发达，枝茎生长速度慢，铺栽一段以后也要留出适当空白区域。苦草或轮叶黑藻区域通风巷内套栽伊乐藻可推迟移栽时间，一般在 5 月底或 6 月初进行，采取小棵穴栽，株距在 0.9～1.5m，移栽时尽可能采用伊乐藻绿色枝茎移栽。

（2）苦草：苦草无主根主茎，叶片带状，为须根。入土根系较发达，白根长 2.5～21cm，对土壤质地与土壤肥力有一定要求。苦草在生长过程中，叶片数量不断增加，新生叶片不断长长和长宽，最长叶片可达 1.2m 以上，叶片宽达 2cm，最多叶片可达 27 枚。适合在池底较深区域播种或移栽。

苦草籽播种一般在 3 月底前进行，7 月上旬苦草籽尚能萌发。苦草籽选择要做到籽粒饱满，成熟度高，有利于提高发芽率和前期壮苗，每亩播种量

150～250g，均匀撒入池底。苦草籽播种根据塘口形状呈长条宽幅布局，每幅宽 4～6m，预留 1.5～2.0m 通风巷。也可根据池底形态结构进行块状不规则播种，预留 20% 左右空白区域。通风巷和空白区域的预留，主要为中后期苦草无性繁殖腾出空间，也有利于水体内部循环和投饵。播种密度过高，植株数量多，分蘖差，无性繁殖能力弱，土壤根系不发达，养殖中后期净化水质、底质能力减弱。

每平方米约 5 000 株苦草就能满足净化、优化水质和底质的需求。进入 5 月中旬部分长势好的苦草植株就具备无性繁殖能力。移栽苦草，可以在 3 月底前选择合适地块集中进行苦草籽育苗，并做好壮苗工作。然后在 5 月上中旬开展带根苦草秧苗的移栽，每棵 3～4 株秧苗，株行距在 20cm 左右。移栽的秧苗植株相对较高，根系入土较深，可以减轻河蟹对苦草的损毁。

（3）轮叶黑藻：轮叶黑藻有主茎，为须根，根系欠发达。主茎从根部发出，有若干数量，主茎长至一定高度后可在节间萌生若干分枝，有顶生优势，不适宜在较深水域种植、移栽。

轮叶黑藻生命力旺盛期间，植株根部能不断萌生新芽，长成新的主枝，早发主枝会逐步衰老。轮叶黑藻枝茎节间距一般在 0.6～2.5cm。节间能发出一定数量水中不定白根，不定白根入土便可以在枝茎节间萌生出新的植株。在快速生长阶段，轮叶黑藻枝茎节间距随水位升高而放大，水位越高，新生枝茎节间距越大，观察到最大节间距达 4cm 以上。

轮叶黑藻人工种植与移栽有三种方式，分别是冬芽种植、秧苗移栽和植株枝茎扦插。冬芽种植宜在芽苞未萌发前进行，一般在 3 月 10 日前完成，每亩冬芽播种数量 1～2kg。清塘后在大田浅水区或池周平台进行轮叶黑藻种植的规划布局。可以长条宽幅集中布局或长条窄幅布局，也可以分散成若干小区域集中布局。清塘冻晒池底后，在大田浅水区轮叶黑藻布局区域挖好洞穴，穴深 6～7cm，直径 15cm 左右，穴间距 75～150cm，每穴放置冬芽 10～20 粒，芽苞在穴底呈均匀分布，并用碎土覆盖。肥力不足的土壤可以将洞穴挖深、挖大一些，并在洞穴内撒上适量发酵有机肥再种植芽苞。冬芽种植后要保持穴内有足够的氧气和一定湿度。长条宽幅种植轮叶黑藻，幅宽 4～6m，留通风巷 2～3m。分散型小区域集中布局，每一种植区域面积在 5～20m² 。种植轮叶黑藻必须选择池底高程相对较高的区域。

秧苗移栽通常在 4 月中旬进行，移栽后 7d 便成活发棵。移栽最迟可以延续至 7 月初。秧苗选择要求枝茎粗壮，根系发达，可以将根系直接插入底泥中，也可以挖穴，采用泥土压枝的办法，移栽时每棵 5～10 株，株行距50～70cm，移栽后 3d 左右追施相应肥料。轮叶黑藻秧苗来源可以通过市场购买，也可以通过从冬芽种植的轮叶黑藻秧苗中间伐解决。既疏散了密度又解决了苗源。

枝茎移栽在 6 月下旬至 7 月初进行，将池内修剪下来的绿色枝茎扦插入泥或用土块、活螺蛳将枝茎压入泥底。通常在池周浅水区围网内移栽，也可以小棵移栽或铺栽，做到枝茎疏密有致，不缺氧，尽可能让枝茎节间接触底泥，移栽后 3d 进行施肥，促进发根萌芽。

当前蟹池上述三种沉水植物的种植、移栽，对底质、水质净化和优化的表现各有千秋。共同特征是生命力旺盛阶段净化和优化底质、水质作用明显。伊乐藻耐低温不耐高温，适温范围内生物量增速快，枝茎节间能发出大量水中不定白根，有较强的净化水质能力，产氧能力一般。损毁小，有利于河蟹栖息蜕壳，但易形成塘口草害。苦草生命力强，易成活，生长速度快，生长期长，分蘖和无性繁殖能力强，根系发达，有利于池底土壤改良。萌发初期和底层溶氧不足时易遭河蟹损毁，产氧能力总体高于伊乐藻。轮叶黑藻为常温沉水植物，生长周期短，生长速度快，快速生长阶段节间能发一定数量的水中不定白根，净化水质和释氧能力强，根系发达程度不及苦草。一个月左右快速生长便进入生殖生长，早发枝茎易衰老，对池水透明度要求较高，管理不当易断枝漂浮、腐烂，易遭损毁。

沉水植物的合理布局要结合塘口大小、池底深浅、土壤质地、放养密度等多要素综合考虑。并结合每一种沉水植物特点开展规划布局。可以选择单品种，也可以选择多品种，但在池底应形成局部的单品种优势种群。不提倡间栽，可以套栽。沉水植物的多样化有利于生态系统的相对稳定。要确保整个养殖过程中，有生命活力的沉水植物覆盖面不低于 50%。有效控制苦草、轮叶黑藻、伊乐藻播种与移栽密度，确保植株有足够的分蘖和无性繁殖空间，才能做到根系发达，枝繁叶茂，生命力旺盛。

（三）沉水植物管护技术要点

各种沉水植物的种植或移栽要确保在相应的有效时间内发根萌芽，并有良好的长势，形成适度的种群规模，沉水植物覆盖面达 40% 以上。管护的目的就是要维护其良好的新陈代谢能力，有发达的土壤根系和生命力旺盛的枝茎叶，尽可能避免大量枯枝败叶的集中产生和土壤根系发黄、发黑，甚至腐烂。

根据沉水植物的生长发育特点，科学合理布局移栽，有效控制塘口水位，保持足够的水体透明度，及时开展间伐、梳理或修剪，有针对性地追施肥料和相应微量元素，加强病虫害的防治。通过延长沉水植物的营养生长期来延缓生殖生长期的出现，充分利用沉水植物分蘖和无性繁殖强的特点，来促进新生植株与枝茎叶的产生，实现植株新老枝茎叶的有效更替，避免枝茎叶集中衰老。

要采取严密的综合性措施防止青苔滋生与蔓延，及时有效降解水体悬浮有机颗粒和池底有机质，消除池水浑浊的主要因素，保持沉水植物区域较高透明度、减轻生物因素和人为因素对沉水植物的损害。保持较高的池水透明度和充足的水体溶解氧含量。

三、蟹种放养

蟹种放养主要有放养前塘口的准备、合理放养模式的确定、放养时间、蟹种选择与操作运输、放养后的注意事项等。

（一）放养前的塘口准备

在清塘消毒的基础上，蟹种放养前要检查塘口整修是否到位，防逃设施是否完整坚固。然后是塘口加水，塘口进水要用 80 目筛绢网过滤，以防野杂鱼苗和敌害生物随外源水进入养殖水体。浅水生态养殖塘口要求环沟水深在 50cm 左右，放苗时大田浅水区不上水。平底池塘平均水深要求在 30～40cm。塘口进水后在预定区域进行伊乐藻、微齿眼子菜等沉水植物的移栽，最好在春节前完成。在蟹种下塘前 7～15d 开展水体浮游植物的培养，做到养殖水体内有一定数量的浮游植物，增加水体溶解氧含量。大田浅水区护草围网设置一般在蟹种放养前进行，大田浅水区未上水前也可操作。护草围网应做到严密，没有破损和疏漏，防止上水后蟹种进入破坏苦草、轮叶黑藻的萌发。塘口上水早，在蟹种放养前要检查池周浅水区是否滋生青苔，一旦发现青苔痕迹要立即用药物杀灭。

（二）合理放养模式的确定

要根据塘口水源条件、土壤特点、池底结构、塘口设施条件、养殖技术水平、蟹种来源、养殖预期等因素综合确定合适的养殖模式。

放养模式涉及放养蟹种的遗传性状、规格、质量、放养密度、套养品种及数量、沉水植物栽培模式等。规格蟹种一般可划分为大、中、小三档，大规格蟹种每 500g 40 只，中规格蟹种每 500g 40～80 只，小规格蟹种每 500g 80～100 只。每 500g 100 只以上的蟹种不属于规格蟹种。大规格蟹种对养殖前期苦草、轮叶黑藻等沉水植物损毁较为明显。依据当前养殖技术水平，蟹种放养密度可划分为低、中、高三档。亩放规格蟹种 600～800 只为低密度放养，800～1 200 只为中等密度放养，亩放 1 200 只以上为高密度放养。高密度放养会适当增加养殖前期池水的浑浊程度，对沉水植物的生长发育也会有一定影响。池水浑浊程度也受到土壤黏粒含量高低的制约。同等条件下，蟹种放养密度越高，养成规格相对越小。

套养品种的选择与放养规格数量的确定，要与主养品种在食性、水体空间资源等方面不发生大的矛盾与冲突，尽可能做到互惠互利。一般来说套养品种的年终捕捞产量不要超过主养品种捕捞产量的 30%。做到一方面能改善水域生态环境，另一方面能适当增加经济收入。花白鲢生活在水体中上层，分别滤食水体浮游动物和浮游植物，对减轻水体富营养化有一定帮助。春季可适当投放一定数量的花白鲢鱼种，也可以插放一定数量的夏花鱼苗，年终捕捞量控制在每亩 10～15kg，放养量过大会占用较多的水体空间。细鳞斜颌鲴以有机碎屑和着生藻类为食，对控制蟹池丝状青苔与蓝藻有一定帮助，一般春季可亩放鱼种 50～100 尾。鳜鱼能摄食蟹池内的野杂鱼苗，尤其对控制野生鲫鱼效果较为明显，一般在 5 月份亩放 4cm 以上鳜鱼苗 10～30 尾。青虾经济价值高，养殖周期短，市场前景好，是蟹塘的一项重要收入来源。青虾可以春季套养，也可以夏季套养，也可以春夏两季都套养。春季套养亩放青虾苗 2.5～10kg，在6 月底前捕捞结束。夏季套养热水虾苗，亩放 1.5～2.5kg，也可以亩放 0.5kg左右的抱卵虾，在冬季捕捞上市。套养青虾会占用一定的水体空间与饵料资源，放养密度过高对河蟹有一定影响，也有养殖户选择不放虾苗。

平底池养殖前期水体空间大，适合中高密度放养，以伊乐藻种植为主体，应配备较强大的增氧设备。浅水生态养殖塘口适合大规格蟹养殖，中低密度放养，实施沉水植物多样化，以轮叶黑藻与苦草作为主体水草，并配备相应的增氧设备。塘口水源条件好，可以选择中高密度养殖，水源条件一般，选择中低密度或低密度养殖。

（三）放养时间

在塘口准备工作就绪后，蟹种放养宜早不宜迟，放养早适应环境早，有利于提早摄食，提前进入体质恢复和营养积累阶段。总体要求，在蟹种开始第一次蜕壳前必须完成放养，长江中下游地区要求在 2 月底前结束放养。蟹种放养时要避开零度以下的寒冷天气，避免蟹种在操作过程中受冻伤后影响养殖成活率。放养时间太迟，蟹种进入春季第一次蜕壳准备阶段或有少数已蜕壳，在操作过程中往往容易受伤死亡，影响运输成活率与养殖成活率。

（四）蟹种选择与操作运输

选择优质蟹种是成蟹养殖的基础，同一塘口宜选择规格一致的蟹种放养。优质蟹种外观色泽鲜艳，具有典型长江水系特征，体表洁净有光泽，身体肥厚，体格健壮，活力强，附肢齐全，无病无伤，规格整齐。群体中没有小规格早熟蟹，操作过程中附肢不易脱落，蟹种后肠有适量粪便。蟹种活体解剖，打开头胸甲，鳃丝干净清晰，颜色一致，肝脏色泽鲜艳，体积较大，呈橘黄色或黄色。如肝脏颜色淡黄和灰白色，体积小，为劣质蟹种，在养殖过程中会逐步自然淘汰。

选择优质蟹种时要对亲本蟹及蟹种培育过程进行必要追溯。优质蟹种应有良好的遗传性状和较强的抗逆性。子代的遗传性状主要源自亲本，亲本蟹应具典型长江水系特征，母本蟹规格每只150g以上，父本蟹规格每只225g以上，体质健壮，无病无伤，但不追求超大规格亲本蟹。亲本蟹运输、育肥、交配、挂篓和幼体繁育应符合相应操作规范，确保生产出优质的河蟹大眼幼体。选择优质河蟹大眼幼体和科学规范的蟹种培育方法是确保蟹种具备良好遗传性状和较强抗逆性的基础。要做到大眼幼体繁育和蟹种培育全过程不出现水质和底质恶化，不发生大的病害，并能满足苗种不同阶段对营养的需求。

选购蟹种宜在水温零度以上捕捞操作。捕捞方式有分批次在池内水花生堆上集中捕捞，地笼网捕捞和干池捕捉等。在北方砂质池底还有拉网捕捞。无论哪种捕捞方式，捕捉到的蟹种都应及时进入网箱内暂养。暂养网箱应安置在水体较大，水质较好的河沟或池塘内，每只网箱应规定蟹种放入数量，严防密度过高造成蟹种在网箱内缺氧。暂养在网箱内的蟹种一般要求达2～4h，让蟹种在网箱内将体表和鳃腔内的污泥浊水清洗干净，做到体表干净，呼吸时吐出的水为清水。如此便可分规格过数（过秤），进行包装。采用聚乙烯网袋直接包装，并将袋口扎紧扎牢。一般每袋装蟹种500只左右，装好后放置在阴凉处，避免阳光直射水分大量散失。蟹种运输采用干法运输，4h内的中短途运输，可采用普通车辆运输，将包装好的蟹种放入事先准备的塑料框或泡沫箱内，避免蟹种之间相互挤压。如气温较高，可在泡沫箱内放置冰袋或在塑料框上盖上湿毛巾。长途运输宜采用冷藏车运输。低温、通气、保湿是确保蟹种运输成活率的前提。

蟹种运至塘口要抽样检查运输成活率和蟹种活力。质量好的蟹种可以直接下塘，有质量问题的蟹种宜进行消毒处理，但消毒时不得造成缺氧。

（五）放养后的注意事项

蟹种放养当天一般不需要投饵，但必须观察蟹种下塘后的晚间活动情况，尤其当天晚上要注意蟹种是否上岸。如果水温低，蟹种下塘后晚上一般不会上岸，下塘后数日往往出现在池内打洞现象。事先种植好沉水植物可以为下塘蟹种提供栖息隐蔽场所，减少打洞概率。培养适量水体浮游植物可增加水体溶解氧含量，为下塘蟹种创造舒适的生存环境，适当的池水颜色可为河蟹在池底隐居提供便利。如果水温较高，蟹种下塘后往往在当天活动频繁，傍晚天黑以后有部分上岸，一方面要防止逃逸，另一方面要防止受敌害生物侵害。下塘蟹种夜间出现上岸现象往往会持续2～3d，随时间推迟，上岸数量不断减少。蟹种下塘后依据底质和水质状况，池水会出现不同程度的浑浊。

投饵和培养水体浮游植物是蟹种下塘后的主要工作。水温达到5℃以上就要适量投饵，主要投喂蛋白含量较高的颗粒饲料。投饵量为放养蟹种总体重的1%左右，晴好天气要坚持投喂，第二天检查摄食情况，并适当调整。早开食有利于越冬蟹种的体质恢复。蟹种下塘后根据池水透明度和水色开展水体浮游植物的培养。做到池水透明度40cm左右，池水茶褐色或黄绿色，一般在前期肥水的基础上适当追施生物有机肥进行水体浮游植物培养。如果池水透明度低，水体中有较多悬浮颗粒或浮游动物，在蟹种下塘后7d左右采取一次杀虫措施。

四、浮游植物的阶段性培养

（一）浮游植物的作用

浮游植物是水域生态环境中生命物质的重要组成部分。浮游植物的光合作用可释放大量氧气，是水体溶解氧的重要来源。溶解氧含量高，有利于水域生态环境中物质的良性循环，有利于池底和水体有机质的有效降解，可有效减少水体悬浮有机颗粒和泥浆颗粒数量，增加池水透明度，为养殖前期伊乐藻等沉水植物生长创造良好的环境条件。水体溶解氧含量高还能有效提高饵料利用效率，促进河蟹等养殖对象健康生长，减少病害发生。养殖水体含一定密度的浮游植物可形成茶褐色、黄绿色等相应的水色，能有效遏制青苔等有害藻类的滋生与蔓延。

（二）培养时机

在河蟹生态养殖过程中，水体浮游植物和沉水植物种群数量在水域生态环境中交替演变，对水质的优劣起着重要的作用。选择浮游植物适宜的培养时机和科学的培养方法十分重要，选择得法，事半功倍。选择错误，破坏生态平衡，造成负面影响。长江中下游地区每年3月底前，由于水温处在较低水平，苦草、轮叶黑藻刚刚进入萌发状态，仅伊乐藻、轮叶狐尾藻、微齿眼子菜等刚进入茂盛状态，沉水植物覆盖面相对较低，有利于水体浮游植物的培养和生长。进入4月份随着水温的逐步升高，各种沉水植物生长加快，塘口水草覆盖面不断扩大，特别是进入4月下旬各种沉水植物快速生长，沉水植物的根系和枝茎叶大量吸收土壤和水体养分，池水转变为自然水色，水体养分大幅下降，给浮游植物培养带来较大难度。

5月份开始，蟹池水环境中沉水植物成为生命物质的主体，池水清澈，不适宜浮游植物培养。随着水温升高，如果沉水植物出现大面积损毁或腐烂，将造成水体富营养化，出现蓝藻，并有可能暴发。蓝藻一般在 6—9 月富营养水体中出现，较早发现在 5 月下旬，大多数塘口在梅雨季节后期或进入高温后出现，较晚存在时间可推迟至 11 月下旬。

进入 9 月份，第五次蜕壳初步结束后，苦草、轮叶黑藻逐步老化，不少塘口沉水植物数量大幅减少。随着水温的逐步下降，为水体中部分浮游植物生长创造出机会，若能准确有效把握，有针对性施肥，形成部分有益浮游植物阶段性的群体优势，对改善水环境，促进河蟹生长育肥有较大帮助。随着生殖洄游的出现，池水浑浊程度加大，将增加水体浮游植物的生存难度。

（三）培养方法

浮游植物的生长离不开一定强度的光照与水体养分的供给。每一种浮游植物都有特定的生命周期。适度光照和适宜水温是生长前提，水体养分是生长繁衍的物质基础。光照离不开池水透明度，透明度由土壤质地、气象条件、生物和非生物等多种因素综合决定。水体养分一是由池底土壤释放进入水体，二是外源性补给，三是生命有机残体降解后进入水体。水体养分受水温、总碱度、总硬度、pH 等众多环境因子的综合影响。只有在适温范围内，有充分的光照条件，有适当的水体养分，浮游植物才能有效生长繁殖，成为水体的优势种群。

浮游植物的培养宜早不宜迟，重点在养殖前期和后期。主要是培养以硅藻、绿藻类为主的浮游植物群体，并使之在相应时间段内成为优势种群。池水要求做到茶褐色、金黄色、黄绿色或绿色，池水透明度在 40cm 左右。浮游植物的定向培养，一是要有优质的藻种，二是要有满足相应藻类生长的水体环境和水体养分，三是要有适宜的光照。当前在生产实践中可提供的优质商品藻品种极少，不同种类浮游植物的培养基更是缺乏。

前期在冬季彻底清塘的基础上，选择蟹种下塘前 7～15d 进行水体浮游植物的培养。根据土壤质地和肥力状况施入一定数量发酵有机肥，土壤吸收肥料能力强可适当多施，否则要少施。一般第一次每亩水面施发酵有机肥 50～100kg，隔一周左右视水质情况再施 50kg 发酵有机肥，肥效持续 7～15d。大田浅水区在上水前 3～5d 按每亩 50～100kg 发酵有机肥均匀撒开。肥料下池后要经常观察水色变化和水体浮游动物数量。如果水体中大型浮游动物数量迅速增加，并有抱卵成体出现，应采取杀虫措施，必要时还需杀菌消毒。发酵有机肥进入水体或土壤，通过持续不断释放养分为浮游植物生长繁殖提供营养支持，也可以为沉水植物的萌发生长提供养分。但随着养分的不断消耗，水体浮游植物数量进入高峰后便会迅速下降，因此当浮游植物达到一定数量级时要适当补充速效生物有机肥或无机肥。生物有机肥肥效一般 5～7d，无机肥 2～3d，追施肥料必须及时。当水体浮游植物数量大幅下降后，通过追施肥料来恢复种群密度将十分困难。

进入 5 月份随着各类沉水植物的全面快速生长，池水转为自然水色，水体有机质数量相应增加。要经常泼洒芽孢杆菌、乳酸菌等微生态制剂，并可泼洒相应基质，根据水草生长情况适当追施肥料。经常开启增氧设备，确保池底不缺氧、沉水植物叶面干净。如池水浑浊程度较高，在河蟹每次蜕壳后进行一次杀虫处理，必要时进行杀菌消毒。保持较高水体透明度，水体中仍有一定数量的浮游植物，并有适当水色。硅藻等有益藻类在水温相对较低条件下容易形成种群优势，随着环境条件的变化培养难度加大，可以考虑接种小球藻等抗逆性较强的藻种，并逐步培养成优势种群。保持适量的水体有益浮游植物种群密度可以抑制有害藻类的发生，促进养殖水体生态平衡。

每年 4 月份开始各类沉水植物进入较快生长状态，特别是萌发较早的伊乐藻等沉水植物，会产生一定数量的衰老枝茎叶，增加水体有机质含量。一是适时修剪，减少衰老枯萎死亡枝茎叶的数量，确保较旺盛的生命力。二是通过投放、繁育部分优质活螺蛳等摄食水体及池底有机质，或采用有针对性的微生态制剂并辅以适量基质及时降解水体有机质。

进入梅雨季节要根据沉水植物的长势来调控水位，做到宁浅勿深，确保沉水植物获取足够光照强度。梅雨期间沉水植物的大面积损毁将增加高温期间塘口水质管理的难度。大田浅水区水位宜控制在 40cm 左右。梅雨结束后迎来高温季节，高温期间往往伴随台风强降雨的到来。持续高温将对伊乐藻生存构成极大威胁。伊乐藻出现枯萎、腐烂，易滋生青苔等敌害生物，如大规模腐烂则会导致蓝藻的发生与暴发。持续高温导致苦草发根萌芽能力严重衰退，根系发黄、发黑，叶面出现着生藻类和大量吸脏并有丝状青苔伴生，接近水面的叶片枯萎腐烂。高温期间要勤开增氧机，防止沉水植物根系缺氧腐烂，没有增氧设备的塘口要促进养殖水体的内循环。要经常使用微生态制剂调节水质和改善底质，及时清除水体飘浮的枯枝败叶。台风强降雨出现时，也要严格控制塘口水位，不允许塘口水位陡涨，否则将造成水域生态环境急剧变化，沉水植物大面积受损，池内出现蓝藻或滋生青苔。高温期间蟹池内一旦出现蓝藻要立即杀灭，不能任其暴发。并可接种小球藻等有益藻类。否则将对塘口生态环境造成严重破坏。

8 月份随着高温的逐步消退，苦草、轮叶黑藻、伊乐藻等沉水植物重新展现出新的生机，进入 9 月份以后苦草将进入生殖生长期。部分沉水植物数量不足的塘口池水透明度达 40cm 以上，给养殖后期培养水体浮游植物带来机会。增加微生态制剂的使用频次并辅以相应基质促进有机质及时降解，为浮游植物生长提供养分。可以接种部分小球藻，根据水质状况还可增施部分生物有机肥。

第五次蜕壳期间及养殖后期水体有益藻类的培养，能促进河蟹摄食量的增加，提升商品蟹的肥满度，有利于早上市。随着河蟹生殖洄游的出现，池水浑浊程度加大，浮游植物的生存环境发生变化，培养难度加大。生殖洄游出现后，主要任务是适时使用微生态制剂调节水质，促进水体有机质及时有效降解，保持养殖水体有较高的溶解氧含量。

五、 蟹池养殖设施与技术装备

蟹池要有充沛的优质水源，良好的通风、采光条件，适宜的土壤条件，合理的池底结构和塘口形态。在此基础上，还需配备相应的防逃设施、进排水设施、护草围网设施、防护设施等，并配有增氧设备、微生物、藻类扩培设备、塘口监控、水质监测智能化设备，割草机、拌饵机、投饵机、液体喷洒机械等。

（一）养殖设施

1. 防逃设施

河蟹具有强大的攀爬与打洞能力，为防止其攀爬与打洞逃逸，必须在池埂上修建防逃墙，在池埂中间或池坡上设置塑料薄膜隔离墙。

建在池埂上的防逃墙要求所选材料结实耐久，内侧光滑。一般有钙塑板、玻璃钢板、玻璃板、铝板、加厚的聚乙烯薄膜等，防逃墙下端埋入土中10～15cm，出土面高度50cm左右。防逃墙要求内侧光滑，没有河蟹可攀爬的缝隙，外侧用木桩等进行固定。每隔1.5～2.0m设立一根木桩，确保防逃墙牢固。塑料薄膜隔离墙一般在蟹池开挖时安置在池埂中间或者铺设在池埂内侧斜坡上。在构筑池埂时，先筑半边池埂，然后在池埂脚下挖10～20cm浅沟，将塑料彩条布或加厚的聚乙烯塑料薄膜一端埋入底部浅沟内，再将彩条布或加厚塑料薄膜垂直覆盖至池埂上方，再用土筑池埂的另一半，构筑起完整的池埂。实际上是用彩条布或加厚塑料薄膜将整个池塘都围了起来，既可防打洞逃逸，又可防池埂渗漏。

近几年来，不少地方在开挖蟹池时，采取池埂构筑好后在池埂内侧斜坡至埂面覆盖加厚黑色塑料薄膜的办法，并在薄膜外面再盖上一层聚乙烯网片。目的是防池埂坍塌和埂面生长杂草，既方便人工操作又兼防河蟹打洞与池埂渗漏。但在具体铺设时要确保池埂内侧平整，并将加厚塑料薄膜和聚乙烯网片下端深埋在池底土壤之中，防止塘口进水后鼓起、破损甚至局部漂浮。

2. 进排水设施

塘口进排水设施要做到新水进得来，老水排得出。塘口进排水系统要根据塘口大小、最大降雨量、最高日蒸发量及对塘口水位调控的具体要求来进行流量计算。排水口可设 1～2 个，确保 24h 降水 100mm 能及时排出，并在出水口有防逃装置。最小进水量要做到 2～4h 加水，塘口水位能上升 5～10cm 左右。进水口要有缓冲装置，防止水流将池底泥浆搅起。要做到进排水彻底分开。

3. 护草围网设施

河蟹喜食苦草、轮叶黑藻等沉水植物。在蟹种较高放养密度的情况下，发根萌芽阶段的苦草、轮叶黑藻幼苗极易被损毁。必须设置护草围网加以有效保护。河蟹极少摄食伊乐藻，一般不需要采取围网保护。伊乐藻在养殖中后期由于土壤根系不发达，受风浪作用容易漂浮堆积，应在移栽区域设置一定数量的竹梢对草群进行分开固定。

护草围网应根据塘口形态结构与池底高程进行系统布局。一般护草围网总面积宜控制在塘口总面积的 40% 左右。要根据池底深浅来设置护草围网，一口池塘内可设置多个相对独立的护草围网，并预留出适当的水流通道，不妨碍池内水体的内循环。护草围网一般建在大田浅水区或较宽敞的池周平台上，同一个护草围网要求池底高程基本一致。护草围网采用聚乙烯网片和竹梢构建，在大田浅水区未上水前沿预定围网区域开挖 10～20cm 封闭型浅沟，将聚乙烯网片的下端放入浅沟内，拥上土踩实，然后在围网内侧每隔 1.5～2.0m 插上一根竹梢，将网片上端固定在竹梢上，便构建起完整的护草围网。网片高度一般在 50cm 左右即可，底部必须踩紧，网片不能有破损，严防蟹种进入。护草围网的撤除要根据水草长势和塘口具体情况确定，较早在河蟹第二次蜕壳后分批次撤除，较迟在第四次蜕壳后撤除，一般在第三次蜕壳后撤除。

4. 防护设施

防护设施根据生产管理需要修建，可采取在池埂外侧修建篱笆墙、栅栏或用网片、竹梢构建防护墙等，一般墙高达 1.5m 以上，主要是方便塘口的有效管理。

(二) 技术装备

1. 增氧设备

增氧是河蟹养殖获取优质高产最重要的技术措施。亩产成蟹 100kg 以上的塘口均应配备增氧设备。机械增氧一方面可以满足河蟹生长发育对水体溶解氧的需求，另一方面也可以满足各种动植物呼吸以及水体有机质降解过程中对氧气的需求。

当前蟹塘配备的增氧设备主要有水车式增氧机与底层管道增氧设备两种。既可以单独使用，也可以两种增氧设备结合使用。水车式增氧机在曝气增氧的同时，还可以促进养殖水体的内部循环。底层管道增氧主要在池底安置气头，通过鼓风机压缩空气中的氧气从气头上溢出，增加底层水体溶解氧含量，要做到每个气头上出现的气泡在水面能相互交融，避免形成死角。一般每亩水面安装气头 100 个左右。一亩水面配备动力 0.5kW 以上。

2. 微生物、藻类扩培设备

微生态制剂和有益藻类在河蟹生态养殖过程中正在发挥越来越重要的作用。微生态制剂可以降解水体有机质和有毒、有害物质，有益藻类在养殖水体接种以后可以改变水体浮游植物种群结构，改善水质。微生态制剂和有益藻类进入水体都必须依靠群体数量发挥作用，因此进行微生态制剂和有益藻类的扩培十分必要。要根据塘口大小购置型号、规格大小不同的发酵罐和有益藻类扩培容器，并配备存放场所。也可以配备显微镜、pH 检测仪器等。

3. 塘口监控、水质监测智能化设备

根据生产管理需求，配备塘口监控、水质监测设备。塘口监控主要通过安装的探头监控塘口四周及水面情况，水质监测是通过安装在水下的探头监测水温、溶氧、pH、氨氮、亚硝酸盐等水体理化指标。监控、监测设备可与增氧设备、手机终端连接，可远程了解塘口情况，并实时进行水体增氧操作。

4. 蟹塘相关机械设备

为减轻劳动强度，提高生产效率，蟹塘内除船只、水泵等机械设备外，有条件的塘口还应配备割草机械、拌饵机、投饵机及液体喷洒机械设备等。

六、成蟹养殖阶段性综合管理

长江中下游地区冬春季节蟹种放养后，一般经过六大阶段，完成五次蜕壳，每次蜕壳经历四项步骤。完成五次蜕壳后河蟹进入性成熟阶段，开始陆续捕捞上市。

（一）六大阶段与五次蜕壳

第一阶段	从清塘结束后上水、放养蟹种至第一次蜕壳基本结束。
时间与水温	一般在每年 2—4 月上中旬，水温 4～16℃。
第一次蜕壳主要特点	第一次蜕壳为低温蜕壳，水温低于 11℃。第一次蜕壳蟹种规格相对较小，整体蜕壳所需时间相对较短，一般在 15d 以内。苗种质量好，体内营养积累充分，水温条件好，溶氧含量高，蜕壳集中度高。在各方面条件具备的情况下，第一次蜕壳短的仅需 7d 左右。
水环境主要特征	第一次蜕壳期间，池内往往只有人工移栽的伊乐藻和野生的轮叶狐尾藻等低温沉水植物。池水透明度相对较高，通常伊乐藻全面返青。苦草、轮叶黑藻尚处发根萌芽阶段。

（续）

第二阶段	第一次蜕壳基本结束后至第二次蜕壳基本结束。
时间与水温	一般在 4 月上中旬至 5 月上旬，水温 16～23℃。
第二次蜕壳 主要特点	第二次蜕壳为常温蜕壳。第一次蜕壳开始后间隔 30d 左右开始第二次蜕壳。第二次蜕壳整体所需时间一般在 20d 以内。蟹种体质好，水温相对稳定，水体溶氧含量高，蜕壳所需时间有所缩短。 如果第一次蜕壳后期遇寒流侵袭，软壳蟹硬化时间会延长，摄食不旺，体内营养积累不充分，往往会造成第二次蜕壳不顺利情况的发生。为此，必须在第一次蜕壳高峰前后，适时逐步放大养殖有效水体空间，大田浅水区水深 5～10cm。为苦草、轮叶黑藻萌发和河蟹第二次蜕壳创造良好的外部环境。
水环境主要特征及 人工干预措施	第一次蜕壳后，随着水温的逐步上升和河蟹规格的增大，河蟹摄食活动能力增强，池水浑浊程度将有所增加。第一次蜕壳后，伊乐藻由快速生长阶段转入生殖生长阶段，任其生长，在第二次蜕壳期间伊乐藻生物量将十分庞大，增加管理难度。 在第一次蜕壳高峰后必须对池内所有伊乐藻分批次进行不留茬修剪或深度梳理，有效降低塘口伊乐藻生物量。根据塘口水草总体布局，大田浅水区上水后，可以利用部分修剪下来的伊乐藻残枝在预留空白区域进行二次移栽，并尽可能利用嫩枝茎。3 月底 4 月初苦草、轮叶黑藻发根萌芽，4 月下旬进入快速生长阶段，5 月份有良好长势。
第三阶段	第二次蜕壳基本结束后至第三次蜕壳基本结束。
时间与水温	一般在 5—6 月上中旬，水温 23～28℃。
第三次蜕壳 主要特点	第三次蜕壳为适温蜕壳。第二次蜕壳开始后间隔 30d 左右开始第三次蜕壳。第三次蜕壳整体所需时间一般 20d 左右，是五次蜕壳中相对集中和顺利的一次。
水环境主要特征与 人工干预措施	伊乐藻、苦草、轮叶黑藻均处茂盛生长状态，对净化水质、底质起到积极作用，大多数塘口池水转为自然水色。 第二次蜕壳后随河蟹规格的增大和活动能力的增强，池水浑浊程度会进一步增加。池水浑浊，伊乐藻叶面易出现着生藻类，并有脏吸附。第二次蜕壳高峰后逐步提升塘口水位，至大田浅水区水深 10～20cm。增放部分优质活螺蛳（每亩 50～100kg），定期泼洒微生态制剂，有效降解池底和水体有机质，提升池水透明度，促进沉水植物健康生长。 第二次蜕壳后要对池内所有伊乐藻分批次进行第二次不留茬修剪或深度梳理，避免生物量过大和植株衰老现象出现。如底质和水质出现问题，将造成第二次蜕壳后河蟹晚上上岸现象。第二次蜕壳结束后，苦草、轮叶黑藻进入快速生长阶段，要对轮叶黑藻生长进行跟踪观察，在 5 月中旬采取留低茬修剪措施，促进基部发根萌芽，生长出有生命力的新植株，避免植株开花进入衰老状态。塘口设置的护草围网根据水草长势可在第三次蜕壳前或结束后撤除。

（续）

第四阶段	第三次蜕壳基本结束后至第四次蜕壳基本结束。
时间与水温	一般在 6—7 月中下旬，水温 28～35℃。
第四次蜕壳主要特点	第四次蜕壳为较高温度蜕壳。第三次蜕壳开始后间隔 30d 左右开始第四次蜕壳。第四次蜕壳所需时间为 20～30d，正值梅雨季节，蜕壳后期可能遭遇高温天气，如果养殖水环境恶化会增加蜕壳难度。
水环境特征与人工干预措施	入梅时间早晚、梅雨期长短、降雨量多少等都会给水环境带来不同程度的影响。长期连续阴雨，塘口缺乏光照，白天往往有河蟹在水草上活动，呈暗缺氧状态。如果底质恶化，晚上会有河蟹上岸。 第三次蜕壳后，随着河蟹规格的增大与摄食活动能力的增强，池水浑浊度将达全年最高峰。池水若长期浑浊，会对沉水植物生长带来不利影响，伊乐藻叶面有脏吸附并有着生藻类出现，苦草、轮叶黑藻叶面也会有脏吸附并有着生藻类出现，各种沉水植物往往都有丝状青苔伴生。因此，第三次蜕壳高峰到来后必须及时提升塘口水位，至大田浅水区水深 20～30cm。在第三次蜕壳基本结束后对池内深水区和浅水区伊乐藻分批次全面进行不留茬修剪，深水区伊乐藻可以考虑彻底清除出水体。对池内植株高度超过 40cm 的轮叶黑藻也要留低茬修剪。对草尖漂浮在水面的苦草可以留高茬修剪，促进其发根和萌生新的植株。沉水植物修剪后要及时打捞出水体。 入梅前适当施用微量元素可以促进沉水植物根系发达，强降雨往往导致生态环境急剧变化，及时降水，大田浅水区水位控制在 40cm 之内，保持塘口水位相对稳定。梅雨期间不宜采取沉水植物的修剪与清理措施。梅雨一结束往往进入高温阶段。
第五阶段	第四次蜕壳基本结束后至第五次蜕壳基本结束。
时间与水温	一般在 7—9 月中下旬，水温 24～39℃。
第五次蜕壳主要特点	第五次蜕壳为高温蜕壳。第四次蜕壳完成后间隔 34～65d 开始第五次蜕壳。一般在全年最高水温逐步下降后开始，高温持续时间长会延迟第五次蜕壳的开启进程。水环境恶化将导致伤亡加大，蜕壳增幅缩小等不良后果。第五次蜕壳整体所需时间 30～40d，少数个体延续至 10 月下旬。
水环境特征与人工干预措施	第四次蜕壳结束后进入全年最高温时段，并伴有台风及强降雨等恶劣天气出现，塘口生态环境易恶化。 伊乐藻管理不到位，在 7 月底 8 月初会大量断枝漂浮，枯萎腐烂，形成草害。轮叶黑藻管护不到位，部分在 7 月中旬枯萎消失，植株高的轮叶黑藻将断枝漂浮。高温期间，苦草生长也会受到抑制。出梅后利用晴好天气，对池内植株高度超过 30cm 的伊乐藻进行一次不留茬修剪或深度梳理，可减轻其高温期间枯萎腐烂对底质和水质的破坏。轮叶黑藻在前期修剪的基础上，根据长势，在高温期间分批次留低茬修剪，促其发根和在基部萌生新的植株，保持植株高度在 40cm 左右。植株茂盛，可在 8 月下旬清除一部分。苦草采取留高茬多批次修剪，尽可能做到叶片不出水面，促进其发根、分蘖和无性繁殖。

（续）

水环境特征与人工干预措施	有生命力的沉水植物是高温期间生态环境相对稳定的基础。沉水植物丧失生命活力将导致青苔蔓延和蓝藻暴发，底质、水质严重恶化，导致晚上河蟹不同程度上岸，严重时造成塘口缺氧泛池。根据池水透明度和沉水植物长势，及时补水，经常使用微生态制剂改良底质和水质，确保有生命活力的沉水植物覆盖面达50％左右。遇强降雨要及时排水，保持塘口水位的相对稳定。要经常开启增氧设备，闷热天气要保持增氧设备24h运转。高温影响河蟹摄食，要根据摄食量及时调整，避免残饵败坏底质和水质。确保洁净底质和良好水质是减少高温伤亡，提高养殖成活率和养成规格的重要前提。
第六阶段	第五次蜕壳结束后至河蟹捕捞上市。
时间与水温	一般在9月上中旬至11月底，水温8～24℃。
河蟹生长发育主要特点	第五次蜕壳后，性腺发育随之启动，性腺由第一时相转入第二时相和更高阶段。随着软壳蟹的逐步硬化，摄食量将不断增加，进入育肥和生殖生长阶段。随着性腺发育的不断推进，每年10月上旬前后，长江中下游地区河蟹出现生殖洄游。生殖洄游期间，河蟹沿池周浅水区集群顺时针游动，部分较大水体池中间还会出现河蟹活动造成的逆时针漩涡，并有部分河蟹晚上和白天上岸。生殖洄游现象可延续至立冬前后。随着水温的进一步下降，河蟹摄食活动能力明显减弱，并出现打洞现象。
水环境特征与人工干预措施	第五次蜕壳完成后至生殖洄游出现，池水仍能保持一段时间较高的水体透明度。但进入生殖洄游后，池底土壤黏粒含量高的塘口都将出现池水的深度浑浊。 　　伊乐藻在秋季复苏后将进入快速生长阶段，发出大量白根和嫩芽，但枝茎节间距比春夏阶段有明显缩小，有利于第五次蜕壳的顺利进行，对优化、净化水质和底质将起积极作用。但随着生殖洄游的出现，叶面上脏也不可避免。苦草9月份仍有较强的生命活力，上旬普遍开出白花，部分植株漂浮，枯黄叶片占比扩大，叶面有较多脏吸附，白根占比大幅下降。9月下旬进入盛花期，并结出果实。10月份植株生命力衰退，有较多数量植株连根漂浮，11月份植株枯黄，果实逐步成熟。轮叶黑藻9月上中旬普遍出现花柄，开出白花，有枯黄枝茎叶出现，也有嫩芽从基部发出，并有较长白根。进入10月份枝茎叶枯黄发脆，仅剩部分绿色枝茎，出现冬季芽苞。11月份仅剩少量枯萎残枝，部分残枝叶腋长有绿色芽苞。 　　轮叶黑藻较茂盛的塘口，要在河蟹第五次蜕壳高峰后，分批次组织清除，为苦草和伊乐藻无性繁殖腾出空间。河蟹摄食大量动物性饵料，有利于育肥。在生殖洄游前，可以泼洒生物有机肥培养水体浮游植物，促进水体溶解氧含量的提升。生殖洄游后也要视水质变化进行必要的水质调节和底质改良，保持池水亮、爽。

（二）四项步骤

河蟹每一次蜕壳有四个步骤，具体如下：

第一步：体内营养积累。从第一次蜕壳至第四次蜕壳，每次蜕壳一般间隔一个月左右。第四次蜕壳至第五次蜕壳间隔时间受高温天气影响有适当延长。软壳蟹初步硬化后大量摄取外源性食物，通过消化吸收，体能逐步恢复。一方面甲壳不断硬化，另一方面机体内各组织器官不断健全。随着甲壳的深度硬化，摄食外源性营养主要满足各种体细胞生长发育和机体的生理代谢，多余的养分将变成脂肪储藏在肝脏等组织器官之中，用于蜕壳等生命活动对营养的需求。观察表明，在适温范围内，河蟹营养积累阶段所需时间在 15 天以上。

第二步：蜕壳准备。当河蟹生长发育和体内营养积累达到一定水平后，受生物节律的影响，将进入蜕壳准备阶段。首先，甲壳老化泛黄。甲壳的营养通过甲壳膜提供，甲壳膜与甲壳之间在激素作用下出现分离，导致向甲壳输送养分的管道被切断，旧甲壳慢慢地失去光泽。新膜与旧壳的分离有一个过程，分离越彻底，蜕壳越顺利。在未蜕壳前，旧的甲壳对机体仍能起到良好的保护与固定作用。其次，河蟹摄食量的减退与蜕壳缝隙的开启。随着甲壳的逐步老化，鳃盖外侧甲壳上的连接线断开，甲壳腹背交界处的裂缝慢慢被打开，肉眼可见旧壳内的新体。最后，河蟹停止摄食，寻找适合的蜕壳隐蔽场所。临近蜕壳前，河蟹会寻找溶氧含量高、适合隐蔽的场所静卧，伺机蜕壳。蜕壳准备阶段所需时间有长有短，一般为数天。规格越小所需时间越短，规格越大所需时间越长。

第三步：蜕壳。河蟹大多在夜间进行蜕壳，蜕壳是一个十分短暂的过程，在适合的隐蔽场所静卧后，快的仅需数分钟便可完成蜕壳全过程。蜕壳时旧甲壳的附肢要有合适的着力点。头胸甲腹背交接处逐步开裂后，由于新体在旧壳内体液浓度极高，受渗透压影响，新体将不断吸水膨胀，形成向外的张力，新体在旧壳内十分柔软，可以变形，不断向外挤，新体自身也不断释放出大量生物能促进机体收缩运动，借助机械运动和水体浮力，新体将从旧壳内脱颖而出，完成蜕壳全过程。

新体从旧壳内完整蜕出后，软壳蟹一般会在旧壳附近静卧一段时间，等待甲壳的逐步硬化，然后离开旧壳。如果蜕壳时受到外界刺激会暂停蜕壳行为。甲壳内新膜与旧壳的分离涉及头胸甲、附肢、眼柄、鳃等各个部位，如果分离不彻底将导致拉脚、瞎眼、蜕壳不遂等诸多蜕壳不顺利情况的出现。水体溶解氧含量高，河蟹喜欢在较深区域的池底或草丛内蜕壳，并以夜间蜕壳为主。水体溶解氧含量不足，往往在浅水区域蜕壳，并有白天蜕壳行为的发生。当然，如果蜕壳增幅过大，也会造成蜕壳不顺利的现象发生，主要是瞎眼、拉脚和身体畸形。

第四步：软壳蟹的硬化。刚完成蜕壳后的软壳蟹必须静卧一段时间才能逐步硬化。硬化是一个循序渐进的过程，甲壳硬化到一定程度才能有效摄取外源性食物。一般来说河蟹规格越小，硬化所需时间越短。硬化所需时间还与水温、水质和河蟹体质密切相关，一方面甲壳质是甲壳膜所分泌的一种衍生物，是一种多糖聚合物，离不开河蟹体内营养积累；另一方面甲壳硬化也离不开水体钙离子等无机盐的有效含量，当甲壳质的主要成分与水中各种物质直接接触后，将会慢慢地失去一些水分得以沉淀，逐步变成坚韧的甲壳。软壳蟹的初步硬化时间一般在 3d 左右，初步硬化后开始逐步摄食，通过外源性营养的不断补充，甲壳得以深度硬化。适当降低水体 pH 有利于钙离子的有效释放，夜间蜕壳更有利于钙离子的吸收利用。

七、河蟹营养与饲料

在自然界中，河蟹荤素兼食，偏爱动物饵料。水温低于 5℃时很少摄食，高于 32℃时摄食有明显下降，在适温范围内才正常生长发育。在蜕壳和软壳蟹初步硬化前是不摄食的，硬壳蟹有很强的耐饥饿能力。

（一）河蟹对营养物质的需求

1. 营养物质的构成

河蟹生命体对营养物质的需求是全方位的，包括蛋白质、脂肪、糖类三大营养物质以及维生素、无机盐等。

河蟹生长发育有自身固有规律，在幼体阶段要经历多次蜕皮变态，在苗种和成蟹阶段也要经历多次蜕壳生长。在完成最后一次生殖蜕壳前性腺始终处在第一期，生殖蜕壳后性腺发育才启动。河蟹生长所处阶段不同，对营养物质的需求也有所差异。在蟹种培育与成蟹养殖阶段，每次蜕壳都要经历营养积累、蜕壳准备、蜕壳和软壳蟹硬化四个步骤。在蜕壳准备阶段摄食少，蜕壳期间是不摄食的，只有当软壳蟹初步硬化以后才开始少量摄食。而在营养积累期间摄食最旺盛也最集中。河蟹所处的养殖水环境对摄食会产生较大影响，特别是水温、溶氧以及 pH、硬度、碱度等理化指标。

河蟹对蛋白质的需求量高于普通鱼类，要求饲料蛋白质一般在 34%～45% 之间，以鱼粉为主要蛋白源的饲料才能满足其生长发育对各种必需氨基酸的需求。

2. 不同生长阶段的营养需求

一般在蟹种培育阶段，饲料蛋白质的含量应在 35% 以上，成蟹养殖阶段 30% 以上，成蟹育肥阶段应在 35% 以上。有研究表明，当饲料中豆饼等替代鱼粉的量超过 43％，鱼粉比例低于 30％时会引起蛋氨酸不足，蛋氨酸成为限制氨基酸。脂肪不仅是河蟹生长发育所需能量的主要来源，也是其生物膜结构的重要成分。早期阶段，特别在幼体阶段，由于河蟹蜕皮快还有形态变化，饵料中高含量的脂肪是支撑其短期内顺利变态和蜕皮的重要因素。胆固醇是脂类物质，胆固醇为性激素、蜕皮激素、肾上腺皮质激素、胆汁酸和维生素 D 的前体，具有重要的生理功能。河蟹幼体阶段，饲料的脂肪含量应该大于 15％的饲料干重。扣蟹和成蟹阶段脂肪的总含量应大于 8％。此外，应兼顾不同脂肪的比例。糖类是河蟹生命活动的直接能量来源，并且能起到节约蛋白质的作用，也可以转化为脂肪进行储存。河蟹饲料中糖类的添加量在 20％左右比较合适。饲料中适量的粗纤维能刺激消化酶分泌，有助于河蟹对各类营养物质的吸收，有助于粪便成型从肛门排出体外，添加量在 3％左右比较合适。除三大营养物质外，维生素和各类矿物质元素等也是河蟹生长发育所必需的。

3. 饲料组成

在适温范围内，河蟹的生长发育主要依靠蛋白质，蜕壳期间新甲壳膜的每一次形成与硬化都需要消耗大量的蛋白质。河蟹的生命代谢活动也要脂肪和糖类的支撑，肝胰腺脂肪的大量储存使河蟹具有较强的抗饥饿能力。

低温、适温生长阶段饵料蛋白质、脂肪占比可适当高一些。高温阶段河蟹生长慢，蛋白质需求量少，脂肪易氧化，所投饵料中，两者含量适当低一些，糖类（含植物纤维）可适当高一些。高温回落以后，进入生殖蜕壳阶段，蜕壳后蛋白质、脂肪的需求急增，要增加高蛋白（以鱼粉为主）饲料比例，直至生殖洄游出现。生殖洄游后根据生产需要组织投喂，做到所投饲料能满足正常生长发育需要即可，可以适当提高饲料中糖类的占比。维生素等物质通过饲料适量添加，也可以通过营造良好的水域环境从环境中获取。

（二）营养物质的摄取与消化吸收

河蟹对营养物质的摄取，主要是通过消化系统进行，但鳃和甲壳膜也能摄取水体中的无机盐类。

河蟹通过螯足摄取食物，递入口器内咀嚼，经食道进入胃内深度磨碎，再送至中肠消化吸收。未消化的食物进入后肠，由肛门排出体外。食物进入消化系统，一方面依赖各种消化酶进行消化，另一方面消化系统内的微生物也可以起到一定的帮助作用。

肝胰腺是河蟹重要的消化腺，一般占蟹体重的 6％～8％，脂肪含量占肝胰腺的 60％～80％。肝胰腺由多极分支的囊状肝管组成，最终的分支称肝小管。肝胰腺由数万个肝小管组成，消化吸收面积在各种动物比较中占有明显优势，可细胞内消化和细胞外消化，消化功能十分强大。

蛋白质被消化成短肽和氨基酸等小分子化合物，被吸收才能最终转化为河蟹有机体的组成部分。不同品种的蛋白质，其氨基酸品种、数量、组成结构存在很大差异。在转化过程中，机体必需而食物中缺乏的氨基酸称限制氨基酸，限制氨基酸大大降低食物蛋白质的利用效率，因此在选择饲料蛋白源时必需注重氨基酸的平衡。河蟹对脂肪容易吸收，在脂肪酶的作用下通过原生质膜进入细胞或由胞饮作用吸收。糖类在肠道内由于糖酶的作用分解为单糖被吸收。维生素、矿物质等大多通过食物进入体内消化吸收。河蟹的鳃与甲壳膜可能会根据生长发育需要，有选择性地吸收水体中的部分无机盐类。特别是软壳蟹在硬化过程中会大量吸收水体中的无机盐类，促使甲壳逐步硬化。

（三）河蟹饲料

1. 饲料种类

河蟹饲料根据来源可分为天然饲料与人工饲料两大类。天然饲料有苦草、轮叶黑藻、金鱼藻、微齿眼子菜、浮萍、水花生、藻类等植物性饲料，还有小鱼、小虾、螺、蚬、蚯蚓、昆虫等动物性饲料。人工饲料有大豆、蚕豆、玉米、小麦等农产品原料及其粗加工产品，还有畜禽动物加工的下脚料，蚕蛹等动物性饲料。人工饲料主要有人工配合颗粒饲料。

2. 质量要求

河蟹养殖除水环境中的天然饲料外，主要投喂的是人工配合颗粒饲料、粗加工的冰鲜鱼块、活螺蛳、豆饼、玉米片、玉米、小麦、蚕豆、大豆等。投喂饲料要注意多样性和搭配使用，避免投喂单一性饲料。饲料成分要尽量齐全，特别是钙、铁、钾等微量元素不可缺少。可将配合饲料与天然饲料进行搭配投喂。

所投饲料要确保河蟹有较强的选择性与适口性，在水体中有相对的稳定性。要确保饲料新鲜、优质，不得发霉变质。有条件的塘口可以根据河蟹生长发育特点，制定阶段性食谱进行投喂。人工配合饲料的选购必须对原材料有所了解，除原材料质量合格外，饲料中必须有一定比例的鱼粉。通过微生物对配合饲料的原材料进行一定程度的发酵，可制成发酵配合饲料，对促进消化吸收，抑制水体污染有一定帮助。所投饲料在投喂前用乳酸菌、EM 菌沤制 $1\sim2h$ 后，投喂有明显效果。

八、成蟹阶段的饵料投喂

（一）投饵系数

2010—2013 年南京市高淳区 29 家河蟹养殖典型案例调查统计数据显示，

平均投饵系数为 5.33，其中小杂鱼投饵系数为 3.91。成活率对投饵系数有较大影响，案例中成活率达 80％的塘口，投饵系数为 3.88，其中小杂鱼投饵系数 2.22。

（二）投饵原则

1. 效率最大化

饵料的利用效率与气象条件、养殖水环境、种质、放养密度、饵料品质、投喂方式、养殖成活率等密切相关。投饵的目的是满足河蟹个体生长发育对主体营养的需求。做到最大限度满足需求与减少浪费有机结合，才能提高饵料利用效率，达到资源节约与环境友好的高度统一。

2. 量质并举

河蟹有阶段性生长特点，荤素兼食，偏爱动物性饵料，对动物蛋白有较高要求。从河蟹养殖典型案例的调查可以看出，饵料平均实际利用率不到 20％。所投饵料除少部分散失或被其他水生动物所利用外，大多数被河蟹摄食。一部分通过消化吸收进入体内，大部分变成粪便排出体外。

在蜕壳准备阶段河蟹摄食量明显减少，在蜕壳和软壳蟹初步硬化前是不摄食的。营养积累阶段摄食最旺盛。同一批放养蟹种蜕壳，个体之间有先后之分，摄食并不一致。在确保饵料质量的前提下，根据摄食量及时调整投饵数量。

3. 适时调整

影响摄食的外部因素主要是水温和水体溶解氧。河蟹生长发育的适宜温度范围为 11～32℃，最适生长温度 15～30℃。在适温范围内硬壳蟹摄食较旺盛。水温低于 10℃摄食活动能力减弱，但即使在 5℃左右仍有少量河蟹摄食。水温高于 32℃，摄食量也会有所下降。水体溶解氧含量高，有利于摄食、消化吸收。

河蟹在营养积累阶段摄取的外源性营养，首先满足甲壳初步硬化后，机体生理代谢对养分的需求，其次是促进体细胞的生长与肝脏等组织器官的完善和体内营养的积累。

根据每次蜕壳所处的四个不同时段，有的放矢进行投喂，可有效提高饵料的利用效率。成蟹养殖过程中，要做到全年饵料统筹与阶段性需求有机结合。

（三）阶段性投饵量

第一阶段：从清塘结束后上水、蟹种放养至第一次蜕壳基本结束。时间 2月中下旬至 4月上中旬，水温 14～16℃。2月中下旬水温普遍在 8℃以下。第一次蜕壳为低温蜕壳，一般在 3月中下旬至 4月上中旬进行，整体蜕壳所需时间在 15d 左右。第一次蜕壳后河蟹个体增重可达 1 倍以上，苗种质量过关，实际观察死亡率为 0.5% 左右，低的在 0.05% 之内。完成第一次蜕壳主要依赖越冬前河蟹体内的营养积累，蟹种下塘后的外源性营养为补充。在 2 月底之前可按在塘蟹种体重的 2% 比例投喂较高蛋白饵料，隔天投喂一次。进入 3 月份按在塘蟹种体重 2% 的比例投喂饵料，每天一次，阴雨低温天气可以少投或不投。测算第一阶段饵料投喂量约为放养蟹种体重的 92%，第一阶段投饵系数为 0.92。

第二阶段：第一次蜕壳基本结束后至第二次蜕壳基本结束。一般为 4 月上中旬至 5 月上中旬，水温 16～23℃。第一次蜕壳后在塘蟹体重一般可达放养蟹种体重的 2 倍左右。第一次蜕壳高峰后，河蟹摄食量在原有基础上大幅增加，进入第二次蜕壳前营养全面积累阶段，摄食量达阶段性高峰，随蜕壳准备和蜕壳阶段的到来摄食量会有所下降。第二次蜕壳后个体增重在第一次蜕壳后的基础上再翻一倍，实际观察死亡率为 0.5% 左右。第二阶段投饵量可按在塘蟹总体重的 4% 投喂，结合摄食量调整。第二阶段总的投饵量为放养蟹种体重的 4.75 倍，第二次蜕壳后在塘蟹体重达放养蟹种的 3.96 倍。第二阶段投饵系数为 2.41。

第三阶段：第二次蜕壳基本结束后至第三次蜕壳基本结束。一般在 5 月上中旬至 6 月上中旬，水温 23～28℃。第二次蜕壳高峰后河蟹摄食量全面提升，并进入阶段性高峰，进入第三次蜕壳准备和蜕壳阶段，摄食量有明显下降。第三次蜕壳后个体增重在第二次蜕壳的基础上增加一倍，实际观察死亡率 0.7% 左右。第三阶段可按在塘蟹总体重的 6% 投喂，结合具体情况调整。第三阶段总的投饵量为放养蟹种体重的 14.15 倍，第三次蜕壳后在塘蟹体重为放养蟹种的 7.86 倍。第三阶段投饵系数为 3.63。

第四阶段：第三次蜕壳基本结束后至第四次蜕壳基本结束。一般在 6 月上中旬至 7 月中下旬，水温 28～35℃。第三次蜕壳高峰后河蟹摄食量进一步提升，在营养全面积累阶段进入高峰，进入第四次蜕壳准备和蜕壳阶段，摄食量有所下降。第四次蜕壳后个体增重在第三次蜕壳后的基础上再翻一番，实际观察死亡率 0.7% 左右。第四阶段可按在塘蟹总体重的 5% 投喂，结合摄食量调整。第四阶段总的投饵量为放养蟹种体重的 31.22 倍，第四次蜕壳后在塘蟹体重为放养蟹种的 15.61 倍。第四阶段投饵系数为 4.03。

第五阶段：第四次蜕壳基本结束后至第五次蜕壳基本结束。一般在 7 月中下旬至 9 月中下旬，水温 24～39℃。第四次蜕壳高峰后河蟹摄食量总体上升，但受高温与水质影响较大，第五次蜕壳前的营养积累期相对较长，进入第五次蜕壳准备和蜕壳阶段，摄食量有所降低。第五次蜕壳后个体增重在第四次蜕壳后的基础上增加 60% 以上，实际观察死亡率 0.3%。第五阶段可按在塘蟹体重的 4% 投喂，结合每天摄食量调整。第五阶段总的投饵量为放养蟹种体重的 59.76 倍，第五次蜕壳后在塘蟹体重为放养蟹种的 24.9 倍。第五阶段投饵系数 6.4。

第六阶段：第五次蜕壳基本结束后至成蟹捕捞上市。一般在 9 月上中旬至 11 月底，水温 8～24℃。第六阶段可分为前后两个部分。前一部分在第五次蜕壳结束至生殖洄游。生殖洄游通常在 10 月上旬出现，水温 22～24℃。这一阶段河蟹摄食旺盛，个体进入营养全面积累与性腺发育阶段，相同大小规格成蟹，个体重相差达 20% 以上。投饵量按在塘蟹体重 4% 投喂，结合具体情况调整。总的投饵量为放养蟹种体重的 29.88 倍，第六阶段前一部分在塘成蟹体重为放养蟹种的 29.88 倍，投饵系数为 6。后一部分指生殖洄游出现后至成蟹销售结束。10 月上旬至 11 月底，水温 8～22℃。第六阶段实际观察死亡率 0.2%。投饵主要满足河蟹生理代谢对营养的需求及性腺发育的部分需求，投饵量按在塘蟹体重 1.5% 投喂，后一部分总的投饵量为放养蟹种体重的 22.37 倍。第六阶段总的投饵量为放养蟹种体重的 52.24 倍。

综上所述的理论计算分析，养殖成活率可达 97.13%，成蟹产量为放养蟹种体重的 29.88 倍。全过程投饵系数为 5.64，至河蟹生殖洄游的投饵系数为 3.84。全年总体饵料投喂量为放养蟹种体重的 110.8～163.04 倍。成蟹养殖六大阶段投饵系数依次为：0.92、2.41、3.63、4.03、6.4、6，表明成蟹养殖饵料利用效率是逐步降低的。实际操作过程中，要结合各阶段成活率、规格、天气变化、水质、底质等具体情况进行饵料测算和投喂调整。

九、影响养殖成活率的主要因素

(一) 主要伤亡类型

在成蟹养殖过程中往往会遇到低温死亡、高温伤亡及养殖过程中的非正常死亡。每次蜕壳期间的个别伤亡属于正常伤亡。低温死亡和高温伤亡，通常都是特定环境条件引起的，严重影响养殖成活率。尤其是高温伤亡带有很强的普遍性，造成的损失巨大。近年来，由于超大规格亲本蟹在蟹苗人工繁殖中的运用，子代在成蟹养殖过程中体现出明显的生长优势，但最后一次蜕壳时间拉长，蜕壳行为推迟，导致拉脚、蜕壳不遂、甲壳硬化困难、入冬后伤亡增大。

(二) 伤亡等级划分

养殖生产中，可以按照每亩水面日均伤亡数字，将伤亡划分为四个等级。一是零星伤亡。每 10 亩水面日均伤亡在 1 只以内；二是小批量伤亡。每亩水面日均伤亡低于 1 只；三是批量伤亡。每亩水面日均伤亡大于 1 只，低于 5

只；四是大批量伤亡。每亩水面日均伤亡大于 5 只以上。

河蟹的伤亡有时肉眼可以观察到，有时观察不到。水温低于 23℃，死蟹往往都沉在池底，也有部分死在浅水区。每年春季当水温达 23℃ 以上，死蟹大多会浮出水面。第一次、第二次蜕壳期间，死蟹大多沉在池底。第三次蜕壳开始后，死蟹会浮出水面。第五次蜕壳后，水温降至 20℃ 以下，死蟹又将沉入池底。

（三）伤亡起因

养殖过程中河蟹伤亡大致可以划分为非生物因素和生物因素两大类。生物因素伤亡又可分为种质不良与环境生物因素两个方面。非生物因素主要是极端气象条件导致环境恶化所致，也有部分人为因素造成的伤亡。高温死蟹往往是生物因素和非生物因素叠加造成的。

1. 非正常伤亡

河蟹养殖过程中的非正常伤亡值得高度关注，应该是生物因素伤亡的一种特殊表现形式。往往是苗种生理机能不健全，抵抗外部不良环境能力弱，携带细菌、病毒或寄生虫等造成，给养殖生产带来潜在隐患。

苗种不良，在养殖过程中零星伤亡或小批量伤亡一直不会停止，一旦环境出现恶化就会出现批量甚至大批量死亡。苗种的遗传性状源自亲本的基因。苗种的抗逆性一方面由受精卵质量与胚胎发育环境决定，另一方面由胚后幼体的生存环境与营养供给状况决定。河蟹是低等动物，缺乏特异性免疫功能。在苗种繁育过程中，因受天气因素、环境条件、营养供给、病菌感染等多种内外因素综合影响，而导致苗种抗逆性的削弱。在苗种繁育的全过程中，有一部分体质衰弱的幼体和幼蟹相继被淘汰，也有一部分存活的苗种生理机能不健全或携带寄生虫、细菌和病毒等，在养殖过程中由于抗逆性差，出现陆续伤亡现象。一旦遇到恶劣环境或进入蜕壳阶段，其伤亡数字远高于正常苗种。因此，选择健康苗种是降低养殖死亡率的第一关。

2. 非生物和环境生物因素伤亡

成蟹养殖过程中，排除种质因素导致的伤亡之外，主要是非生物因素和环境生物因素造成伤亡。非生物因素主要是极端天气条件和人为不规范的操作。包括高温、高强度光照、强降雨、台风、滥用投入品、机械损伤等。

（1）非生物因素伤亡：气温和光照决定水温，水温影响河蟹生命代谢水平。水温对水域生态环境中的一切生命物质都产生直接影响。低温和高温增加河蟹蜕壳难度，低温往往有蜕壳不顺利现象发生，高温导致软壳蟹灼伤死亡。高温和低温都影响正常摄食，导致河蟹体质下降。极端天气容易带来水环境的急剧变化，高温闷热天气会造成水体严重缺氧，池底有机质腐烂产生甲烷、氨氮、亚硝酸、硫化氢等有毒有害物质，并滋生大量腐败菌和致病菌。造成河蟹中毒、致病，严重缺氧甚至泛池，造成大规模死亡。

生态环境脆弱的塘口，台风、强降雨后也会有青苔蔓延与蓝藻暴发的情况出现，造成生态环境恶化。人工作业和使用投入品不当也会造成河蟹伤亡，如人工操作时的机械损伤，投喂发霉变质饲料，杀虫、杀菌、改底、调水不当等。

（2）环境生物因素伤亡：一是河蟹之间的相互残杀、敌害生物的捕食，如水鸟、老鼠、青蛙、敌害鱼类等。二是在水域环境条件差的情况下，尤其底质、水质恶化，造成病菌、病毒和寄生虫等对河蟹的侵袭，受感染后体质衰弱死亡。三是水中部分特定生命物质短期内大规模繁衍，超高强度消耗水体中的溶解氧和有效养分，给河蟹生长发育造成困难，甚至带来死亡。如春季水体浮游动物大规模繁殖，大量消耗水体溶解氧，造成河蟹蜕壳困难。水温升高后青苔蔓延、蓝藻暴发造成水环境恶化，导致河蟹伤亡。

（3）非生物因素和生物因素叠加伤亡：如养殖前期，河蟹第一次蜕壳开始后出现冷空气，连续低温阴雨，河蟹摄食量大幅下降，体内营养积累严重不足。水体浮游植物往往难以形成种群优势，而浮游动物处在旺盛生长状态，加上养殖前期有效水体空间不足，水体溶解氧缺乏，导致第一次蜕壳后期、第二次蜕壳期间甚至第三次蜕壳过程中拉脚、顶壳、蜕壳不遂、黄壳等现象发生。造成低温期间的批量和大批量伤亡。

又如第四次蜕壳后出现持续高温，高温导致河蟹摄食量下降，体质衰弱。高温还造成水体出现温跃层，水体溶解氧垂直与水平分布极不均匀，底层溶氧严重不足，昼夜变化强度加大。若遇沉水植物衰老死亡腐烂，青苔大规模蔓延后死亡腐烂，蓝藻暴发后死亡腐烂，整个生态环境将彻底恶化，并会产生大量有毒、有害物质，滋生大量病害菌。高温期间河蟹的批量和大批量伤亡往往不可逆，并延续至整个第五次蜕壳，直到水温整体降至 28℃ 以下，伤亡数字才有可能大幅下降，养殖生产将蒙受巨大损失。

3. 发病原因

河蟹机体受病害入侵主要有两大途径：一是鳃组织，二是消化系统。鳃与底层水体直接接触，进行气体交换。河蟹长期栖居池底，底质、水质恶化后，有毒、有害物质直接破坏鳃组织，造成局部坏死或受病菌感染，威胁河蟹健康。加上底层溶氧严重不足，造成呼吸困难，体质衰弱，甚至导致死亡。腐败霉变或受污染食物等被河蟹摄食后，会引起中毒、消化不良等症状。产生中毒或病菌感染后，带来河蟹伤亡。底质恶化后还会引起甲壳溃疡等症状，危及河蟹健康。

（四）防控措施

针对造成河蟹伤亡的主要因素，必须从以下几个方面来提高养殖成活率：一是选择好的苗种，避免非正常伤亡的出现；二是开展彻底清塘，池底冻晒，杀灭病菌和虫害。根据实际情况有针对性地进行土壤改良，增加土壤有机质、矿物质、疏松土壤或泼洒微生态制剂等，有效改善土壤生态结构；三是做好春季蟹种下塘前水体浮游植物培养。有效遏制浮游动物的大规模繁殖生长，确保养殖前期河蟹蜕壳生长有充分的水体空间和足够的溶解氧含量。四是做好各种沉水植物的布局和种植、移栽，开展长效管护。确保其较旺盛的生命力，避免形成草害，发挥沉水植物净化、优化底质和水质的功能。五是有效抑制青苔滋生蔓延和蓝藻暴发。在养殖全过程中要高度重视水体的溶解氧含量变化，做到底质不出现恶化。

良好的种质、清洁的底质、优良的水质和满足河蟹生长发育的营养物质供给，是降低养殖死亡率，提升河蟹规格、品质的重要手段。

十、日常生产管理

维护塘口良好的水域生态环境，开展有效投饵，及时开展病敌害防控是成蟹养殖的日常性工作。

（一）巡塘

要坚持每天巡塘。关键时段要做到早、中、晚各巡塘一次，对河蟹生长活动和养殖水环境变化情况及时进行仔细观察，做到"三看三查"。

三看是：一看水。看水色和水体亮度，把握水体浮游生物变化与溶解氧含量。池水茶褐色、黄褐色、绿色，池水发亮，对光线折射能力强，说明水体浮游植物组成合理，水体溶解氧含量高。看池水透明度，把握水体悬浮物种类和数量，要求池水透明度总体保持40cm以上。看水位，把握塘口水位升降情况，根据实际需要适时调整。二看沉水植物和池内敌害生物。看沉水植物生长发育情况（主要是分蘖、发根与无性繁殖等），池内的有效覆盖面，叶面是否有着生藻类和脏吸附。池周浅水区是否有青苔滋生，池水下风是否有漂浮物与有害藻类。三看池埂是否有渗漏，防逃设施是否牢固。要仔细检查池埂外侧有没有渗水现象，防逃设施是否损毁。还要察看池埂上有无鸟类、老鼠等敌害生物活动痕迹。

三查是：一查河蟹摄食。所投饵料能否满足河蟹对营养的需要，第二天早上是否有残饵。要求所投饵料在4h内吃完为度。过剩或不足要及时调整。二查河蟹生长活动。白天检查是否有病蟹与死蟹，晚上观察河蟹摄食活动情况。观察生长规格、蜕壳进程与整体活力。特别是蜕壳期间，观察与检查十分重要，观察蜕壳的顺利程度与进展状况，检查蟹壳内是否有残留附肢，甲壳上是否有着生物，步足指尖色泽是否正常。三查底质状况与水体理化指标。要经常检查池底深水区淤泥状况，看池底有机质是否得到及时有效降解与吸收转化。要结合塘口水环境变化，对水质进行不定期检测，检查水体中浮游生物群落与水体悬浮有机碎屑含量，掌握水温、溶氧、pH、NH_3、NO_2^- 等理化指标。

巡塘要与投饵、水位调节、沉水植物修剪或梳理等生产活动相结合，做好塘口记录。经过综合分析确定第二天重点工作内容。

（二）投饵

投饵一般傍晚进行，根据河蟹摄食量、天气条件、水质状况及河蟹生长发育所处阶段，确定投喂品种与数量。所投饵料必须保证新鲜、适口，不得投喂发霉变质饲料，做到多点分散投喂。第一次蜕壳期间在环沟深水区投喂，第二次蜕壳期间以环沟深水区为主，大田浅水区也要适当投饵，第三次蜕壳开始后以大田浅水区为主，减少环沟深水区投饵数量。

（三）水位调控与水质调节

要根据河蟹、各类沉水植物生长及池水透明度等具体情况进行塘口水位的调控。平时根据塘口池水的蒸发量适当补水，结合阶段性养殖需求加注新水，采取逐步加水的办法，做到既不影响沉水植物正常生长，又能适当放大养殖水体空间。遇强降雨要及时排水，按照技术要求控制好塘口水位。水质包括溶氧、透明度、pH、碱度、硬度等各项指标，溶氧是水质优劣的核心指标。增氧设备的开启主要根据溶解氧含量决定。增氧的目的不仅是满足河蟹生长发育需要，还要考虑有机质降解耗氧以及沉水植物的呼吸等。要保持养殖水体溶氧5mg/L 以上。

（四）沉水植物的养护管理

要根据各种沉水植物生长发育特点，控制好不同时段的塘口水位，保持沉水植物生长区域有较高的池水透明度。不失时机开展修剪、深度梳理、适度清理、补栽和施肥等。实现沉水植物种群的新老更替，避免枝茎叶大批量集中衰老，形成草害。沉水植物的修剪、深度梳理和清理要避开梅雨期和蜕壳高峰期，对水体中漂浮的枝茎叶及青苔等杂物要及时清理，打捞出水体。保持有生命活力的沉水植物覆盖面达50％左右。

（五）病敌害防控与水质改良

在彻底清塘的基础上，选择良种放养，开展科学饲养管理。春季池周往往滋生少量青苔，一旦发现要立即杀灭，不得任其蔓延。初春是浮游动物生长繁殖旺季，要经常察看水体浮游动物变化情况，通常在河蟹第一次蜕壳前杀灭一次水体浮游动物。如果水体有白浊化趋势，要先杀虫后杀菌，保持池水有足够透明度。并可适当使用生物有机肥进行水体浮游植物的培养。水温升高以后要密切注意水体蓝藻发生，一旦发现，立即采取药物杀灭，不得任其发展。

要经常使用微生态制剂降解水体及池底有机质，有条件的要活化或扩培后使用。对河蟹感染病菌或寄生虫等，要有针对性地使用药物。底质好坏直接关系成蟹养殖成败，良好的底质主要依赖各类沉水植物发达的根系吸收底泥中的有机养分，并维持好底泥中的生态平衡。高度关注深水区底质恶化，可选择部分高效低毒化学改底产品进行底改。

十一、 成蟹养殖综合经济技术指标与实践案例

成蟹养殖，一方面满足社会消费需求，另一方面要获取良好的经济回报。消费者关注的是产品质量、规格、购买价格，核心是产品的性价比。生产者关注的是养殖成本、规格、产量、质量和销售价格，核心是经济效益。消费是生产的唯一源泉和动力。

（一）主要经济技术指标

从生产的角度来看，主要经济指标有：亩均效益、亩均产出、亩均投入；主要技术指标有：放养密度、养殖成活率、养成规格、投饵系数。

价格是产品交易的桥梁纽带。价值决定价格，价格围绕价值上下波动。社会平均养殖成本是构成市场河蟹价格的基础，在交易过程中市场价格总体由供求关系决定。供不应求，价格上涨；供过于求，价格下跌。价格调控供求关系。市场交易价格高于社会平均养殖成本，生产者将获取一定的利润，当市场交易价格低于社会平均养殖成本，生产者将面临亏损。

从 2001—2019 年南京市高淳区连续二十年的相关养殖案例可以看出，二十年来河蟹养殖成本总体呈上升趋势，成蟹交易价格处在不断变化之中。亩均产量总体呈上升趋势，但变数较大，生产者相互之间的差距在不断扩大。放养密度在逐步上升后呈相对平稳状态，养殖成活率变数较大，养成规格也存在一定变数。

在生产领域，养殖成活率、养成规格、亩均产量构成核心竞争力。养殖成

活率高、规格大、产量高，意味养殖成本价低。市场交易价格高，养殖效益明显。反之，养殖成活率低、规格小、产量低，意味养殖成本价高。市场交易价格低，养殖面临亏损。

当前我国河蟹产能总体供大于求，不考虑苗种和天气等特殊因素，产能过剩现象还将持续相当长一段时间。虽然在养殖成活率、养成规格、亩均产量等方面仍有一定的上升空间，但可以预见未来市场竞争将愈加激烈。

1. 养殖成本

河蟹养殖成本由劳动力、塘口租金、固定资产折旧、苗种、饵料、病敌害防控和良好水域生态环境营造与维护等方面投入构成。劳动力成本和塘口租金带有区域性特点，不同地区存在一定差异。放养密度和养殖成活率、养成规格构成亩均产量，产量有一定的局限性。亩投入除以亩均产量为亩均养殖成本。

在放养密度相同的前提下，提升养殖成活率与规格才能有效降低养殖成本。一是选择好的苗种；二是营造良好的水域生态环境，并有效维护；三是科学合理投喂；四是做好病敌害防控工作。

养殖成本的降低，还需要提高劳动生产效率，做到适度规模经营，减少不必要的投入与浪费。在实际生产过程中，当前造成养殖成本居高不下的最大因素是养殖死亡率。在确保苗种质量的前提下，营造良好的水域生态环境并有效维护，才能提高养殖成活率，降低饵料系数。科学合理的投喂能提升规格、品质，也能促进成活率的提高。高品质的河蟹不仅有利于销售，还能带来产品的溢价效应。塘口增氧设备等的合理配备与科学运用，不仅能满足河蟹对水体溶解氧的需求，提高饵料效率，还能对维护良好水域生态环境起到积极作用，有利于产量的提升。

生产领域的增益措施往往是通过合理套养鱼、虾等品种来实现。在确保不与河蟹在水体空间与饵料资源等方面发生大的矛盾与冲突的情况下，根据塘口具体情况适当套养鳜鱼苗种、花白鲢苗种和青虾苗种等，可以提高单位面积的经济效益。

2. 市场销售

养得好还要卖得好。一是把握好河蟹市场行情，适时销售，实现效益最大化；二是产销衔接与融合，减少中间环节，提升终端销售占比；三是提升产品质量，做到优质优价。

3. 存在问题与展望

二十多年来，河蟹生态养殖一直在实践中不断探索发展。虽然总体养殖技术水平在不断提升，但种质、底质、水质、营养供给与科学应对极端灾害性天气等方面还缺乏系统而全面性的技术规范，尚待今后进一步完善。

未来河蟹产业发展要紧紧围绕市场需求，提升苗种整体水平，营造良好的水域生态环境，满足河蟹在不同生长发育阶段对溶氧与营养的需求，做好病敌害防控，生产出高品质和高性价比的商品蟹。在苗种质量上，主要是选择符合生产和消费需求的良好遗传性状，提升苗种的抗逆性；在良好水域生态环境营造上，要细化沉水植物布局与栽培、管理措施，优化土壤与水体的理化指标，营造富有生命活力的养殖水环境；在营养供给上，要满足河蟹在不同时期和生长发育阶段对营养的全方位需求。在此基础上，形成有关水、种、饵等方面完整配套的技术规范，促进河蟹产业的可持续发展。

（二）2001—2019 年实践案例

附：2001—2019 年南京市高淳区部分养殖户河蟹养殖主要经济技术指标一览表（表 1 至表 11）。

表 1　2001 年至 2010 年南京市高淳区典型养殖户河蟹养殖主要经济技术指标一览表

姓名 项目 年份	邢小芳 2001	史天赐 2002	周三武 2003	史爱华 2004	夏爱国 2005	袁家正 2006	邢和头 2007	陈晓兵 2008	孔宝财 2009	杨小生 2010
养殖面积 （亩）	27.5	80	60	6	45	33	63	38.6	570	30
亩放养 密度（只）	210	220	350	533	400	388	460	450	550	500
养殖成 活率（%）	72	73.86	79	84	71.82	74.6	82	55	71	80
平均养成 规格（g/只）	197.5	200	160	167.5	205	210	207	205	185	187.5
亩产（kg）	30.5	32.75	47.5	75	59	61	71.5	55.5	72	75
投饵系数 （小杂鱼）	6.3 (3.5)	8.05 (4.96)	9.95	5.96 (3.97)	7.5 (6.4)	5 (5)	5.5 (4.65)	4.59 (3.47)	3.7 (3.13)	6.1 (4.44)
亩均投入 （元）	909	1 250	1 833	1 500	2 444	2 727	3 968	2 710	4 649	4 333
养殖成本价 （元/kg）	29.8	38.16	39.64	20	41.42	44.88	55.56	48.66	64.56	57.78
平均售价 （元/kg）	116	104	97	72	118.6	129.62	135	118	140.98	266
亩均净利 （元）	2 629	2 156	2 724	3 900	4 553	5 169	5 680	3 848	5 502	15 646
产蟹（t）	0.835	2.62	2.85	0.45	2.65	2.01	4.5	2.23	41.04	2.25

表 2　2010 年南京市高淳区河蟹养殖户主要经济技术指标

项目 \ 姓名	杨小生	孙春头	邵中兵	韩少武	吕周华	杨炳福
养殖面积（亩）	30	45	38	31	27	72
亩放养密度（只）	500	733	658	620	630	619
养殖成活率（%）	80	74.35	62.7	65	56.27	57.65
平均养成规格（g/只）	187.5	161.5	185	182.5	167.5	175
亩产（kg）	75	88.25	76.5	73.5	61	62.5
投饵系数（小杂鱼）	6.1（4.44）	4.43（2.52）	4.71（4.31）	3.68（3.34）	8（7.27）	6.44（6.11）
亩均投入（元）	4 333	4 444	3 684	4 194	4 815	4 639
养殖成本价（元/kg）	57.78	50.36	48.16	57.06	78.94	74.22
平均售价（元/kg）	266	153.24	200	219.78	151.52	200
亩均净利（元）	15 646	9 079	11 616	11 960	4 427	7 861
产蟹（t）	2.25	3.97	2.91	2.28	1.65	4.5

表 3　2011 年南京市高淳区河蟹养殖户主要经济技术指标

项目 \ 姓名	夏崇和	孔宝财	赵旺才	杨三顺	孔春芳	陈小兵
养殖面积（亩）	26.2	571	40	54	55	90
亩放养密度（只）	610	620	600	600	600	600
养殖成活率（%）	70	62	45.69	72	53.48	57.47
平均养成规格（g/只）	165	172.5	184.5	175	170	195
亩产（kg）	70.61	66	55	75	59.5	65
投饵系数（小杂鱼）	6.73（4.76）	4.17（4.17）	6.69（5.05）	4.24（3.47）	9.46（5.87）	5.36（4.19）
亩均投入（元）	5 576	5 779	4 325	4 074	4 273	4 400
养殖成本价（元/kg）	78.96	87.56	85.64	54.32	78.4	67.70
平均售价（元/kg）	191.36	111.08	132.04	91.36	103.34	117.40
亩均净利（元）	7 937	1 552	1 838	2 778	1 359	3 231
产蟹（t）	1.85	37.69	2.02	4.05	3	5.82

表 4　2012 年南京市高淳区河蟹养殖户主要经济技术指标

项目 \ 姓名	孙爱国	孙齐康	邢爱春	孔春芳	丁良	夏国富
养殖面积（亩）	13	24.5	66	52	50	260
亩放养密度（只）	661	857	879	550	600	885
养殖成活率（%）	75	46.16	45	71.99	60.6	77.33
平均养成规格（g/只）	190	160	163	170	192.5	153
亩产（kg）	94	63.25	64.50	67.30	70	104.80
投饵系数（小杂鱼）	3.75 (2.73)	3.9 (2.61)	4.12 (3.53)	6.4 (4.51)	5.5 (3.5)	2.56 (1.38)
亩均投入（元）	4 077	2 979	3 939	4 230	3 600	4 800
养殖成本价（元/kg）	43.38	47.10	61.06	62.86	51.42	45.80
平均售价（元/kg）	130.94	105.16	108.24	124	157.14	107.88
亩均净利（元）	8 231	3 672	3 043	4 115	7 400	6 506
产蟹（t）	1.22	1.55	4.26	3.5	3.5	27.25

表 5　2013 年南京市高淳区河蟹养殖户主要经济技术指标

项目 \ 姓名	邢友才	孙爱国	李华龙	卞爱国	邢华丰	杨新福
养殖面积（亩）	31	13.5	50	68.5	20	93
亩放养密度（只）	740	637	600	876	900	645
养殖成活率（%）	45.5	58.14	48.33	39.06	57.94	70.5
平均养成规格（g/只）	160	180	165	160	175	160
亩产（kg）	51.50	66.50	48	54.75	91.25	75.81
投饵系数（小杂鱼）	8.29 (7.5)	4.67 (3.27)	5.07 (2.72)	4.54 (3.2)	5.16 (2.28)	5.19 (3.55)
亩均投入（元）	4 097	4 444	3 640	4 671	6 850	4 301
养殖成本价（元/kg）	79.56	66.82	75.84	85.24	75.06	56.74
平均售价（元/kg）	114.38	166	145.84	136	179.60	142
亩均净利（元）	1 793	6 895	3 360	2 779	9 539	6 463
产蟹（t）	1.6	0.9	2.4	3.75	1.83	7.05

表 6　2014 年南京市高淳区河蟹养殖户主要经济技术指标

项目 \ 姓名	卞爱国	杨新福	李华龙	袁九头
养殖面积（亩）	78.5	93	50	30
亩放养密度（只）	767	1 086	656	667
养殖成活率（%）	50.89	91.26	70	64
平均养成规格（g/只）	160	155	157	160
亩产（kg）	86	153.46	72	68.34
投饵系数（小杂鱼）	3.28（2.33）	3.18（1.92）	4.09（1.77）	5.09（3.1）
亩均投入（元）	5 580	5 092	3 800	4 100
养殖成本价（元/kg）	64.88	33.18	52.78	60
平均售价（元/kg）	84	73.34	71.5	76
亩均净利（元）	1 644	6 163	1 312	1 093
产蟹（t）	6.75	14.27	3.6	2.05

表 7　2015 年南京市高淳区河蟹养殖户主要经济技术指标

项目 \ 姓名	孙合兵	钱继南	夏三长	史天明	丁良	吴伍建
养殖面积（亩）	11.8	37	24	58.5	50	36
亩放养密度（只）	720	800	917	820	900	739
养殖成活率（%）	87.05	65	71.59	60.4	57.14	86.67
平均养成规格（g/只）	169	155	165	155	175	180
亩产（kg）	105.93	81	108.3	77	90	115.28
亩均投入（元）	4 746	4 800	5 625	5 128	5 100	6 111
养殖成本价（元/kg）	44.8	59.26	52	66.6	56.33	53
平均售价（元/kg）	146.4	126.66	165.38	140	160	200
亩均净利（元）	10 762	5 459	12 279	5 652	9 300	16 946
产蟹（t）	1.25	2.997	2.6	4.5	4.5	4.15

表 8　2016 年南京市高淳区河蟹养殖户主要经济技术指标

项目 \ 姓名	李小芳	吴伍建	李华龙	孔德胜	张康愉	夏三长
养殖面积（亩）	68	36	50	25	20	25
亩放养密度（只）	823	777	760	920	800	970

（续）

项目 \ 姓名	李小芳	吴伍建	李华龙	孔德胜	张康愉	夏三长
养殖成活率（%）	63	80.9	57.89	50.72	51.41	71.3
平均养成规格（g/只）	163	150	138	150	155	130
亩产（kg）	84.56	94.5	61.0	70.0	63.75	90
亩均投入（元）	7 206	8 889	4 660	6 600	7 000	6 400
养殖成本价（元/kg）	85.22	94.06	76.40	94.28	109.8	71.12
平均售价（元/kg）	206	187	126	160	234	115.56
亩均净利（元）	10 213	8 783	3 026	4 600	7 918	3 999
产蟹（t）	5.75	3.4	3.05	1.75	1.28	2.25

表 9   2017 年南京市高淳区河蟹养殖户主要经济技术指标

项目 \ 姓名	孙宪平	夏小芳	夏三长	邢光南	孔祥辉	李华龙
养殖面积（亩）	25	32	25	30	26	50
亩放养密度（只）	800	950	840	760	907	760
养殖成活率（%）	48	58.48	68.25	40.48	48.46	73.3
平均养成规格（g/只）	190	150	150	162.5	175	140
亩产（kg）	74.00	78.00	86.00	50.0	76.93	78.00
亩均投入（元）	6 800	5 625	5 200	4 333	6 153	5 060
养殖成本价（元/kg）	91.90	72.12	61.18	86.66	79.98	64.88
平均售价（元/kg）	254.00	90.00	125.58	180.00	180.00	89.00
亩均净利（元）	11 995	1 395	5 538	4 667	7 694	1 881
产蟹（t）	1.85	2.50	2.15	1.50	2.00	3.9

表 10   2018 年南京市高淳区河蟹养殖户主要经济技术指标

项目 \ 姓名	孙宪平	夏友峰	杨爱民	孔祥辉	赵旺才	邢友才
养殖面积（亩）	24	20	61.4	24	40	30
亩放养密度（只）	833	800	1173	833	800	933
养殖成活率（%）	40	57.45	47.61	66.56	62.5	50
平均养成规格（g/只）	200	164	175	170	165	155
亩产（kg）	66.50	75.50	100.00	93.75	82.50	72.35

（续）

项目 ＼ 姓名	孙宪平	夏友峰	杨爱民	孔祥辉	赵旺才	邢友才
亩均投入（元）	7 083	4 500	6 000	6 903	5 375	5 167
养殖成本价（元/kg）	106.52	59.60	60.00	73.64	65.16	71.42
平均售价（元/kg）	260.00	102.00	200.00	148.00	123.64	110.60
亩均净利（元）	10 206	3 201	14 000	6 971	4 825	2 835
产蟹（t）	1.6	1.51	6.14	2.25	3.3	2.17

表 11　2019 年南京市高淳区河蟹养殖户主要经济技术指标

项目 ＼ 姓名	李华龙	吴伍建	芮玉水	孔东升	赵旺才	朱晓斌	芮三军	邢友才	吕周华	吴建国
养殖面积（亩）	20	36.3	30	45	40	11	16	30	30	20
亩放养密度（只）	800	950	1 066	900	800	909	625	900	1 333	975
养殖成活率（%）	57.57	76	57.87	47.62	56.61	67.12	52	53.7	48.31	62.56
平均养成规格（g/只）	190	185	135	175	175	165	250	165	210	225
亩产（kg）	87.50	133.50	83.34	66.70	79.25	100.68	81.25	79.75	135.00	137.25
亩均投入（元）	6 100	8 264	5 066	5 778	5 500	6 500	10 000	5 333	5 800	8 820
养殖成本价（元/kg）	69.62	61.90	60.80	86.62	69.40	64.56	123.08	66.88	42.96	64.26
平均售价（元/kg）	92.58	125.00	69.60	145.66	110.80	135.44	208.00	108.00	115.16	141.00
亩均净利（元）	2 000	8 424	733	3 938	3 280	5 848	6 900	3 279	9 747	10 533
产蟹（t）	1.75	4.85	2.5	3	3.17	1.11	1.3	2.39	4.05	2.75

第五章 成蟹捕捞与品牌营销

一、 成蟹捕捞与销售

河蟹捕捞在我国有着悠久的历史，人们根据河蟹不同生长发育时期的生活习性和水域条件，因地制宜创造出多种多样的捕蟹渔具和渔法。其中以栅罾箔类的蟹簖最为有名，源远流长。人们正是根据河蟹沿江顺流入海的生殖洄游习性，在蟹簖的基础上，发展了丝网、牵网、拦网、跃进兜、蟹拖网等渔具进行拦、捕、拖渔法。根据生殖洄游前河蟹旺食的习性，制作了蟹罾、打网、蟹钓等渔具诱捕河蟹。此外，因地区不同，在群众中还有不少极简便的捕蟹妙法，如摸、钓、光诱、烟熏等等。20 世纪 90 年代初期地笼网的发明为捕捞河蟹提供了更加便捷的办法。地笼网是当前最普遍、最常见的捕捞工具。地笼网有大有小，有各种规格型号，少量上市可用小地笼夜晚张捕，大量上市可用大地笼结合小地笼张捕。

（一）捕捞方法

河蟹生态养殖以来，成蟹捕捞主要在封闭型水体进行，并以秋冬季捕捞为主。随着市场需求的多元化，夏季小批量捕捞也开始出现。夏季捕捞主要在河蟹第四次蜕壳后进行。河蟹第四次蜕壳后已达一定规格，通过一段时间的营养积累，肌肉、肝胰腺内营养积累已达较高水平，在尚未开始第五次蜕壳前捕捞上市，即所谓"六月黄"。捕捞"六月黄"上市，一方面可以满足市场个性化消费需求，均衡上市，卖上好价格；另一方面可以加速资金周转，减轻塘口生物负荷。但必须做好捕捞、暂养和运输工作，严把选蟹质量关，尽可能减少高温伤亡。"六月黄"的捕捞主要是晚间地笼网捕捞，可以考虑塘口适当降水、注水进行操作。捕捞方法主要有晚上地笼网张捕、捞斗在水草和池周浅水区捕捉以及人工徒手在池埂上捕捉。

（二）捕捞时机

河蟹捕捞销售有很强的季节性，所谓"菊黄蟹肥""西风起蟹脚痒""蟹立冬影无踪"等都是民间对河蟹生长发育特点的生动描绘。

进入秋季，河蟹完成最后一次蜕壳，性腺发育逐步成熟。性成熟的河蟹出现生殖洄游，大量集群沿池周浅水区顺时针不停地游动，晚上开始大批量上岸，白天也有上岸现象，池水出现深度浑浊。如果小批量捕捞销售，只要晚上戴上手套徒手在池埂上捕捉便可。大批量捕捞，采取地笼网张捕与人工徒手捕捉相结合的办法进行。

在河蟹未出现生殖洄游前，晚上也会有河蟹到池周浅水区及水草上活动觅食，根据市场需求可以采取用捞斗在池周浅水区或水草上进行捕捉，也可以用地笼网张捕。但捕捞上来的河蟹必须检查成熟程度，避免将甲壳不坚硬，体内营养积累差的河蟹捕捞出水体，造成不必要的损失。

入冬后，河蟹开始在池内掘穴，会增加捕捞难度。因此，入冬前未销售的成蟹应及时捕捞出池，进入小水体集中暂养管理，以待销售时机。越冬过程中，体质弱的河蟹会出现部分伤亡。

（三）注意事项

河蟹生殖洄游出现后，大批量捕捞前，要预先清理池中的水草。根据捕捞量需要，可适当降低塘口水位后晚间地笼网张捕。下地笼网后要及时观察进地笼的河蟹数量，数量多时要及时起捕，避免地笼内数量过多出现窒息死亡。地笼捕蟹和徒手捕蟹在捕捞季节可将池内90%以上的成蟹捕完。最后是干池捕捉，冬季天冷以后河蟹会在池内挖掘洞穴，干池后对藏在洞穴内的河蟹要用铁锹人工挖取。成蟹的捕捞最好在秋季完成。10月下旬以后长江中下游地区水温普遍降至20℃以下，水温下降后河蟹活动能力减弱，部分河蟹开始打洞穴居，捕捞难度加大，因此捕捞宜在11月上旬结束。

所有捕捞出水体的河蟹必须及时放入网箱内进行暂养，再上市销售。网箱应设置在水质清新的较大水体之中，并要安装增氧设备，让河蟹在网箱内将体表和鳃腔内的污泥浊水清洗干净，同时也将肠道内的粪便排出。每只网箱内放入的数量必须根据水温确定，宜少不宜多，数量过多会造成缺氧。清洗干净的河蟹才能分规格包装上市销售。秋季集中捕捞的河蟹除一部分上市销售外，还可采取室内水泥池暂养、网箱暂养、蟹笼暂养或土池暂养。后期集中暂养有利于饲养管理和销售，也可有效减少越冬死亡率。及时捕捞，还有利于干池晒塘为下年度生产做好准备。

（四）成蟹销售

销售是实现养殖效益的最后一个环节，"养得好，还要卖得好"。成蟹销售除"六月黄"以外，大多在秋冬季节进行。大约三个月左右的销售时间，春节前后也有部分销售。销售必须与生产管理有机结合。销售过早，成熟度不足，容易造成损伤；销售太迟，肥满度下降，越冬死亡率增加。总的原则是均衡上市，应时应季销售，切莫一哄而上，造成烂市。

销售前，生产者应对当年河蟹的生产与销售形势有个基本预判。并对自己养殖的成本价进行测算，对社会平均养殖成本价进行分析，做到心中有数。当市场批发价格高于社会平均养殖成本价就可以组织少量上市。价格高可以多出售，价格低可以少出售或不出售。充分利用销售季节的一切有利时机，实现利益最大化。

销售成蟹的方式主要有市场批发、订单销售和终端销售。市场批发相对价格低，但销量大；订单销售价格一般高于市场批发，但对产品质量要求较高；终端销售价格高，但必须有相应渠道，对产品质量要求更加严格。生产者要获得高额回报，一方面是养殖出性价比高的河蟹，并有较高产量；另一方面应增加订单销售数量和扩大终端销售份额。

市场行情每年都在不断地变化，适时销售是基本原则，不能盲目等待，造成销售和生产上的被动局面。

二、 河蟹季节性消费与销售特点

"一蟹百味淡"，每到金秋时节，河蟹总能唤醒人们对美食的记忆。近几年来，"六月黄"也慢慢在大中城市悄然兴起，拉长了消费时间。品蟹已成为当今社会许多人生活的一部分，成为一种文化。

（一）消费季节

长江中下游地区，河蟹通常在国庆前后出现生殖洄游，其生长发育特点注定为时令佳品。当今时代人们处在快节奏的生活状态之中，在紧张的工作之余和节假日，亲朋好友相聚或家人团聚，在秋高气爽的日子里，一边聊天一边品蟹是一种十分难得的休闲方式。

每年进入秋季，中秋节、国庆节和重阳节都是河蟹消费的黄金时段。中秋节通常在国庆节前，也有重叠与滞后情况发生。中秋期间，河蟹初步完成最后一次蜕壳，肥满度虽不足，但足以尝鲜。国庆期间，河蟹已有一定的营养积累，少部分河蟹味道已渐入佳境。重阳节，河蟹膏黄丰腴，是食蟹的最佳时节。我国自古就有"九雌十雄"的食蟹古训。也就是说农历九月吃雌蟹，十月吃雄蟹。

河蟹每年的销售时间大约 3 个月，秋季食蟹 2 个月的最佳时间。为满足不同消费需求，部分河蟹可延续至春节前后。秋季品蟹，消费过早，性腺尚未发育成熟，仅供尝鲜，肝胰腺往往略带苦味；消费太迟，肥满度下降，雌蟹卵巢过硬，味道欠佳，只有雄蟹味道还不错。入冬以后，河蟹摄食活动能力减弱，开始消瘦，会一定程度影响口感。随着产业的发展壮大，除蒸煮以外，食蟹的方式方法也发生了不少新变化，有香辣蟹、熟醉蟹、蟹黄汤包、蟹黄酥等，丰富了消费内容，拉长了消费时间。

（二）消费范围

品尝河蟹，历史上一度是文人墨客、达官贵人的专利。随着社会经济的快速发展和人民生活的富裕，特别是养殖技术的进步，河蟹早已进入寻常百姓家。

河蟹是高度市场化的水产品，食蟹首先在沿海发达地区的大中城市流行，慢慢地扩散到内地大中城市。如今沿海发达地区乡村宴请也纷纷推出河蟹，提升了宴请的规格档次，也促进了消费。可以说，经过二十多年的发展，国内食蟹群体在不断扩大，有效消费需求也在逐步增加。河蟹适合长途运输，覆盖范围广，规格有大有小，有公有母，价格有高有低，适合多元化的消费需求。

河蟹是高附加值的水产品，消费必须依据一定的经济条件。从消费群体来看，有一部分人对河蟹情有独钟，一年之中，在不同时段都要品尝其美味，尤其在消费的黄金季节品尝数量可观。大多数人每年仅是尝鲜，消费适量河蟹。也有一部分人是从众，跟随亲朋好友一起消费。进入金秋时节，不少地方河蟹往往成为人们相互之间交流的一个重要话题。爱蟹的人，如果一年之中没有品尝到河蟹，那将成为一大遗憾。

（三）销售特点

河蟹生命周期一般为两年。成蟹当年如果没有全部出售完毕，在越冬过程中会有较大伤亡。越冬后的成蟹，在第二年五月份前绝大多数也会陆续死亡，可以说是一种自然清零现象。不会造成产品的大量积压，给第二年产品销售产生压力。

每年河蟹的规格、产量，除苗种、养殖规模和养殖水平外，还受到特定天气条件的影响。丰收年份产量高，价格平稳，消费量大。歉收年份价格高，消费量下滑。消费决定生产，有需求就有源源不断的产出。当前我国河蟹供过于求已成为不争的事实，市场竞争日趋激烈，在今后的发展中将逐步淘汰部分落后产能，促进产业提档升级。

三、成蟹营销方式与市场价格形成

（一）营销方式

成蟹销售总体上可分为市场批发与终端销售两大类。

1. 市场批发

市场批发又可分为产地市场批发和销区市场批发。产地市场也可称为一级批发市场，主要是主产区养殖户在销售季节将成蟹直接出售给产地批发商。产地批发商将收购的成蟹分级分类再出售给销区市场的经销商或终端零售商。不同地区的产地批发商之间也有货源的相互流动。

在成蟹上市高峰季节，部分产地经销商或销区经销商为获取高额利润，会收购成蟹进行囤养，确保淡季市场需求，而获取一定价差。销区市场有较完整的销售网络体系。市场规模有大有小，主要面对广大消费者。一个城市或城市区域规模最大的河蟹专业批发市场可以称为二级批发市场。终端经销商和菜场、超市、农贸市场一般都在二级批发市场采购货源，他们主要面对广大消费者，也有少部分批发。销区市场经销商之间也有货源的相互流动。市场批发的特点是数量大，货源集中，覆盖范围广，规格齐全，价格低。缺点是周转环节多，产品质量参差不齐。

2. 终端销售

终端销售是产品进入消费的最后一环，直接面对消费者。

批发服务于终端销售，目前终端销售主要有两种业态：一是网上销售，通过电商、微商等网络方式进行销售。既有养殖户直接参与的网上销售，也有终端经销商组织的网上销售。随着互联网和快递行业的迅速崛起，网上销售份额正在不断上升。二是实体店的销售，主要有专卖店和超市。专卖店往往对产品质量要求更高。实体店销售，消费者对产品有很好的直观感，方便选择与购买。也有消费者到养殖基地直接采购的方式。终端销售，消费者可以享受良好的服务，但产品价格远高于市场批发。

3. 品牌引领

河蟹品牌在销售过程中正发挥良好的引领作用，但品牌必须以品质和服务做支撑。在批发领域品牌也能发挥一定的作用，但关键是产品的品质。终端销售品牌的作用更加明显。

质量是产品的核心，因地理位置上的差异，种苗、养殖水环境、营养供给等各方面的不同，在不同销售时段和同一销售时段，不同来源的成蟹在品质上会有不同的表现。同一来源的成蟹因捕捞方式、成熟度选择、暂养管理、包装运输等方面的因素，也会造成品质上一定的差异。因此，注重成蟹销售管理的每一个细节都显得十分重要。在消费季节的不同时段，为消费者提供最佳品质的成蟹和最优质服务是产业持续健康发展的力量源泉。

（二）价格机制

河蟹的市场价格由物化成本与供求关系决定。

1. 价格形成

成蟹的终端销售价格由于受品牌、销售方式、销售区域、销售成本、产品质量等多方面因素影响有较大差异。而产地市场批发商的收购价格相对差别较小，对生产者与消费者有一定的参考价值。产品的价格与规格、质量有着密切的联系。

生产者的目标是追逐利润，实现自身利益的最大化。消费者追求的是产品性价比，最大限度满足消费需求。经销商为获取销售利润，每年成蟹上市前将对产品的供应和需求作出初步调查，并制定相应的营销策略，在生产与消费之间架起交易的桥梁。

河蟹是高度市场化的水产品，供求关系在价格上的反应十分灵敏。刚上市，产地批发市场的经销商会根据自己的初步判断，参考上年度价格水准，开出不同规格、品种的成蟹收购价格，起初的市场收购价通常不会低于社会平均养殖成本价。当市场收购价格高于部分养殖户心理期待时，这部分养殖户就会到产地市场出售成蟹，市场供求关系初步形成。产地市场经销商将收购的成蟹集中起来，分级分类批发给下游经销商，再通过一定渠道，最终提供给终端消费者，并获得认可，市场供求关系正式形成。成蟹在收购、转运、交易、消费过程中的一系列信息也会传递给产地市场经销商，最终反馈给生产者。

2. 价格调整

当市场产品供不应求时，价格就会上扬，促进更多的生产者前来交易；当供过于求时，市场价格就会下跌，减少交易数量。市场河蟹的供求不仅有量的问题，还有质的问题和产品结构问题，对市场价格形成都会产生较大影响。在成蟹销售季节，市场价格调节着每天的交易数量。全年河蟹总的供应数量和总的消费需求，决定全年交易的整体价格水平。宏观经济形势好，总的消费需求相对旺盛。特定的天气条件对每年河蟹价格走势也会产生较大影响。

进入秋季，每年的中秋、国庆、重阳三大节日对河蟹的消费都有极大的拉动作用，往往形成集中消费的高峰时段。中秋节有早有迟，受天气条件影响，河蟹成熟也有早有迟。中秋前市场供不应求，价格将居高不下。相反，中秋后市场供求基本平衡，交易价格相对稳定。国庆期间河蟹初步成熟，国庆前三天市场需求量大，价格会有所抬高，进入国庆节期间货源充足，市场价格相对平稳或有所下降。重阳节往往是品蟹的最佳时节，市场交易价格完全取决于供求关系，供过于求，价格平稳或下滑，供不应求价格上升。进入冬季以后，食蟹人群会大幅下降，市场交易价格完全由供求关系决定，有的年份平稳，有的年份下滑，也有的年份上涨。

四、产地批发市场成蟹等级划分与定价

进入河蟹销售季节，产地批发市场经销商，一般按照公母分类后，依规格进行等级划分和价格确认。收购时各种规格的成蟹，必须达到收购的初步质量标准。

（一）等级划分

母蟹从 75～200g，分为 7 个等级，75～125g 每隔 25g 划为一个等级，分别是 75g、100g、125g，125g 至 150g 又细分出两个等级，分别是 140g、150g，150g 以上还是按 25g 为一个级差，依次是 175g、200g。与之相对应的公蟹规格也划分为 7 个相对应等级，依次分别是 125g、150g、175g、200g、225g、250g、275g。

（二）价格确定

在整个销售季节，同一级别的公母蟹总体上保持着基本一致的价格水平。销售前期，同一档次的母蟹价格相对高一些，后期公蟹价格高一些。从等级划分上不难看出，同一级别的公母蟹，公蟹规格比母蟹规格大每只 25～75g。近几年来，随着成蟹规格的总体提升，4 母配 5.5 公改为 4 母配 6 公，并新增一档超大规格成蟹，5 母配 7 公，划分为 8 个等级。总体来看，当前各产地批发市场仍然依据成蟹规格确定不同价格，相对而言，规格越大，价位也越高。不同规格成蟹价格的确定主要由供求关系决定，市场需求量大而供不应求的规格，相对来说价格要高一些，供过于求的规格价格相对要低一点。

产地市场批发对成蟹质量有一定的要求，但在价格的体现上并不充分。终端销售主要是品牌引领，品质与服务是价格最重要的支撑，不同规格、质量的成蟹在价格体现上非常突出。随着河蟹产业的进一步发展，可以预期，未来在市场批发和终端销售中，成蟹品质在价格的体现上会更加明显。

五、中秋节对产地批发市场成蟹价格的影响

中秋节是中华民族的传统节日，每年中秋节的到来将揭开成蟹销售的

帷幕。

（一）货源供应

中秋节一般出现在每年的 9—10 月，有的年份早，有的年份晚，每年都不相同。中秋节是家人团聚、亲朋好友相聚的日子，河蟹往往成为时令消费品摆上餐桌。食蟹可以增加相聚的氛围。其实中秋食蟹大多数年份都只能尝鲜，重阳节才是食蟹的最佳季节。

河蟹大量上市要等到每年的生殖洄游，生殖洄游的出现表明河蟹的初步成熟。依据天气条件，有的年份早，有的年份迟。长期观察表明，长江中下游地区河蟹生殖洄游一般出现在 10 月 1 日前后。大多数年份，中秋节前成蟹尚未进入生殖洄游状态。从 2010—2020 年连续 11 年中秋节的时间来看，最早为 2014 年 9 月 8 日，最迟是 2017 年 10 月 4 日，大部分在国庆前。与之相对应河蟹生殖洄游出现时间，最早是 2014 年 9 月 15 日，最迟为 2020 年 10 月 16 日。仅 2012 年例外，中秋节在河蟹生殖洄游后出现。

（二）价格变化

中秋节的到来，意味着成蟹销售进入全年第一波高峰。生殖洄游的出现表明有大量货源供应。如果中秋节出现时间早，而成蟹生殖洄游出现晚，产地批发市场货源供应严重不足，收购价格可以被拉升至较高水平，甚至是全年最高水平。一般中秋节期间，产地批发市场成蟹收购最高价格在中秋节前 4d 左右出现，中秋节当日往往有较大幅度下跌。相反，若中秋节出现时间迟，河蟹生殖洄游相对较早，货源相对充裕，中秋节前产地批发市场成蟹收购价格虽有一定幅度上涨，但总体则比较平稳。

（三）价格因素

产地批发市场成蟹收购总体价格，由全年供求关系决定。每年成蟹开始上市交易，价格的出台会受到社会平均养殖成本价、上年度市场行情以及宏观经济环境等因素的综合影响。在成蟹销售季节，每年成蟹的价格走势都呈现出不同的运行轨迹。但中秋期间的价格，对全年成蟹销售有着较大影响。中秋期间较高价格的形成，有利于全年成蟹的销售。在成蟹规格的等级划分中，不同规格呈现不同价格。具体规格价格水平的高低，仍然由供求关系决定。

（四）价格表现

多年来的实践表明，4 公（一只 200g 的公蟹）、2.8 母（一只 140g 的母蟹）在成蟹交易过程中具有一定的代表性，可以体现全年总体价格水平的高低。多年观察表明，一般中秋节前 4 公最高价为全年最高价，2.8 母最高价也接近全年最高价。现将 2010—2020 年中秋期间产地批发市场，4 公、2.8 母成蟹价格变化与全年总体综合价格水平列表如下：

项 目 年 份	中秋节时间	生殖洄游出现时间	中秋节前 4d 收购价		中秋节当日收购价		4 公、2.8 母全年综合收购价（元/kg）
			4 公收购价（元/kg）	2.8 母收购价（元/kg）	4 公收购价（元/kg）	2.8 母收购价（元/kg）	
2010 年	9 月 22 日	9 月 26 日	264	230	206	190	186
2011 年	9 月 12 日	9 月 20 日	260～270	210～220	140	150	128.2
2012 年	9 月 30 日	9 月 28 日	110～112	160～170	90～100	190～200	145
2013 年	9 月 19 日	10 月 13 日	270～280	230～240	200～210	170～180	144.5
2014 年	9 月 8 日	9 月 15 日	150～160	130～140	90～96	96～100	83
2015 年	9 月 27 日	10 月 1 日	120～140	164～180	140～150	186～200	150
2016 年	9 月 15 日	10 月 4 日	280～320	260～280	160～280	140	196.2
2017 年	10 月 4 日	10 月 6 日	170～200	170～190	150～190	170～190	138.6
2018 年	9 月 24 日	10 月 4 日	112～126	126～140	96	130	104.24
2019 年	9 月 13 日	10 月 6 日	178	166	152	140	87.24
2020 年	10 月 1 日	10 月 16 日	150	142	168	222	126.88

六、品牌营销与加工出口

（一）品牌营销

1. 品牌由来

河蟹品牌是消费者对产品及产品系列的认知程度。

我国食蟹历史悠久，河蟹品牌由来已久。经过长期的历史沉淀，曾有三大名蟹产地：一是地处苏皖两省的古丹阳大泽河蟹—花津蟹；二是河北白洋淀河蟹—胜芳蟹；三是江苏阳澄湖河蟹—阳澄湖蟹。

20 世纪 80 年代之前，河蟹一直源自大水面的自然增殖和人工增殖。河蟹生活在江、河、湖泊之中，有江蟹与湖蟹之分。湖泊等大水面是河蟹的主要产地，久而久之，河蟹被冠以湖泊的名称。如阳澄湖大闸蟹、固城湖螃蟹、洪泽湖螃蟹等。河蟹数量少、价格高，是比较名贵的鲜活水产品。一度主要用来出口创汇与国内极少数人的消费，并未形成市场条件下真正意义上的品牌，是一种约定俗成的称谓，包装也极为简单。

2. 品牌形成与发展

20世纪90年代初，我国社会主义市场经济体制的建立与发展，为河蟹产业形成与发展带来了新的契机。随着经济的快速发展，消费需求急增，大幅拉升河蟹销售价格，强烈刺激生产发展，科技创新与生产方式的转变，促进了产业规模的形成。随着河蟹产业规模的不断壮大，需求短缺逐步缓解，河蟹从卖方市场转入买方市场，逐步形成了多元化的市场经营主体。

各地经销商为拓展销售渠道，吸引消费者关注，纷纷亮出自己的品牌，开展个性化营销活动。河蟹主产区的各级地方政府为帮助养殖户销售，促进地方经济发展，也纷纷上阵助威，举办一系列产品促销活动。20世纪90年代后期，河蟹开始注册商标。南京市高淳区在全国率先用"固城湖"名称成功注册河蟹商标，并制订固城湖螃蟹产品质量标准与生产技术操作规范。阳澄湖地区经销商一改终端销售的蒲包装蟹，率先采用纸盒包装，并在纸盒上印上自己的注册商标。

注册商标的使用与螃蟹包装的变革是品牌营销的良好开端。为张扬销售产品的个性，获取市场消费者的青睐，各地经销商在销售形式与产品内涵上不断深化。

一是河蟹的防伪标识。除外包装上印制注册商标及相应文字、图案外，还有蟹壳上贴防伪标签，大螯上戴蟹扣，蟹壳上激光打字等做法。

二是服务形式上不断深化。为满足消费者需求，每只蟹捆扎好，纸盒内配泡沫箱，加冰降温，配套简易食蟹工具，醋、姜茶、黄酒等佐料，并附产品使用说明。

三是开展品牌创建，提升产品质量和知名度。有地方名牌、国家名牌，有地方知名、著名商标，中国驰名商标，有国家级无公害水产品、绿色食品、有机产品、国家地理标志产品等。通过一系列品牌创建活动来提升产品质量，扩大产品的市场知名度和美誉度。严把产品质量关，通过制订上市产品质量标准与操作规程，严格筛选，确保上市产品质量。

四是加大产品宣传推广力度。开展品牌策划，印制宣传手册，通过电视、报纸杂志、户外广告、自媒体等多种宣传工具进行广泛宣传，举办各类螃蟹节庆活动和促销活动，扩大品牌知名度。

五是经营业态的创新。品牌营销主要在终端销售领域作用较大，批发领域主要是产品的规格质量。河蟹从农贸市场、菜场的零售出发，进入专卖店的品牌销售，对产品的规格、质量、服务提出了更高要求，可以满足不同层次的消费需求，为扩大销售覆盖面，开展专卖店连锁经营。进入二十一世纪，随着互联网的发展，网上销售成为一种新业态。网上销售为众多养殖户直接进入终端销售提供了可能。线上、线下销售有机结合，生产、销售深度融合，产品优质优价为品牌营销注入了新的活力。

以地域打造公共品牌，抱团发展，深耕市场，成为当下一种新的品牌发展趋势。各地开始推出母子品牌，弘扬区域品牌特色，在公共品牌旗帜下，充分发挥市场主体的主观能动性，可以最大限度发挥品牌的影响力。如阳澄湖大闸蟹、固城湖螃蟹等。

3. 品牌营销

品牌是时代的产物，它不仅是产品一个简单的标识，还有丰富的内涵，可以满足消费者深层次的需求。品牌经营更是经济社会发展的必然趋势，品牌架起了消费者、经营者、生产者之间相互沟通交流的桥梁，对提升产品质量和服务水平发挥了积极作用，有利于产品的做强做大。消费有一定的规律性，在一定的社会发展阶段，特定产品的消费量也有相应的饱和程度，并非可以无限放大。尊重消费意愿，积极引导合理消费和科学消费，才能扩大产品的覆盖面。

品牌始终以品质为支撑，品牌营销必须坚守诚信，尊重细节，处处为消费者着想，不断提升服务质量与水平，才能赢得市场。在品牌营销过程中，每年都要进行市场调查分析，有针对性地开展营销活动。一方面要对市场需求进行必要性调查，了解人们的消费心理、消费方式和消费特点，预判大致的消费数量和产品结构组成，因势利导做出相应预案；另一方面要对河蟹生产情况进行深入调查，摸清总的生产数量、产品结构组成和生产者的销售心理。在初步把握整个大的市场供求关系基础上，理清每年河蟹的消费特点与规律，找准商机，制订出营销策略，踏踏实实做好品牌营销的每一项工作，争取良好的营销业绩。

（二）加工、出口

河蟹肉味鲜美，营养丰富。据分析，每100g可食部分中：蛋白质占14%，脂肪占5.9%、碳水化合物占7.4%、维生素A达5960国际单位。

1. 加工

河蟹加工主要是蒸、煮，死蟹不得食用。蒸：将蟹体洗刷干净，用绳缚住，隔水蒸煮。将蟹放在蒸笼上，腹部朝上，隔水蒸的时间一般掌握在水沸后再蒸16分钟左右，至蟹壳呈红色，蟹黄油溢出，闻到蟹香味即可取出。煮：将蟹体基本浸没，煮蟹水中加少量紫苏（去寒）、杭菊（解腥）、姜片，水沸腾后再煮10～15分钟，至蟹壳变红，蟹香味四溢，熄火后，焖2分钟，即可取出食用。采用活蟹蒸、煮仍然是当前最主要的食用方式。长期以来，在此基础上还演绎出众多加工工艺与产品，有醉蟹、熟醉蟹、面拖蟹、香辣蟹，还有利用残次蟹和小规格蟹加工出来的蟹粉，更有蟹黄包、蟹黄汤包、蟹黄狮子头、蟹黄豆腐、蟹黄饺子、煎蟹饼、蟹黄酱等众多美味佳肴。

河蟹的深加工产品有效扩大了市场覆盖面，为扩大出口提供了可能。然而，所有用来加工的河蟹必须保证鲜活，死蟹不得用于食品加工。蟹死后细菌会分解体内的氨基酸，产生大量组胺和类组胺物质，这是一种有毒物质，随着死亡时间的延长，蟹体内积累的组胺越来越多，即使把河蟹煮熟，这种毒素也不易被破坏，吃后组胺会引起过敏性食物中毒，类组胺会使食者呕吐、腹痛、腹泻。另外，孕妇宜少吃或不吃螃蟹，老年人不宜多吃，不宜食蟹的病人不要吃。

2. 出口

出口贸易建立在国际市场需求的基础上。长期以来，由于东西方历史文化上的差异，饮食消费习惯也存在很大差别。西方人注重营养，饮食方式简单，东方人对食物味道的追求十分强烈，尤其华人对美味的追求全世界首屈一指。河蟹附加值较高，消费必须具备一定的经济基础，加上活体出口，增加了产品出口的难度。河蟹虽然是传统的出口水产品，但出口的国家和地区有限，每年出口量仅数千吨，并受限于绿色贸易壁垒，主要目的地为我国香港、澳门、台湾地区，以及韩国、日本、新加坡等东南亚国家。出口贸易行为的组织实施必须依靠企业，政府部门起监管作用。

河蟹出口必须要有工商登记注册的企业，必须具备国家政策规定的相应出口条件和资格。一要领取外贸主管部门的出口资格证书和海关证件；二要到所在地出入境检验检疫部门申请出口河蟹养殖场登记注册，并建立出口河蟹中转站（或打包厂），申领出口河蟹卫生许可登记证；三要寻找国际上的贸易伙伴，签订河蟹出口订单，并到所在地出入境检验检疫部门报备；四是按照出口河蟹生产技术操作规程组织河蟹生产。并邀请出入境检验检疫部门对生产全过程进行检疫检查，对水质、苗种、饵料等进行检测，确保符合国家无公害河蟹生产技术标准，做好相关档案记录。同时，要充分了解出口目的地所在国家和地区对进口河蟹的质量技术指标，从生产源头把好产品质量关；五是认真筹划，做好河蟹出口相关工作。出口前，首先要开展河蟹质量检测，达不到质量标准坚决不出口。其次要做好出口前的一切准备工作，最后要对符合质量标准的出口河蟹，应邀请出入境检验检疫部门现场监督把关，并办理相关出口手续。

河蟹出口应避免高温天气，操作过程中应严格按照规范执行，不得人为造成产品质量的损害。要严把产品质量关，甲壳不坚硬、活力不强的河蟹杜绝出口，否则长途运输过程中会出现伤亡。在包装、运输、储藏等环节一定要讲究科学，尽可能减少运输环节，缩短运输时间，确保符合质量标准的河蟹安全抵达出口目的地。最后，河蟹到达经销商手中后要关注后续相关信息，进行认真总结，不断提升河蟹出口水准。

（三）质量安全

民以食为天，食以安为先。质量安全是产品的生命，品质是产品的价值所在。健康是人类的共同追求，质量安全是产品的第一道防线。

当前影响水产品质量安全的指标主要有抗生素残留、重金属残留和农药残留三个大的方面。要提升水产品的质量安全水平，必须实施从生产到餐桌的全过程质量安全管理。要将部门监管与行业自律有机结合。不仅要有健全的水产品质量安全监督管理机构和法律法规，还要有十分完善的技术体系做支撑。

在河蟹生产销售领域，要以品牌为引领，强化产品认证，大力倡导优质优价。各级政府要因地制宜，着力开展好以下几个方面的工作。

一是科学规划。从产业规划着手，开展水面资源的调查研究，对区域大气环境进行科学评估，对土壤、水质进行分析化验，划定适宜河蟹养殖的区域。

二是加强质量安全的源头管控。广泛开展质量安全技术培训和生产过程的监督与检测工作，不断完善监管体系。一要开展苗种检查、检疫、检测，投入品检查，禁止销售和使用国家明令禁止的投入品。二要充分发挥技术部门和行业组织的作用，建立科学的健康生态养殖模式并有效推广，开展精细化管理，倡导塘口档案记录。树立质量安全标准化示范样板，带动产品质量安全水平的整体提升。三要加大水产品质量安全监测力度，鼓励生产者送检，有效开展水产品质量安全隐患排查，对问题产品进行追溯，实行无害化处理。认真总结生产过程中出现的问题，不断完善生产技术规范，努力提升河蟹生产的质量安全水平。

三是加大科研投入力度。重点围绕苗种、养殖水环境、饵料等方面进行深入探索，特别要将天气变化与生产管理有机结合，不断探寻生产高品质河蟹的技术与办法。满足不同消费群体的需求，努力将河蟹产业打造成环境友好、资源节约、品质一流、效益显著的富民产业。

七、 我国河蟹养殖发展变化与市场成蟹价格走势

纵观河蟹增养殖发展史，可以初步划分为三个大的阶段。20 世纪 50 年代前为自然增殖阶段，20 世纪 50 年代至 1993 年为自然增殖和人工增殖并举阶段，1994 年至今为河蟹养殖阶段。河蟹养殖历经二十多年的发展，从特种水产的一个小品种成为具有相当规模的产业，丰富了城乡居民的菜篮子，促进了农村经济的繁荣发展。

（一）发展变化

1993 年全国河蟹产量 1.75 万 t，2019 年达 84 万 t（表 12）。南京市高淳区 1993 年河蟹产量 182t，2019 年达 1.76 万 t（表 13）。从全国河蟹产量的变

化来看，1993—2003 年连续十一年呈两位数高速增长，最大年增幅为 78.29％。2004—2014 年整体保持个位数平稳增长，其中有两年增幅达两位数。2015 年至今每年产量有增有减，总体呈平稳上升趋势。从南京市高淳区河蟹产量发展变化来看，1993—1996 年每年产量有增有减。1997—2007 年连续十一年总体呈两位数高速增长，最大年增幅达 113.26％。2008—2019 年产量有增有减，增速放缓，整体呈上升趋势，最大年增幅为 22.62％。随着河蟹养殖的发展，消费群体也在不断扩大，但截至 2003 年底，国内成蟹供不应求的局面已初步缓解。二十多年的发展，国内成蟹产业规模达 600 亿元以上，并形成从苗种繁育、基地养成、渔需物资供应、市场批发、物流运输、终端销售较完整的产业链和商业运行模式。消费引领产业发展，产业发展促进消费，消费与生产相互联系，相互影响。

表 12　1993—2020 年全国河蟹产量情况

年份	产量（万 t）	与上年度相比增减（％）	年份	产量（万 t）	与上年度相比增减（％）
1993 年	1.75		2007 年	48.9	2.95
1994 年	3.12	78.29	2008 年	51.8	5.93
1995 年	4.15	33.01	2009 年	57.4	10.81
1996 年	6.24	50.36	2010 年	59.3	3.31
1997 年	8.43	35.1	2011 年	64.9	9.44
1998 年	12	42.35	2012 年	71.4	10.02
1999 年	16	33.33	2013 年	73	2.24
2000 年	23.2	45	2014 年	79.7	9.18
2001 年	28.6	23.28	2015 年	82.3	3.26
2002 年	34	18.88	2016 年	81.2	−1.34
2003 年	40	17.65	2017 年	75.1	−7.51
2004 年	41.6	4	2018 年	75.7	0.8
2005 年	43.8	5.29	2019 年	84	10.96
2006 年	47.5	8.45	2020 年	75	−10.71

表 13　1993—2020 年南京市高淳区河蟹产量情况

年份	产量（t）	与上年度相比增减（％）	年份	产量（t）	与上年度相比增减（％）
1993 年	182		2007 年	10 300	27.16
1994 年	451	147.8	2008 年	11 000	6.8

（续）

年份	产量（t）	与上年度相比增减（%）	年份	产量（t）	与上年度相比增减（%）
1995 年	407	−9.76	2009 年	12 186	10.78
1996 年	349	−14.25	2010 年	12 200	0.11
1997 年	612	75.36	2011 年	14 960	22.62
1998 年	860	40.52	2012 年	15 500	3.61
1999 年	1 834	113.26	2013 年	15 000	−3.23
2000 年	2 210	20.5	2014 年	16 000	6.67
2001 年	2 865	29.64	2015 年	15 500	−3.13
2002 年	4 512	57.49	2016 年	14 500	−6.45
2003 年	6 141	36.1	2017 年	16 200	11.72
2004 年	6 518	6.14	2018 年	17 300	6.79
2005 年	7 750	18.9	2019 年	17 600	1.73
2006 年	8 100	4.52	2020 年	16 300	−7.39

（二）发展特点

河蟹产业的发展，建立在社会经济持续健康发展的基础之上。消费需求的快速增长，促进产业的形成与快速崛起，消费需求的满足也会平衡产业的快速增长。1997—2000 年随着河蟹人工苗种供应水平的提高和养殖技术水平的提升，成蟹养殖单产水平逐年上升，养殖成本相对下降，养殖利润空间得到不断放大。进入 21 世纪，由于养蟹比较效益明显，国内养殖规模不断放大，导致水面资源、饵料资源、劳动力资源等逐步趋紧，养殖成本出现不断上升趋势。从产量的增加与有效消费需求的增长来看，后者明显落后于前者，产能过剩充分显现。

每年特定的天气条件，不仅对成蟹养殖构成影响，而且也对下一年度苗种的数量、质量造成深度影响。多年观察表明，天气条件有利于成蟹养殖，市场整体蟹价明显下滑。天气条件不利于成蟹养殖，市场蟹价明显上升。

河蟹产业的发展离不开水面资源、科技进步与资金投入。河蟹苗种繁育技术瓶颈的突破与生态养殖模式的创立，为养殖业发展开辟了全新的天地。20世纪 90 年代中后期，河蟹工厂化育苗技术的推广普及和本世纪初以来土池生态育苗技术的推广普及，为河蟹产业发展奠定了坚实的苗种基础。2016 年以来大规格亲本蟹选育技术的不断推广普及，提升了成蟹的整体规格水平。21

世纪初以来，池塘底层管道增氧技术与沉水植物种植、管护技术的推广应用，大幅提升了养殖河蟹单位面积产量。新技术的不断推广应用使生产领域的竞争愈加激烈。

（三）消费特点

1. 消费量

成蟹作为高附加值的时令消费品，在销售上有很大的局限性和一定的区域性。成蟹的消费方式相对单一，长期来看，不可能有太大突破。如果每 500g 按照 3 只蟹计算，10 万 t 成蟹可达 6 亿只，40 万 t 可达 24 亿只，不计算运输操作环节的损耗，可以完全覆盖全国所有消费者。

从消费来看，国际市场相对狭小，成蟹出口所占份额极低，国内消费占 95％以上。从全国范围来看，各地经济发展存在很大的不平衡性，不同区域消费习惯也不相同，不同民族有不同的消费特点，同一区域也存在不一样的消费群体。河蟹养殖发展至今，错综复杂的因素对市场进一步拓展带来了困难，目前成蟹供应已达相对饱和状态。按照全国人口 10％的人群消费成蟹，人均消费量每年 10 只已能初步满足消费需求。不考虑操作运输等环节的损耗，40 万 t 的河蟹产量可以满足国内基本消费需求。当市场供应远大于需求时，价格将会有较大幅度下跌，当市场供不应求时，蟹价有一定的上升空间。

2. 价格变化

每年产地批发市场蟹价，都会呈现出不同的变化特点。纵观近 20 年蟹价水平，总体来看，市场平均价格水平均高于社会平均养殖成本。只是每年市场价格与养殖成本之间形成的价差，数字大小不同而已。一般来说丰收年份价差小，歉收年份价差大。每年进入消费季节，市场蟹价和节假日消费、养殖户心理期待有着紧密联系。蟹价高低，总体受市场供求关系调节。供求关系不仅调节整体价格水平，还调节不同规格成蟹价格及公母蟹价格。对同一规格类型的产品在品质上的差异，供求关系在价格上也有较明显的表现。蟹价高低在规格、公母、质量上的表现是动态的，由供求关系决定，但长期来看高品质成蟹在价格上的表现将越来越突出。

2003 年以来，国内成蟹产量已能满足社会消费需求。但受养殖规模、天气条件、苗种质量、养殖技术水平、宏观经济环境等综合因素影响，不同年份产地市场蟹价呈现出不同的特点与走势。准确预判销售态势，有利于提高养殖效益。

3. 历年价格走势

现将 2003—2019 年南京市高淳区水产批发市场历年蟹价走势列表如下：

年份	蟹价特点与走势
2003 年	产地批发市场蟹价高于社会平均养殖成本价50％以上，销售平稳，养殖有较大利润空间
2004 年	河蟹养殖遇大年，刚上市供不应求，价格较好。上市高峰到来后，货源充足，价格逐步走低，后期市场价格低于社会平均养殖成本价，直至春节也没有出现大的反弹。
2005 年	中秋节前价格较好，国庆节后蟹价大幅回落。销售旺季货源充裕，蟹价低位运行，进入11月份，货源趋紧，市场价格出现反弹，并一直延续至春节期间。
2006 年	河蟹遇养殖小年。由于受高温、干旱少雨影响，养殖成活率与养成规格都相应下降，市场货源供应趋紧，蟹价一路上扬，大规格蟹的价格创历史新高。
2007 年	成蟹养殖总体风调雨顺，市场价格在上年基础上有较大幅度回落。进入11月由于大规格蟹数量偏少，市场价格有较大幅度反弹，然后趋于平稳。
2008 年	河蟹养殖小年，总体价格好于2007年。中秋节来临早，刚上市蟹价创历史新高，随着大量上市价格不断下滑，加上国际金融危机影响，消费信心不足，还有养殖户惜售心理，低价格维持时间较长，至11月中旬价格仍未出现大的反弹。
2009 年	河蟹养殖形势相对较好，成蟹价格由低走高，高峰后有所回落，后期随着货源趋紧，价格逐步攀高。
2010 年	河蟹养殖遇小年，养殖成活率与养成规格都有较大幅度下降，大规格成为紧俏货。中秋节前成蟹价格刷新历史纪录，成蟹价格基本上是高开高走。
2011 年	为河蟹养殖大年，中秋节来临早，刚上市成蟹价格较高，随着上市高峰的到来价格迅速下滑，呈高开低走态势。
2012 年	为河蟹养殖正常年景，刚上市价格在理性范围以内，随着中秋节的临近，价格逐步攀升，达到较高水平。随着上市高峰的到来价格逐步下滑，但一直保持在成本价以上，处于较平稳的水平。进入10月下旬由于市场货源趋紧，价格逐步上升，并保持较高水平。
2013 年	为河蟹养殖小年，中秋节出现早，蟹价高开低走，进入10月中旬出现反弹，价格有小幅回升，然后基本趋于平稳。
2014 年	为河蟹养殖大年。市场蟹价高开低走，起步价即为全年最高价，且明显低于上一年度价格水平，价格走势呈直线下滑。
2015 年	为河蟹养殖正常偏差年景，中秋节出现较迟，市场蟹价低开高走，呈逐步上升走势，表现出强劲增长势头。小规格蟹相对平稳，大中规格蟹价增幅明显。
2016 年	河蟹养殖遇小年，总体保持较高价格水平。中秋节出现早，市场蟹价高开低走，中期较平稳，后期有较大跌幅，总体呈逐步下滑走势。11月上旬香港发布螃蟹二噁英事件，导致后期蟹价断崖式下跌。

（续）

年份	蟹价特点与走势
2017 年	为河蟹正常偏差年景，中秋节出现迟，市场蟹价高开低走，呈平稳下滑走势，总体保持相对较高的价格水平。
2018 年	为河蟹养殖正常年景，市场蟹价中开低走，呈平缓下滑趋势，大中规格蟹价较上年度有明显跌幅，总体价格水平低于上一年度。
2019 年	为河蟹养殖正常年景，中秋节出现较早，市场蟹价中开低走，价格逐步下滑，后期相对平稳，总体呈平稳下降走势。市场大中规格成蟹占比有所提升，与上年度比较价格跌幅较大，其他规格蟹价较上一年度有所下降，总体价格处相对较低水平。

（四）价格特点

近 20 年的市场调查表明，每年蟹价呈现出不同的运行轨迹。凡遇养殖小年，市场综合平均价格水平都比较高，遇大年则较低，正常年景相对平稳。

在成蟹销售季节，共有两波消费高峰。一波是中秋节至国庆节，另一波是重阳节前后。中秋节生殖洄游出现时间和上一年度后期成蟹价格水平等因素决定第一波蟹价总体水平。中秋节出现早，生殖洄游出现迟，市场供求矛盾相对突出，可以拉升前期蟹价。中秋节出现迟，生殖洄游出现相对较早，市场供求关系可以缓解，蟹价相对平稳。从整个销售季节来看，市场供求关系对蟹价起决定性作用。

附录 1　养殖河蟹的栖居环境与池水透明度

河蟹为甲壳类动物，营底栖生活。在人工自然生态系统中，河蟹晚上出来摄食活动，白天隐匿在水草丛中或隐居在底泥之中。在养殖过程中，河蟹池底的栖居时间远大于摄食活动时间，且喜欢栖居在池底较深区域。通过长期投饵及水体流动，深水区往往聚集大量有机质，易造成底质恶化。河蟹若长期栖居在恶化的环境之中，呼吸系统、消化系统等易受毒害，并感染病菌。轻则影响生长，重则发病死亡。池水透明度高低是水质优劣的一个重要指标，影响到浮游植物和沉水植物的生长，以及水体溶解氧含量高低。良好的底质和清新的水质是河蟹健康生长的前提。

一、水环境变化与修复

河蟹苗种冬春季节投放，秋季开始收获销售。冬季干池晒塘，年复一年。每年随着春天的到来，万物复苏，温度、阳光为大自然一切生命物质提供能量来源，促其萌发、生长、繁衍。

蟹池为人工浅水生态系统，鉴于高密度的放养和高强度的投饵，池底尤其深水区往往富集大量有机质，难以有效降解，造成池底环境局部恶化和透明度下降。一是适温范围内，河蟹等水生动物在池底及水体中频繁活动，造成池底土壤中的黏粒与有机碎屑等悬浮在水体之中，导致透明度下降。二是养殖过程中，残饵及水环境中一切生命物质的代谢产物与残骸也会进入水体或沉入池底，造成水环境中有机质的增加。三是浮游植物、浮游动物、微生物等形成种群优势后也会导致池水透明度的明显下降。

河蟹生性喜静，白天大多长时间隐藏在深水区池底或隐匿在水草丛中。栖居环境中聚集的大量有机质如得不到及时有效降解，将会产生有毒、有害物质及病菌，给河蟹栖居带来健康隐患。轻则甲壳上有污物及着生生物，甚至出现甲壳溃疡、步足指尖呈暗红色，重则发病死亡。在人工操作过程中，要尽可能减少池底深水区有机质的富集，切莫长期盲目在深水区集中投饵。沉水植物在水域生态环境中有不可替代的作用，但在其生长过程中也会出现一定数量的衰老枝茎叶，成为水体中重要的有机污染源。做好沉水植物的管护，可避免植株集中衰老，减轻有机污染。池底及水体有机质得到有效利用或及时降解，并被绿色植物吸收转化，才能维持良好的底质与水质。

养殖水体为河蟹等水生动植物生长提供必要的生存环境，提供呼吸所需的溶解氧及生长必需的营养元素，同时也消解一定数量的代谢产物。第一，养殖水环境中生物的多样性，促进物质转移和能量流动的正常有序。第二，摄食有机碎屑和丝状藻类的中下层鱼类，滤食性的上层鱼类，活螺蛳等底栖生物对减轻池底及水体有机质数量有较大的帮助，可适当利用。第三，通过适时投放一定数量有针对性的微生态制剂及其辅料，可有效降解池底与水体有机质。在浮游植物与沉水植物的共同作用下，可获得洁净的底质与良好水质。

二、贫营养型水体营造

河蟹健康生长，应具备清新的水质与干净的底质，即贫营养型水体。人工高密度养殖，大量投入品的进入和水体生命物质代谢产物的排放及残骸等极易造成养殖水体的富营养化。一方面科学合理控制投入品的使用数量，努力减轻盲目投放带来的池底与水体的有机污染；另一方面要做好水体的碳汇工作。通过各种微生物及时有效降解池底及水体有机质，充分发挥浮游植物与沉水植物吸收转化养殖环境中 N、P 等营养元素的功能，保持养殖水体处在贫营养型状态。特别要发挥各类沉水植物在分蘖和无性繁殖阶段代谢速度快、代谢能力强的优点，来净化、优化底质和水质。通过适当的人工干预措施，避免各类沉水植物出现集中衰老的情况发生，延长其营养生长期，克服沉水植物大量衰老枝茎叶枯萎、腐烂造成的内源性有机污染。

在生态养殖过程中，确保干净的底质和较高的池水透明度，还必须根据池底形态结构与蟹种放养密度，优化沉水植物布局，强化沉水植物科学管护措施。针对不同类型土壤和池底形态结构，分类施策。生态养殖目前主要有两种类型的池底结构。一种为池底较为平坦的平底池，另一种为池底建有环沟与中间沟的凹凸型池底。

平底池水位深浅基本一致，以种植伊乐藻为主，辅以移栽适量微齿眼子菜，通常不设置护草围网。平底池放养蟹种后，养殖前期（第四次蜕壳前）河蟹摄食活动空间大，栖居场所多，有利于前三次蜕壳的顺利进行。但伊乐藻在春夏季生长速度快，生物量大，修剪和梳理工作量大，维护有较大难度。特别是持续高温天气，伊乐藻损毁严重，增加了管护难度。平底池在养殖前期具有较大的水体空间优势，加上投饵量相对少，伊乐藻生命活力强盛，池底有机质较为分散，易有效降解，通常不会出现底质恶化，更有利于蜕壳生长。池水透明度依据土壤质地，蟹种放养密度、伊乐藻种群数量及生存状态、浮游动物数量、水位深浅、河蟹所处生长阶段，人工投饵操作等综合因素，存在较大变数。针对伊乐藻，适时修剪、梳理、有针对性地施肥、增氧，采取微生态制剂及时降解池底和水体有机质，投放适量优质活螺蛳等，可维护其较好的生存状态，不出现大面积枯萎、腐烂。确保良好底质与水质。

环沟型池底分深水区与浅水区两大部分，一般深水区占比 25%～35%，浅水区占比 65%～75%，深水区比浅水区平均深 50cm 左右。环沟型池底可以实施伊乐藻、苦草、轮叶黑藻等不同品种沉水植物的多样化种植。当蟹种亩放超过 600 只，应在浅水区设置护草围网。环沟型池底养殖前期水体空间相对狭小，在养殖过程中必须梯次放大，否则易造成环沟深水区底质的恶化。

河蟹第一次蜕壳，鉴于蟹种规格小，水温低，投饵少，池底有机质富集数量少，养殖水体空间基本能满足河蟹正常蜕壳需求。但第一蜕壳中后期随水温逐渐升高，完成第一次蜕壳行为的软壳蟹硬化后活动能力增强，规格增大，水体空间相应变窄，池水透明度明显降低。依据天气条件和蟹种质量差异出现变化，特别是遇冷空气南下，部分蟹池因水体空间狭小，在第一次蜕壳中后期有零星拉脚、瞎眼和蜕壳不遂行为发生，并可能延续至第二次蜕壳的全过程，甚至波及第三次蜕壳，造成养殖前期较大伤亡。要针对天气变化特点做好应对，遇强冷空气及时提升水位，放大有效水体。天气正常，可按常规操作。第一次蜕壳后，根据沉水植物生长特性，结合河蟹生长发育需求，开展相应管理，重点发挥沉水植物在净化、优化底质与水质方面的主导作用。确保有生命活力的沉水植物覆盖面达 50% 左右。

三、栖居环境与透明度变化案例剖析

以环沟型池底结构为例，亩放每 500g 50 只规格蟹种 1 000 只，养殖成活率 80%，养成平均规格每只 187.5g，亩产 150kg。探讨河蟹栖居环境与池水透明度变化。环沟型池底在蟹种放养前，环沟深水区必须上水并在斜坡两侧适量移栽伊乐藻，前期进行适度肥水，培养一定数量的浮游植物。大田浅水区及平台要设置护草围网，开展沉水植物的适时播种与移栽。

（一）第一次蜕壳

长江中下游地区蟹种放养普遍在 2 月底前结束。放养苗种时大田浅水区及平台往往都不上水，每亩塘口实际水面积约 0.25 亩，约 167m²，水深 0.5m，83m³ 水体。蟹种投放后，每平方米池底拥有蟹种 6 只，每立方米水体含蟹种体重 120g 左右。

　　蟹种下池前，环沟池水往往清澈见底，蟹种投放后依据池底土壤性质、天气条件、水体肥度、蟹种放养密度等因素，池水透明度将出现不同程度的下降。蟹种放养后，经 30d 左右的饲养管理开始第一次蜕壳。第一次蜕壳开始前，每天按蟹体重 2% 投喂饵料，阶段性亩投饵量为 6kg，全部投在环沟深水区。折算每平方米池底应承担河蟹摄食 36g 饵料后产生的代谢产物及伊乐藻枯萎枝茎叶等形成的有机碎屑的降解任务。主要通过微生物在 30d 左右时间进行彻底降解，并被浮游植物及伊乐藻等吸收利用，才能确保池底有机质不出现富集。随着水温的逐步上升，河蟹摄食活动能力逐步增强，造成池底土壤黏粒及有机碎屑悬浮的数量不断增加。由于第一次蜕壳水温处在较低状态，且蟹种规格较小，只要池水不是过肥，池水透明度总体可达 40cm 以上。

　　为改善池底土壤生态，干池清塘、晒塘后，在环沟上水前，采取池底泼洒一定数量的乳酸菌或 EM 菌等来增加池底土壤有益微生物菌群数量，效果明显。2 月底 3 月初培养水体浮游植物，可有效利用池底及水体营养物质，促进溶解氧含量的提升。进入 3 月上中旬，伊乐藻、轮叶狐尾藻等沉水植物萌发速度加快，可加速池底和水体养分的吸收转化。在适温范围内伊乐藻生长速度快，生物量大，因此，宜有效控制伊乐藻移栽时的数量与密度，否则，伊乐藻残留的大量老枝茎也将增加水体有机质含量。2 月底 3 月初水温逐步升高后，浮游动物往往进入生长繁殖旺盛阶段，要提前采取杀虫措施，否则易破坏水域生态结构。同时，在养殖前期还应密切注意青苔的滋生与蔓延，否则也会对水域生态结构造成损害。

　　河蟹第一次蜕壳后开始，特别在蜕壳高峰前整体摄食活动能力有所减弱。因此，第一次蜕壳高峰前池水仍能维持较高透明度。但随着河蟹大批蜕壳后，规格增大，摄食活动能力恢复，池水透明度将出现适当下降。及时加注新水，适时放大水体空间，可降低水体悬浮颗粒密度，减轻伊乐藻等沉水植物叶面吸脏程度，确保光合作用的正常进行，促进溶氧提升，有利于河蟹健康生长，减轻活动强度。同时要增加投饵量，满足河蟹对营养物质的需求。在河蟹第一次蜕壳基本结束后，做到大田浅水区水深 5～10cm 左右，为苦草、轮叶黑藻萌发创造有利条件。

　　第一次蜕壳结束后，实际观察死亡率在 0.05% 以内，蟹体重增加一倍左右。如维持原有水体空间不变，每立方水体含蟹体重将上升至 240g。进入第一次蜕壳高峰后，通过加注新水适当放大水体空间，浅水区虽不适合河蟹长时间栖居，但扩大了有效活动范围，可减轻水体悬浮颗粒数量。第一次蜕壳高峰后，池水透明度有所下降，在适当加注新水和增加投饵量的基础上，通过投放一定数量的活螺蛳或泼洒一定数量的微生态制剂，可有效减轻池水浑浊程度。

第一次蜕壳初步结束后，伊乐藻进入快速生长阶段。为避免疯长后植株部分枝茎叶的集中衰老，要对环沟伊乐藻进行第一次不留茬修剪。

（二）第二次蜕壳

第二次蜕壳，通常在第一次蜕壳开始后一个月左右出现。长江中下游地区，一般在4月中旬开始第二次蜕壳，持续时间在20d左右。连续多年观察发现，约有13%左右的环沟型池底塘口，第二次蜕壳后蟹壳步足指尖发红。第一次蜕壳后的河蟹，白天长时间隐居在深水区池底淤泥或水草丛中。池底淤泥中有机质如未能及时有效降解与吸收转化，将不断富集，河蟹腹部长期与淤泥接触，步足指尖深陷淤泥之中。淤泥中有机质含量高或有青苔等藻类，那么第二次蜕出来的蟹壳，往往腹部有锈斑，头胸甲上有脏和青苔痕迹，步足指尖发红，甚至有甲壳溃疡等症状。第一次蜕壳初步结束后至第二次蜕壳开始，约15d时间。日均投饵量为蟹体重的3%，累计投饵量9kg。至第二次蜕壳初步结束，阶段性投饵量每亩达29kg。环沟深水区37d左右时间，每平方米要承担河蟹摄食174g饵料后所产生的代谢产物的降解任务，以及内源性有机质的降解转化。

第二次蜕壳高峰前，池水将有较高透明度，蜕壳高峰后随着大批软壳蟹的不断硬化和摄食活动能力的增强，池水透明度出现下降。进入第二次蜕壳高峰，及时加注新水，适时放大有效水体空间，大田浅水区平均水深逐步上升至20cm左右。大田浅水区护草围网外区域可见第二次蜕壳的零星蟹壳。水位提升后有利于苦草、轮叶黑藻的萌发与生长。大田浅水区护草围网外及平台区域可适当投饵，以减轻环沟深水区有机质富集数量，加速池底有机质降解。水位上升后，环沟深水区将拥有120m³水体，考虑到大田浅水区护草围网外及平台的部分有效水体，平均每亩塘口将拥有150m³水体，每立方水体含蟹体重250g左右，每平方米池底栖居河蟹3只左右。如果不加注新水，每立方米水体含蟹体重将升至400g左右，每平方池底栖居河蟹近6只。

第二次蜕壳高峰后，每亩环沟水面再投放100～150kg优质活螺蛳，则可有效降低池底有机质与水体悬浮有机颗粒数量，减轻第二次蜕壳后池水浑浊程度。第二次蜕壳高峰后，可针对伊乐藻等沉水植物施入适量微量元素或肥料，促进发根萌芽。在第二次蜕壳初步结束后，为避免环沟伊乐藻再次进入衰老状态，要及时开展第二次不留茬修剪或深度梳理。在适温范围内修剪后的伊乐藻将很快萌发出新的枝茎叶，能有效减少水体悬浮颗粒数量。修剪下来的部分伊乐藻，还可以考虑到大田浅水区护草围网内预留的空白区域适量移栽。

值得注意的是，大田浅水区分阶段逐步上水，有利于苦草、轮叶黑藻早期萌发与生长，也有利于小茨藻、青苔等敌害生物的滋生与蔓延。因此，必须做好相应防范工作。大田浅水区 3 月中下旬开始初次上水后，可促进苦草种子与轮叶黑藻冬芽的萌发，4 月中下旬再次加水后，苦草与轮叶黑藻分蘖能力增强，植株不断长大。

当前生产上最突出的问题是沉水植物播种、移栽密度过高。种苗萌发后，前期有效分蘖不足，根系不发达，长大后缺乏无性繁殖能力，枝茎叶往往集中衰老程度高，易造成水体的有机污染。因此，在播种与移栽时，一定要合理密植，为分蘖和无性繁殖预留充足的空间。植株分蘖能力强，枝茎叶粗壮，根系发达，能有效吸收池底土壤养分，净化底质和水质。苦草、轮叶黑藻长大后出现无性繁殖，才能做到沉水植物的梯次生长，可有效减轻植株的集中衰老程度。实现持续净化底质和水质，并确保养殖水体的高溶氧状态。

（三）第三次蜕壳

第二次蜕壳结束后，实际观察死亡率在 0.5％ 以内，个体增重一倍左右。第三次蜕壳，普遍在第二次蜕壳开始后一个月左右出现。观察表明，环沟型池底有 70％ 左右塘口，第三次蜕壳的蟹壳步足指尖呈暗红色或微红色。第二次蜕壳后绝大多数塘口护草围网并未撤除，河蟹白天主要栖居在深水区池底或水草丛中。如果投饵主要集中在环沟深水区，第二次蜕壳后池底有机质得不到及时有效降解，那么深水区池底有机质将进一步富集。第二次蜕壳初步结束后至第三次蜕壳开始，日均投饵量约为蟹体重的 4％，20d 左右时间亩均投饵量达 32kg。第三次蜕壳所需时间在 20d 左右，至第三次蜕壳初步结束，每亩塘口阶段性投饵量达 74kg。如果投饵集中在环沟深水区，40d 左右时间每平方米池底要承担河蟹摄食 431g 饵料后产生的代谢产物的降解任务。

在浅水区适当投饵，可减轻深水区池底有机质富集压力。第三次蜕壳高峰前池水将有较高透明度，但高峰后随着大批软壳蟹的不断硬化和摄食活动能力的进一步增强，环沟池水浑浊程度往往达全年高峰。第三次蜕壳高峰到来后及时加注新水，大田浅水区平均水深逐步上升至 40cm 左右，可有效扩大河蟹的活动范围与栖居场所，大田浅水区护草围网外区域可见较多第三次蜕壳后的蟹壳。水位有效提升后可促进苦草、轮叶黑藻的分蘖与无性繁殖，做到枝茎叶粗壮，根系发达。同时要加大护草围网外及平台区域的投饵占比，尽可能减少深水区池底有机质的富集，避免底质恶化。水位上升后，环沟深水区将拥有 150m³ 水体，考虑到大田浅水区护草围网外区域及平台的部分有效水体，每亩塘口实际将拥有 210m³ 水体，每立方水体含蟹体重 380g 左右，每平方米池底栖居河蟹近 3 只。如维持原有水位不变，第三次蜕壳蟹体重增加一倍，每立方水体含蟹体重增加至 500g 左右。

第三次蜕壳高峰后，环沟水面每亩投放 100～150kg 活螺蛳，可有效降低池底有机质与水体悬浮有机颗粒数量，减轻池水浑浊程度。第三次蜕壳初步结束后，环沟深水区伊乐藻必须彻底清除，浅水区伊乐藻要开展不留茬修剪或深度梳理，并在修剪前或修剪后施一次微量元素或相应肥料，促进发根萌芽。大田浅水区护草围网内的轮叶黑藻与伊乐藻也要及时修剪与维护，做到根系发达，枝茎叶粗壮，分蘖与无性繁殖能力强。如此，第三次蜕壳后撤除护草围网，河蟹破坏沉水植物的程度将大为减轻，可为河蟹栖居、生长提供优越的生态环境。

（四）第四次蜕壳

河蟹第三次蜕壳结束后，实际观察死亡率在 0.7％ 左右，个体增重一倍左右。大多数塘口在第四次蜕壳开始后撤除护草围网，少数在第三次蜕壳结束后，极少数在第四次蜕壳结束后。撤除护草围网可以有效放大河蟹活动范围，改善栖居环境。但也会造成部分沉水植物的损毁，带来池水透明度的下降和沉水植物叶面不同程度上脏。护草围网的撤除，应根据沉水植物的综合长势确定。沉水植物密度适中，根系发达，枝茎叶粗壮，有适当高度，大田浅水区清澈见底方可撤除。

第四次蜕壳大多在第三次蜕壳开始后一个多月时间出现。第四次蜕壳平均所需时间在 26d 左右。观察发现，环沟型池底塘口，绝大多数第四次蜕壳后的蟹壳步足指尖呈暗红或微红色，仅极少数水环境良好塘口，蟹壳步足指尖色泽正常。主要是大田浅水区护草围网限制了第三次蜕壳后河蟹的活动范围。白天河蟹主要栖居在环沟深水区池底或水草丛中，如果投饵集中在深水区，那么残饵和粪便也将在深水区富集。如前期深水区池底有机质未得到充分降解，第三次蜕壳后有机质将进一步富集。第三次蜕壳初步结束后，至第四次蜕壳开始，日均投饵量约为蟹体重的 5％，20 多天时间亩均投饵量累计为 80kg 左右。至第四次蜕壳初步结束，阶段性投饵量每亩达 195kg。如果 70％ 饵料集中投喂在环沟深水区，45d 左右时间深水区池底每平方米要承担河蟹摄食 817g 饵料后所产生的代谢产物的降解任务，池底有机质负荷相对突出。河蟹长期栖居在含大量有机质的淤泥之中，步足指尖颜色变深将难以避免。

第四次蜕壳高峰前，环沟池水仍能维持较高透明度。随着护草围网的撤除，水体空间空前放大，蜕壳高峰后随着大批软壳蟹的硬化，大田浅水区池水透明度虽有所下降，但仍可维持较高水平。增加大田浅水区投饵比例，可有效降低沉水植物的损毁程度与池水浑浊程度。第四次蜕壳初步结束后，随着高温来临，河蟹摄食活动能力减弱，池水透明度总体上升。

河蟹第四次蜕壳实际观察死亡率在 0.7% 左右，个体增重近一倍。第四次蜕壳后每亩水面拥有成蟹 108kg，维持塘口原有水位不变，养殖水体为每亩 350m³，每立方水体含蟹体重 309g，每平方米池底栖居河蟹 1.3～1.4 只。进入第四次蜕壳高峰后，通常不需要加注新水。此阶段长江中下游地区正值梅雨季节，阴雨天多，降雨量大。要控制好塘口水位，及时排水，大田浅水区水位维持在 40cm 左右，保持塘口水位相对稳定。进入高温后，适时补水，视沉水植物长势和池水透明度高低提升水位。沉水植物生命力旺盛，大田浅水区清澈见底，可逐步加水至塘口全年最高水位。

(五) 第五次蜕壳

河蟹第五次蜕壳，通常在第四次蜕壳开始后 45d 左右出现，历时 36d 左右。观察表明，90% 左右环沟型池底塘口第五次蜕壳后的蟹壳，步足指尖呈暗红色或微红色。平底池，大多数塘口蟹壳步足指尖也呈暗红色或微红色。

河蟹第四次蜕壳后进入全年的高温时段。白天河蟹主要栖居在较深区域池底或水草丛中，为避高温酷暑，深水区池底往往聚集更多。高温对沉水植物生长有很强的破坏和抑制作用，生命力衰退的伊乐藻将出现断枝、漂浮、腐烂，苦草、轮叶黑藻分蘖和无性繁殖能力大幅衰退。当水温整体降至 32℃ 以下时，伊乐藻、苦草、轮叶黑藻等沉水植物发根、分蘖和萌芽能力才逐步增强，净化底质和水质能力不断显现。第四次蜕壳初步结束后至第五次蜕壳开始，日均投饵量约为蟹体重的 4%，20d 左右时间亩投饵量累计约为 86.5kg。至第五次蜕壳初步结束，阶段性投饵量每亩达 281kg。如果环沟深水区不再投饵，大田浅水区、平台及环沟较浅区域 56d 时间，每平方米池底要承担河蟹摄食 562g 饵料所产生的代谢产物的降解任务。同时还要承担大量沉水植物枯枝败叶等的有效降解，才能确保池底有机质不出现富集。

只有沉水植物布局合理，生命力旺盛，植株根系发达的塘口才拥有洁净的底质与良好的水质。第五次蜕壳高峰前池水应有较高透明度，但依据池底及水体有机质含量不同存在较大差异。第五次蜕壳后每亩水面拥有成蟹 162kg，大田浅水区平均水深 50cm 左右，每亩水面拥有水体 147m³，每立方水体含蟹体重 389g，每平方米池底栖居河蟹 1.2～1.4 只。蟹种从放养至第五次蜕壳初步结束，总投饵量为 587.5kg，养殖成活率 80%～95%，河蟹增肉倍数为 1∶16，投饵系数为 3.87。

(六) 成蟹育肥

第五次蜕壳基本结束后至成蟹捕捞上市，时间一般在 9 月上中旬至 11 月底。初步可划分为前后两个时段，前一时段为第五次蜕壳后至生殖洄游。水温22~24℃，生殖洄游时间大多出现在10月上旬。这一时段，河蟹摄食旺盛，为育肥阶段。可按成蟹体重4‰投喂，亩投饵量计150kg左右。测算蟹种下池后至河蟹初步成熟，总投饵量为737.5kg，投饵系数为4.55。后一时段为生殖洄游到11月底。水温8~22℃，按在塘蟹体重1.5‰投喂，投饵量约为133.5kg。第五次蜕壳结束后至捕捞销售初步结束，累计投饵量283.5kg。一般环沟深水区不再投饵，大田浅水区、平台及环沟较浅区域75d左右时间，每平方米池底要承担河蟹摄食567g饵料后所产生的代谢产物的降解任务。

河蟹第五次蜕壳后至生殖洄游阶段，池水仍能维持较高透明度。有利于伊乐藻的生长，苦草与轮叶黑藻尚有一定生命力，浮游植物可以大量繁衍生长。生殖洄游一旦出现，绝大多数塘口池水将出现深度浑浊，透明度大幅下降，水体中将悬浮大量泥浆微颗粒与有机颗粒，相对来说可减轻池底有机质富集，并加速降解。第五次蜕壳后大部分塘口的成蟹，步足指尖基本恢复正常颜色。

观察表明，池水透明度的高低直接影响到各类沉水植物的光合作用，间接影响到水体溶解氧含量高低和底质、水质的好坏。透明度低，将导致沉水植物缺乏生命活力，叶面大量上脏，并有着生藻类和丝状青苔伴生，根系发黄发黑，植株枯萎腐烂，严重败坏底质和水质。河蟹栖居环境的恶化，既影响养成规格，也影响养殖成活率和成蟹品质。科学合理做好沉水植物布局、栽培和长效管护，可确保清新水质和洁净底质，提升河蟹养殖成活率、规格、品质。

四、实践探索

蟹池底质的恶化往往带有不可逆的特点。第四次蜕壳后苦草、轮叶黑藻等各类沉水植物有较旺盛的生命活力，有强大的根系、较强分蘖和无性繁殖能力，既能保持洁净的底质和良好的水质，也可消除第四次蜕壳后高温伤亡的潜在隐患。

针对环沟型池底蟹塘，为减轻第三次蜕壳后蟹壳步足指尖暗红色程度高的问题，可以尝试限制第二次蜕壳开始后的塘口水位。促进深水区池底有机质不出现富集，达到改善底质的目的。在河蟹第二次蜕壳进入高峰后适当补水，大田浅水区水深控制在10cm左右，适当扩大河蟹活动范围。补水后环沟深水区将拥有100m³水体，考虑到大田浅水区护草围网外及平台的部分有效水体，每亩塘口将拥有116m³水体，每立方米水体含蟹体重达345g，每平方米池底栖居河蟹 5 只左右。由于塘口水位增加少，第二次蜕壳高峰后随着软壳蟹逐步硬化与活动能力增强，池底有机质和泥浆微颗粒将大量悬浮在水体中，环沟池水透明度大幅下降。大田浅水区受护草围网保护，苦草、轮叶黑藻正处快速生长阶段，池水可清澈见底，有利于其生长发育，且不会导致过快生长。

在养殖有效水体基本满足河蟹生长发育前提下，环沟池水适当浑浊，可减少池底有机质富集数量，减轻第三次蜕壳后蟹壳步足指尖暗红色程度。池水浑浊也有利于抑制青苔的滋生与蔓延。池水浑浊对环沟伊乐藻生长有一定影响，可在第二次蜕壳初步结束后，清除环沟深水区伊乐藻，环沟浅水区伊乐藻在适当施入微量元素或肥料后，进行不留茬修剪或深度梳理。大田浅水区在第二次蜕壳后保持较低水位有利于苦草、轮叶黑藻分蘖与发根，避免枝茎叶过快生长，可保持轮叶黑藻较短的节间距。第三次蜕壳开始后逐步加水，采取常规做法。如此，也可有效改善第二次蜕壳后河蟹的栖居环境。

附录 2　主要气象要素对河蟹及水域生态环境的影响

气候的形成，由纬度位置、地形条件和大气环境综合因素决定。长江中下游地区，地处亚热带季风气候，夏季高温多雨，冬季温和少雨，雨热同期，四季分明，气候条件适宜，雨量充沛。是我国河蟹增养殖的主产区。

河蟹是变温动物，营底栖生活。通常每年3月份开始蜕壳生长，10月上旬出现生殖洄游。历时8个月时间。气温、日照、降雨、寒流、干旱、洪涝、台风等主要气象要素，不仅直接构成对河蟹生长发育的影响，而且对养殖水域生态环境和水质也有重要影响。天气条件对河蟹养殖成活率、养成规格、产量和质量的影响带有很强的普遍性。

一、对河蟹生长发育的影响

气温、日照直接影响水温高低，水温决定蟹体温度。河蟹有适宜的温度生长范围，低温和高温都影响摄食活动和消化吸收，事关河蟹的新陈代谢水平。观察表明，水温长期低于11℃，河蟹基本不蜕壳，高于32℃也抑制蜕壳行为的发生。河蟹最适生长温度15～30℃，水温低于5℃摄食行为不明显，高于32℃摄食量明显下降。35℃以上持续高温往往造成蜕壳困难和软壳蟹伤亡。

长江中下游地区，蟹种下池后，一般要经历5次蜕壳，才能完成生长周期。每次蜕壳都要经历营养积累、蜕壳准备、蜕壳和软壳蟹硬化四个步骤。营养积累和水温、溶氧及饵料投喂等密切相关，水温适宜，溶氧含量高，河蟹摄食旺盛，消化吸收利用率高。机体生长发育正常，体内营养积累充分。低温和高温都影响摄食，不利于消化吸收、机体正常生长发育和体内营养积累。如河蟹第一次蜕壳过程中或蜕壳后遇寒流侵袭，体内营养积累不充分，往往导致第二次蜕壳增幅小与蜕壳不顺利情况的发生。在第一、第二甚至第三次蜕壳过程中，如果河蟹体内营养积累不足，或在蜕壳准备和蜕壳时，体内分泌的激素无法造成新体与旧壳彻底分离，蜕壳后将造成部分附肢残留在旧壳内，或眼柄无法蜕出，也有的在蜕壳中途死亡。光照强度与激素分泌也有一定关系。软壳蟹的硬化需要适当的水温和良好的水质，水质好有利于硬化，高温易造成软壳蟹的伤亡。

蟹种下池，如果气温低于零度以下，在操作过程中往往受冻伤，严重影响养殖成活率。冬春季节水温过低，蟹种下池后将出现大面积打洞穴居现象，易造成懒蟹。冬季大规模寒流出现，还会造成蟹种池内体质较弱的蟹种在越冬过程中的伤亡。气候条件，对每一年度的河蟹人工育苗也会产生不同程度的影响，主要通过影响抱卵蟹产苗集中度，浮游植物、轮虫培育密度等，造成对大眼幼体质量与产量的影响，进而影响到下一年度的苗种基础。河蟹第四次蜕壳，一般7月上中旬基本结束。7月中下旬进入高温时段，高温持续时间越长，造成河蟹发病死亡的概率将大幅增加，严重影响产量、质量和规格。还将导致河蟹生殖蜕壳的推迟，直接影响商品蟹的上市时间。相反，高温持续时间短，有利于养殖成活率的普遍提高，有利于生殖蜕壳的提早出现，上市时间相应提早。

连续低温阴雨，高温干旱、强降雨、台风等灾害性天气主要通过破坏水域生态环境，给河蟹生长发育带来严重不利影响。如梅雨期间，连续强降雨造成内涝，塘口水位居高不下，各种沉水植物快速生长。梅雨后，旱涝急转，持续高温干旱造成水体蒸发量加大，水位不断下降，沉水植物的嫩草尖大量暴露在表水层，高温和强光照导致表水层水草枯萎死亡、腐烂，水草大面积腐烂造成水质恶化、水体缺氧，带来河蟹等水生动物大批量集中死亡。

二、对养殖水域生态环境的影响

一般来说，水体物质循环总是与能量流动结合在一起的。气温、光照、降雨等主要气象要素，对水生植物、底栖生物、浮游植物、浮游动物、水体及土壤微生物等的生长发育都有极大影响，同时对水温、水位、水体透明度、pH、水体中溶解物质的浓度等一系列理化指标也有直接影响，进而影响底质与水质的存在状态。

（一）对各种水生植物的影响

1. 对伊乐藻、苦草、轮叶黑藻的影响

（1）伊乐藻：冬季低温条件下移栽的伊乐藻枝茎，水温4℃以上即可发根萌芽。2月底前一直处在缓慢的发根萌芽状态，发根优于萌芽。水温8℃以上获得较快生长，3月中旬转入快速生长阶段，水温10～22℃生长最旺盛，枝茎节间可发出一定数量的水中不定白根，4月中旬草尖开始露出水面，叶腋出现花苞。4月16日至5月23日为伊乐藻盛花期，开出大量白花。水温23～31℃伊乐藻嫩枝可保持较旺盛生命力，早发枝茎叶不断衰老枯黄。水温超过32℃，伊乐藻生理代谢机能衰退，生长受阻，枝茎叶老化程度加大，节间不定白根基

本消失。水温 35℃ 以上，伊乐藻整体衰败。断枝、漂浮、腐烂程度加剧，加大水体污染。8 月中旬随水温逐步回落至 32℃ 以下，有生命活力的伊乐藻枝茎节间将萌生一定数量的白根和嫩芽，水温 28℃ 以下将发出大量白根和嫩芽，展示出新的生机。

伊乐藻耐低温，不耐高温，对水体透明度和水质有较高要求。适温范围内生物量大幅增加，缺乏有效管理，将在高温时段形成严重草害。伊乐藻在快速生长阶段，有较强的净化、优化水质能力。但随着生物量的不断增加，进入生殖生长和稳定生长阶段后，早发枝茎老化程度加大，土壤根系发黄发黑、枝茎叶出现着生藻类，伴生丝状青苔，部分枝茎叶枯黄腐烂，净化、优化水质能力下降，腐烂的枝茎叶造成水体悬浮有机颗粒数量增加，影响池水透明度，造成水体富营养化趋势加剧。水温升高后，富营养化水体会发生蓝藻、甚至蓝藻暴发，缺乏生命力的伊乐藻枝茎还为青苔萌发与蔓延提供场所。伊乐藻旺发阶段和枯萎腐烂阶段对水质产生的影响是完全不一样的。梅雨期间伊乐藻生长较好，出梅后，如遇持续高温干旱，可能造成表水层伊乐藻嫩草尖大面积灼伤腐烂，有泛池的潜在风险。台风可以造成扎根不牢的伊乐藻断枝漂浮和高度密集，腐烂污染水质。

根据气候变化特点和伊乐藻生长发育规律，结合养殖模式和水草布局特点，有效控制伊乐藻在不同阶段的生物量，确保整体生命活力才能有效净化和优化水质，减少枯枝败叶对水体的有机污染。

（2）苦草：一年生淡水沉水草本。依赖种子萌发新的植株，有较强的无性繁殖能力。2 月底 3 月初水温逐步上升后苦草种子开始萌发，3 月初可萌生出长 7mm 左右的白色嫩芽，水温 10℃ 以内萌发极其缓慢。水温 16℃ 以上萌发速度加快，4 月上旬可形成叶片长 1.6～1.8cm 的幼苗，有 4 枚叶片。4 月下旬幼苗生长速度加快，分蘖能力增强，4 月底可形成 5～8 枚叶片，叶片长 8cm 左右。

5 月份水温普遍升至 20℃ 以上，苦草进入快速生长阶段，日均生长可达 1cm 以上，分蘖能力进一步增强，叶片可达 10 枚左右。5 月上旬部分萌发早、植株密度稀的苦草开始发出匍匐茎，出现无性繁殖。5 月下旬密度较稀植株普遍具有无性繁殖能力，6～11 枚叶片，叶片长普遍在 40cm 左右，部分草尖浮出水面。6 月份苦草处在最适水温生长范围，进入暴长阶段，日均生长超过 1cm，部分可达 2cm 以上。苦草长度普遍超过蟹池水位高度，草尖大多浮出水面，早发叶片出现枯黄。6 月下旬苦草叶片长度普遍达 60cm 以上，7～16 枚叶片，叶片宽 0.5～1.2cm，白根长 1.1～14.5cm.

7 月上中旬往往处在梅雨后期，7 月中下旬出梅后又将进入全年最高温时段。梅雨期间往往导致蟹池水位普遍升高，如不及时控制，苦草叶片加速生长，土壤根系开始发黄，根系不发达。部分植株出现程度不等的整体漂浮，甚至有大面积漂浮。进入高温，苦草生长速度减缓，土壤黄根数量不断增加，甚至根系发黑，出水面叶片局部枯黄腐烂，叶片老化程度加大，生命力衰弱，叶面有着生藻类和脏，并伴生丝状青苔。7月份苦草叶片长41～126cm，9～17枚叶片，叶片宽0.5～1.3cm，白根数量22～198根，长1.6～21cm。8月上中旬往往仍处持续高温状态，苦草生命力较弱，受台风侵袭，扎根不牢的苦草，受风浪作用或河蟹损毁大量漂浮，覆盖面降至全年低点，甚至彻底消失。8月中下旬随水温逐步下降，苦草重新恢复生机，分蘖与无性繁殖能力增强，白根占比加大，8月底塘口苦草覆盖面逐步增加，达全年较高水平。8月份苦草叶片长21～113cm，9～27枚叶片，叶片宽0.5～1.7cm，根长5～18cm。8月底雄性植株基部率先萌生佛焰苞幼体，开始转入生殖生长阶段。

9月份苦草开始进入全面生殖生长阶段，9月上中旬植株仍有较强的分蘖和无性繁殖能力。9月上旬雄性植株基部不断萌生佛焰苞，部分雌性植株在基部发出藤茎，末端长有子房。9月中旬雄性植株佛焰苞开裂释放出大量花粉，漂浮水面，也有少数佛焰苞断裂后整体漂浮于水面，雌性植株出现大量子房，绝大部分植株雌雄可辨，进入盛花期。10月份随着苦草种子不断发育成熟，植株生命活力不断下降，连根整体漂浮现象较突出。11月至12月份为苦草种子成熟收获期，叶片大多枯黄腐烂。

苦草为常温沉水植物，16～30℃生长最旺盛，不耐高温，水温35℃以上抑制生长，对水质要求较高。适温范围内，池水透明度高，植株密度合理，分蘖能力强，无性繁殖速度快，生物量增加迅速，可有效净化、优化水质。梅雨期间，塘口水位过高，扎根不牢的苦草会造成大面积整株漂浮。高温时段，透明度差的塘口，苦草缺乏长势，生命力衰弱，遇台风出现整株漂浮。光照强度大，处在表水层的叶片局部枯黄腐烂，污染水质。高温过后生长速度加快，大量叶片覆盖在水体的表面，影响水体风浪作用，不利于水质改善。

根据气候变化与苦草生长发育特点，结合养殖模式，做好苦草布局与密度控制，促进前期萌发和有效分蘖。5月份开始具备良好无性繁殖能力，根系发达，叶片茂盛。梅雨期间控制塘口水位，出梅后加强割茬管理。

（3）轮叶黑藻：一年生淡水沉水草本，主要依赖芽苞萌发新的植株。长江中下游地区每年2月底前冬芽（芽苞）处在休眠状态。2月底3月初水温逐步上升后冬芽开始萌发，水温10℃以内萌发极其缓慢。3月底冬芽普遍发根萌芽，自然生长的轮叶黑藻幼苗4月上旬就可出土面，形成低矮植株。4月下旬水温整体达18℃以上，植株发根、萌芽能力增强，进入快速生长阶段，日均生长可达1cm以上，4月底普遍形成20cm以上较完整植株，并有良好长势。

5月份水温整体达20℃以上，轮叶黑藻进入暴长阶段，日均生长可达1～2cm。5月上旬部分植株枝茎叶腋开出白花，5月下旬植株转入生殖生长阶段，出现夏芽，开出白花。部分枝茎叶老化，枯黄枝茎叶占比扩大，黄根占比上升，深水区轮叶黑藻甚至出现断枝漂浮。6月份轮叶黑藻普遍有夏芽，部分枝茎叶腋有白花。轮叶黑藻顶生优势明显，水位过高，未经有效管护的早发枝茎，基部枯黄枝茎占比扩大，影响基部芽的萌生，6月上旬少数断枝漂浮，6月下旬断枝漂浮数量增加，植株将逐步消失。6月下旬至7月上旬，轮叶黑藻残枝落泥可萌生出新的植株。有生命活力的轮叶黑藻植株基部，可不断萌生新芽。

7月份缺乏有效管护的轮叶黑藻生物量降至全年最低点，甚至彻底消失。5月中旬留低茬修剪的轮叶黑藻基部新生嫩枝仍可维持较快生长速度，6月10日（入梅前）便可形成50cm以上高大植株。因此，入梅前要开展轮叶黑藻第二次留低茬修剪，并控制好梅雨期间塘口水位，确保入梅后植株基部不断有嫩芽萌生，长成新的植株。否则，第一次留低茬修剪后，基部新生枝茎随水位升高快速生长，枝茎基部逐步枯黄，并抑制新芽萌生，7月份相继断枝漂浮，并逐步消失。

7月底8月初为全年最高水温时段，有效管护的轮叶黑藻有较强的抗高温能力，可维持良好的生存状态。管护不到位将在8月份彻底消失。7～8月间的台风对轮叶黑藻高大植株有较大损毁，易造成断枝漂浮。8月上旬有少量轮叶黑藻开出白花，8月中下旬随水温逐步下降，发根萌芽能力得以增强，8月下旬开出大量白花，开启秋季生殖生长期，8月底生物量进入新一轮高峰。9月份全面进入生殖生长阶段，为盛花期。植株还有一定发根萌芽能力，但整体衰老程度逐步加剧，9月中下旬部分枝茎叶腋出现冬芽，再次出现断枝漂浮。10月份枝茎叶逐步枯黄，断枝漂浮加剧，节间发出大量花柄，叶腋普遍萌生冬芽。11月份轮叶黑藻进入枯萎腐烂阶段，部分叶腋有绿色冬芽，并不断长大，基本完成生命周期。

轮叶黑藻系常温沉水植物，耐高温能力相对较强，对水质和池水透明度要求较高。基部新生枝茎生长速度快，易衰老。适温范围内分蘖能力强，生物量增加迅速，枝茎节间有不定白根发出，白根入土，节间可萌生新的植株，有一定的无性繁殖能力，草冠较大。生命力旺盛的轮叶黑藻有很强的净化、优化水质功能。

根据气候变化与轮叶黑藻生长发育特点，结合养殖模式，有效控制轮叶黑藻播种与移栽密度。在冬芽萌发期采取有效保护措施，促进植株有效分蘖和无性繁殖，形成发达根系和粗壮枝茎，及时采取有效割茬管理，避免形成大量老化枝茎叶。梅雨期间控制好塘口水位，避免枝茎过快生长，确保进入高温后轮叶黑藻有较旺盛生命力。高温过后，根据轮叶黑藻生物量大小与塘口水域生态环境状况，可开展相应清理与修剪，为提升后续商品蟹质量创造条件。

2. 对自然生长水生植物的影响

蟹池内依据自然条件，往往会萌生一定数量的轮叶狐尾藻、小茨藻等沉水植物，喜旱莲子草等挺水植物和莼菜、紫背浮萍、槐叶苹等浮叶植物，有时还会形成优势种群。

（1）轮叶狐尾藻：轮叶狐尾藻适温范围广，生长期长达 10 个月，可谓沉水植物先锋。根系发达，根上有较多根毛，节间可发出不定白根，生长速度快，生物量大，耐低温，不耐高温。对水体透明度有较高要求，具无性繁殖能力，植株高大，观察到的最长枝茎 133cm。

水温 5℃左右轮叶狐尾藻即可发根萌芽，2 月下旬幼苗已出土面。2 月底 3 月初生长速度加快，3 月上旬便可形成 10cm 左右完整植株。3 月份轮叶狐尾藻进入快速生长阶段，日均生长超过 1cm，3 月底可形成较大生物量。4 月份轮叶狐尾藻草尖开始出水面，早发枝茎叶逐步老化，叶面有脏，新生枝茎，叶面干净，植株仍可维持较快生长速度。5～7 月中旬轮叶狐尾藻仍可维持一定的生命活力，有嫩草尖萌发，早发枝茎叶衰老程度加大，基部枝茎枯黄，叶片残缺。

7 月中下旬至 8 月上中旬的高温时段，轮叶狐尾藻生命力处于衰弱状态，枯黄枝茎叶占比加大，叶面往往有脏并伴生丝状青苔。8 月中下旬高温过后，轮叶狐尾藻开始出现绿色嫩草尖，进入 9 月份新生枝茎青枝绿叶，有大量节间不定白根发出。10 月上旬有出水面直立花柱，花期一个月左右。10 月中下旬枝茎叶局部枯萎，有花柱。11 月份植株逐步枯萎，仍有少量花柱，进入 12 月份仍有一定生命力。轮叶狐尾藻生长繁衍速度快，对人工种植的沉水植物有很强的胁迫作用，水体透明度下降后易上脏，并滋生青苔。可作为水质优劣的指示生物。

（2）小茨藻：小型沉水草本，生命周期短，仅 3 个多月生长时间。生长速度快，生物量大，短期内可形成种群优势。3 月底 4 月初萌发，4 月上旬观察到长 1cm 左右幼苗，4 月下旬可形成较大生物量。5 月份进入暴长阶段，5 月下旬生物量达全年最高。6 月上旬逐步枯萎漂浮，6 月中旬逐步消失。小茨藻在旺发阶段对人工种植的沉水植物影响极大。

（3）喜旱莲子草：又名水花生，为多年生草本植物。常匍匐生长在池边浅水处，有时可生长在近水的陆地上，可称两栖性植物。水花生生命周期长，生长速度快，无性繁殖能力强，花期长，生命力顽强，生物量大。生命周期长达 10 个月左右，花期长达 7 个月之久。

水花生 3 月份发根萌芽，4 月上旬长出 5cm 以上嫩枝，节间发出一定数量白根，白根上有大量根毛。4 月份获得有效生长，5 月上旬获得良好长势，进入茂盛状态，5 月下旬部分枝茎叶腋开出白花，6 月份进入盛花期，花期长达 7 个月。水花生有较强的分蘖和无性繁殖能力。7 月份生物量进入高峰后，部分早发枝茎叶出现衰老，但仍能保持较强生命力。8 月份枯黄枝茎叶占比加大，仍有较强生命力。9 月份扎根土壤的水花生青枝绿叶，漂浮设置的枯黄枝茎叶占比加大，10 月份大多落叶枯黄，部分青枝绿叶，有白花。11 月中旬大多叶片枯黄凋谢，12 月份仅剩残枝，大多无叶片。

池周浅水区生长的水花生和蟹种池漂浮设置的水花生，在生命力旺盛阶段有较强的水质净化能力，但枯萎腐烂的枝茎叶和根系也会败坏水质。大面积蔓延生长，易形成绝对优势种群，影响光线进入水体，阻碍水体流动。

（4）莼菜：多年生浮叶植物，根植土壤，萌发早，具匍匐茎，无性繁殖能力强，生命周期长达 10 个月。

3 月上中旬萌发，3 月中旬部分叶片浮出水面，4 月份大面积发棵生长，有较多叶片浮在水面。5 月份仍处快速生长期，大量叶片浮在水面，并开出黄花，花期长达 4 个多月。7 月 20 日进入高温后部分叶片枯黄，9 月下旬在开花的同时结出圆锥形果实，果实内有绿色羽状种子。12 月上旬干池内仍有大量绿色莼菜存在。

莼菜繁殖能力强，生长速度快，能有效净化水质，但易形成区域绝对种群优势。在蟹池，莼菜争夺土壤、水体养分能力强，阻碍阳光进入水体，不利于水体风浪作用，不利于沉水植物和浮游植物的繁殖生长。通常采取人工措施在早期清除。

（5）紫背浮萍：紫背浮萍萌发较早，3 月中下旬部分蟹池可见少量飘浮水面。常以叶状体侧边芽殖新个体，水体营养丰富，繁殖速度快，扁平叶状体下面中部丛生 5～11 条毛状根，漂浮水面。

紫背浮萍适温范围广，有较强的抗高温能力，依赖水体养分繁殖生长。4—7 月数量逐步增加，水体养分不足浮萍颜色发黑，也有部分老化枯黄。7 月底 8 月初生命力不旺，高温过后生命力旺盛，生物量高峰出现在 8 月中旬至 9 月下旬的适温阶段。生命周期 7 个月，10 月份开始衰老死亡。浮萍有较强的水质净化能力，吸收水体养分能力弱于沉水植物，易被河蟹等摄食。高温期间沉水植物缺乏时可大规模繁殖生长，可作为水质好坏的指示生物。

水质严重恶化，浮萍难以生存。紫背浮萍大量繁殖可覆盖整个水面，阻碍阳光进入水体，不利于沉水植物和浮游植物生长，对提升水体溶解氧含量不利。入秋后，缺乏沉水植物的蟹池，移植部分浮萍并固定其生长范围，对净化水质有一定帮助。

(6)槐叶苹：浮水草本植物，浮水叶矩圆形或长椭圆形，有羽状侧脉17～20条，脉上有刺毛，叶下面有棕褐色柔毛。夏秋季观察发现，可形成较大生物量，依赖水体养分生长繁殖。9—10月生命力旺盛，有一定的净化水质功能，11月份植株衰老。生命周期短，是水环境生物多样性的一种体现。

（二）对水体微生物和浮游生物的影响

水体微生物和浮游生物都是依靠群体优势影响水域生态环境。水体及土壤微生物生长繁衍离不开碳源、氮源、能源、生长因子和无机盐。有机质依赖微生物得以有效降解，并为浮游植物生长提供养分，浮游植物生长可有效增加水体溶解氧含量，并为浮游动物的生长繁衍创造条件，微生物也是浮游动物的重要营养源。一切微生物与浮游生物生长都需要适宜的水温范围和环境条件。

微生物种类繁多，不同种类的微生物对所降解的有机质有一定的选择性，对温度、pH、无机盐等环境因子的适应能力差异很大。微生物的生命活动都由一系列生物化学反应组成，这些反应受温度影响极其明显，同时温度还会影响生物大分子的物理状态，如低温可导致细胞膜凝固，引起物质运送困难，而高温又可使蛋白质变性。每年2月底之前水温长期处在8℃以下，水体溶氧相对处于饱和状态，微生物对水体及池底有机质的降解十分缓慢，但降解较为彻底。

浮游植物种类也非常复杂，不同种类的浮游植物也有适宜的水温生长范围和相应的环境条件。低温条件下有机质被微生物降解后缓慢释放出各类养分，有利于水体浮游植物的不断生长与繁衍，形成适当的种群数量。浮游动物也有不同种类，在适宜的水温生长范围，对水环境有不同要求，对摄取的营养物质有一定的选择性。养殖前期，随着水体微生物和浮游植物数量的逐步增加，浮游动物从少到多，但总体处在较低的群体数量范围之内。2月底3月初随着水温逐步上升，水体微生物、浮游植物生长繁衍速度不断加快，浮游动物数量也随之相应增多。日照、降雨、降温对水体微生物、浮游植物、浮游动物分别产生不同程度的影响，往往导致相互之间比例失调。3月中旬开始，浮游动物进入生长繁殖旺季，浮游动物数量迅速增加，导致浮游植物数量大幅减少，造成水体溶氧含量降低和水体pH的变化调整，影响水体微生物种群结构与数量。

4月份浮游动物数量进入全年高峰期，5月份随着水温不断上升和各种沉水植物的快速生长，水体微生物种群结构和数量会出现新的调整与变化。浮游植物种群结构也发生相应变化，富营养化水体有蓝藻发生的危险，贫营养型水体浮游植物密度大幅下降。富营养型水体浮游动物密度较高，贫营养型水体则降至较低密度。6月份水温呈平稳上升趋势，梅雨期间连续阴雨造成水体空间放大，水体微生物、浮游植物、浮游动物种群结构和密度，依据水体富营养化程度有较大区别。富营养化水体微生物处较高水平，将导致蓝藻发生或暴发，并有一定数量的适温浮游动物。贫营养型水体微生物种群结构简单，数量处较低水平，浮游动物也处较低密度。

7月份出梅后，进入晴好天气，日照时间长，光照强度大。7月中旬水温整体突破30℃，7月下旬进入35℃以上高温，8月上中旬仍将维持高温天气。7月底8月初往往还是台风频发阶段，高温时段水体和池底有机质结构数量决定微生物种群结构和数量。水体悬浮有机颗粒多，池底有机质富集，水体微生物数量处较高水平，浮游植物处较高水平，并有蓝藻暴发，相对应浮游动物也达较高水平。以多种沉水植物为主体的贫营养型水体，水体微生物、浮游植物、浮游动物则处在较低水平。水域生态环境稳定，则微生物、浮游植物、浮游动物种群结构和数量相对稳定。生态平衡遭受破坏，水体微生物、浮游植物、浮游动物种群结构和数量也将发生大的变化。

8月中下旬高温逐步消退，有生命活力的沉水植物将进入秋季恢复性生长阶段，草型养殖水体仍处贫营养化状态，水体微生物、浮游植物、浮游动物水平相对较低。草藻型水体，微生物数量逐步下降，浮游植物和浮游动物水平也会有所下降。藻型水体微生物、浮游植物和浮游动物数量仍将保持上升态势。9月份水温快速下降后，整体将延续8月中下旬状况，但9月下旬浮游植物种群结构将发生新的变化，有利于各种适温浮游植物的繁殖生长。进入10月份，水温降至20℃以下，河蟹出现生殖洄游，造成池水深度浑浊，水体微生物、浮游植物、浮游动物进入相对较低水平。

（三）对青苔、蓝藻两类敌害生物的影响

青苔、蓝藻是蟹池中危害最大的两类敌害生物。青苔大量蔓延以及蓝藻大规模暴发后严重破坏水域生态环境。天气变化往往导致青苔蔓延，蓝藻发生与暴发。

1. 青苔

青苔一年四季均可生长，水温低于8℃生长缓慢，高于35℃抑制生长，最适生长温度26～32℃。青苔主要依赖丝状体和丝状体内的孢子繁衍下一代。在环境条件适宜的情况下萌发，有超强的繁殖速度和惊人的生物量。在阴雨、弱光等环境条件不适合其他水生植物生长时，青苔可在短期内大规模生长，形成较大规模的优势种群。高温期间台风和强降雨带来水环境的突变，青苔可在短期内滋生蔓延，形成巨大生物量。青苔蔓延后大量吸收水体和池底养分，可形成绝对种群优势，造成土壤和水体养分供应匮乏，严重影响水生植物生长。

青苔大面积蔓延后占据大量水体空间，造成河蟹摄食活动难度增加，大批死亡、腐烂，严重败坏底质和水质，将给养殖生产带来重大损失。

每年 2 月底前水温较低，残留的青苔丝状体或孢子开始萌发，生长缓慢，长势不明显。养殖前期连续低温阴雨导致池岸潮湿区域有青苔等低等藻类大面积出现。3 月份随气温不断上升，青苔生长速度明显加快，有少量丝状体或絮状青苔漂浮。3 月下旬生长速度进一步加快，4 月份进入快速生长状态。缺乏生命活力的伊乐藻上会滋生青苔，池周浅水区池底也有青苔着生，池水透明度高，会在池底不断向深水区延伸。青苔对池水透明度有较高要求，喜高 pH，大量沉水植物的旺盛生长会提升池水 pH，为青苔进一步蔓延创造条件。

5 月份青苔保持旺发和快速生长，大多数蟹池均有发生，生命力脆弱的伊乐藻往往成为青苔滋生蔓延的重点场所，浅水区池底、苦草丛中及蟹壳上均有可能着生青苔。6 月份仍处旺发阶段，浅水区池底空白区域、伊乐藻草丛周边、生命力脆弱的伊乐藻上均有可能着生青苔，生命力衰弱的轮叶黑藻及苦草上也有丝状青苔伴生。6 月中下旬至 7 月上旬正值梅雨期间，阴雨寡照为青苔迅速蔓延创造出良好的外部环境条件，伊乐藻往往被青苔大面积覆盖，生命力衰弱的轮叶黑藻、轮叶狐尾藻、苦草叶片上也往往有丝状青苔伴生，池周浅水区也有青苔滋生。7 月中下旬进入高温，青苔生物量大的区域有死亡青苔呈碎片状漂浮。7 月下旬至 8 月上中旬往往伴随台风和强降雨，易造成生态失衡，青苔可在短期内大规模暴发，生物量可达全年最高峰，随后出现不同程度的死亡腐烂。9 月份青苔数量整体有所下降，但仍处旺盛状态，新生青苔不断滋生，衰老青苔逐步死亡。进入 10 月份，随着河蟹出现生殖洄游，池水出现深度浑浊，水体光照大幅减弱，池表有青苔漂浮，池底与水草上的青苔大幅减少，直至整体消失。但残留的少量青苔仍有顽强生命力，环境条件适宜将重新滋生蔓延。

2. 蓝藻

蓝藻是一类较古老的原核生物，含叶绿素 a，在水生性种类的细胞中，常有气泡构造，漂浮水面的蓝藻兼有固化空气中氮的能力。细胞形态多样，很少单独存在，一般组成群体。蓝藻喜高温、高 pH，一般在 6—9 月富营养型水体中出现。5 月下旬水温 25℃ 以上的富营养型水体会有蓝藻发生，水温 25℃ 以下一般不会出现蓝藻。

水温 30℃ 以上，蓝藻进入生命活跃状态，环境条件适宜就易出现。水温 32℃ 以上蓝藻处在高度活跃状态，一旦环境条件具备就会出现并暴发。每年 7—8 月为蟹池蓝藻频发阶段，给河蟹养殖增加很大困难。在适宜的环境条件下，蓝藻 2h 可繁殖一代，数量呈指数级增长。蓝藻暴发后对水体资源的利用带有很强的掠夺性，严重影响水体浮游植物与水生植物的正常生长。蓝藻大量繁殖后会出现死亡腐烂，一方面污染水质、底质，另一方面会产生藻毒素，危害养殖对象。蟹池蓝藻有顽强的生命力，一旦出现，很难自行消失。往往人工药物杀灭以后还会重新复发。甚至 12 月份水温下降至 10℃ 以下仍然能观察到它的存在。只有环境不适合它生存才会逐步消失。如池水长期深度浑浊或水域生态环境修复后，水质处在良好状态，蓝藻将逐步减少甚至彻底消失。

河蟹生态养殖过程中，部分水域生态环境较差塘口，往往 5 月下旬池水下风有蓝藻颗粒出现，6 月上旬部分环境较差塘口下风有蓝藻水华出现，外源水中普遍有细微蓝藻颗粒。6 月中旬入梅后，生态环境脆弱的蟹池易发蓝藻。6 月中下旬有蓝藻蟹池数量有所增加，7 月上中旬沉水植物数量少、生命活力差的蟹池开始出现蓝藻，7 月下旬环境较差塘口普遍出现蓝藻。7 月份蓝藻进入高发状态。7 月下旬至 8 月上中旬为台风频发时段，台风强降雨易造成水环境突变，往往造成蓝藻暴发。8 月份仍为蓝藻高发时段，沉水植物少且缺乏生命力的蟹池普遍有蓝藻，并易形成水华。8 月中下旬随水温逐步回落，各种沉水植物如获得秋季恢复性生长后，水质将逐步改善，对蓝藻大规模繁衍有一定的抑制作用。9 月份沉水植物生命力旺盛的蟹池蓝藻很难发生，但环境条件差将继续存在。池水深度浑浊对蓝藻生长有很强的抑制作用，河蟹生殖洄游出现后池水透明度降至 10cm 以下，蓝藻数量逐步下降直至整体消失。

（四）对养殖水体理化指标的影响

气温、光照、降雨、气流、气压等主要气象要素不仅对水体一切生命物质构成直接影响，还对水体物理性质和理化指标带来直接影响。

水在 4℃ 时密度最大，不管是升温还是降温，密度均逐渐变小。气温、光照、降雨等主要气象要素均能引起水温变化，从而影响水的密度。水温低于零度开始结冰，气温升高、日照时间长，水体蒸发量相应加大。高温时段，水温会出现分层现象。夏季，水体昼夜温差较大，往往出现上下层的对流现象。降雨和风浪也会引起水体的垂直与水平流动。

水是优良溶剂。水中溶存的物质种类繁多。根据水中化学成分的动态及其对水生生物影响的一些共性，可分为：①主要离子；②溶解气体；③植物营养物质；④有机物质；⑤pH；⑥有毒物质等。

水中溶解的气体随水温升高，溶解度变小。温度、气压一定时，水溶液中含盐量增加，气体溶解度减小。在温度、含盐量一定时，气体溶解度随气体压力增大而增大。水温的变化也影响水体中各种溶解物质的浓度。水体密度变化也会影响水体中悬浮物质含量的变化，影响池水透明度。主要气象要素通过直接与间接的途径，影响 pH 变化，而 pH 对水体主要离子浓度有较大影响，从而影响水体毒害物质的毒性程度。

附录3 高品质河蟹养殖技术浅析

河蟹是高附加值水产品，鲜美的味道与丰富的营养物质是高品质蟹的典型特征。河蟹从自然增殖、人工增殖发展到人工养殖，实践表明，充分遵循自然规律，完全可以养殖出高品质商品蟹。

一、高品质河蟹的典型特征

河蟹自然增殖与人工增殖主要在江、河、湖泊、水库等大水面进行，自然资源条件决定河蟹丰歉。大水面增殖，相对来说水域环境条件好，密度低，水温相对稳定，特别是高温酷暑时段，水温相对较低，河蟹成熟较迟。大水面捕捞的商品蟹，味道鲜美，营养丰富。小水体人工养殖的河蟹，放养密度高，水温变化大，水域环境条件往往不如大水面，但营养供给相对充分，有利于提前成熟。实践证明，良好的种质、清新的水质和洁净的底质，适宜的栖居环境，在营养供给全面、充分的前提下，养殖河蟹同样具有鲜美的味道和丰富的营养物质。

高品质河蟹首先要确保产品质量安全，其次在销售季节要具备较高的肥满度和良好的成熟度，并拥有良好的口感。

1. 活体蟹的特征

规格适度（雌蟹每只在150g以上，雄蟹每只在200g以上）、附肢齐全、活力强，蟹体肥厚、甲壳坚硬、体表洁净、色泽鲜艳，青背白肚、金爪黄毛，胸部腹甲有玉白色光泽，腹甲沟前端泛红，腹背交界处裂缝明显。

2. 蒸、煮蟹的特征

甲壳鲜红或橙红，有光泽，蟹黄油四溢，腥香味浓郁；鳃丝清晰，鳃白色或乳白色，膏腴丰满，可食部分占比大。蟹体肌肉结实，富有弹性，质感细腻，滑爽，味鲜略带甜；肝脏肥大，橙黄或金黄，质地稠密，饱含脂肪，鲜中微甜。雌蟹性腺橘红或橙黄，色泽鲜艳，大小适中，质感细腻，柔中带绵，食后有满足感；雄蟹性腺硕大，乳白色，有半透明感，呈胶质状，黏性强。

二、影响河蟹品质的因素

河蟹作为鲜活水产品，其品质的高低首先取决于产品的内在质量，其次也离不开产品的鲜活程度和加工工艺。

好水养好蟹，水域生态环境对河蟹内在质量有十分重要的影响。清新的水质和洁净的底质，是河蟹健康生长的前提。水体养分丰富全面，才能养殖出味道鲜美的河蟹。健康的河蟹才会拥有更加纯正的美味。优良的种质，是养殖的基础，较高的肥满度和良好的成熟度是商品蟹内在质量的重要体现。

河蟹是鲜活水产品，鲜活程度是品质的重要支撑。商品蟹离开增养殖水体能较长时间存活，但存放时间越长越易消瘦，并影响口感。因此，捕捞后的商品蟹经适当暂养，在清除体表、鳃腔污物、肠道清空后便可加工食用。鲜活程度越高，味道越佳。河蟹烹饪也十分讲究，蒸煮方法、时间要恰到好处。蒸煮时间不足，往往甲壳尚未完全变红，可食部分还未熟化；蒸煮时间过长，造成甲壳发软，肉质老化，影响口感。

三、高品质河蟹养殖技术要点

长江中下游地区，每年河蟹生长时间从 3 月至 10 月，计 8 个月左右。8个月左右时间，放养蟹种普遍要完成五次蜕壳。完成最后一次蜕壳的软壳蟹，只有初步硬化后才能开始摄取外源性营养物质，进行生长发育和体内营养积累，达到较高肥满度和良好成熟度，成为合格商品蟹。而河蟹的每一次蜕壳都必须经历营养积累、蜕壳准备、蜕壳和软壳蟹硬化四个步骤，每一个步骤都需要时间。在有限的时间内，还要考虑各种特殊天气条件对河蟹生长带来的诸多不利影响。因此，养殖高品质河蟹应该环环相扣，一着不让。在选择适宜的良种、营造良好的水域生态环境和科学投喂上下足功夫。

1. 苗种选择与放养

河蟹苗种要有良好的遗传性状和较强的抗逆性，其生长性状与养殖区域气候特点要高度匹配。蟹种规格要求每只 6.25g 以上，体质健壮，健康活泼。长江水系河蟹子代的亲本规格应以 200g 雌蟹、275～300g 雄蟹为主体，胚胎发育和胚后生长发育顺利正常。

蟹种放养在每年 2 月底前完成，冬放好于春放。苗种规格整齐，苗种密度控制在每亩 1 000 只以内。套养其他水产苗种，原则上不得影响主养品种生长，尽可能互惠互利，套养品种年终捕捞产量不宜超过成蟹产量的 30%。

2. 良好水域生态环境营造

河蟹喜草型贫营养水域生态环境。通过土壤改良，沉水植物合理栽培和有效管护，主要敌害生物防控等措施，完全可以营造出适合河蟹健康生长的水域生态环境。

（1）土壤生态与土壤改良。土壤是一切生命的物质基础。池底是河蟹主要栖居场所，池底土壤为沉水植物生长提供养分补给和机械支持，池底土壤还承担有机沉积物的降解和水体有效养分的释放等功能。池底土壤的活力在于生物的多样性，土壤微生物、底栖生物、根生植物等都是土壤生态的重要组成部分。沉水植物发达的土壤根系，可有效促进土壤微生物的多样化，改善池底环境。

土壤质地有很强的先天性，因地而异，千差万别。生态养殖池底不得含有毒、有害物质，池底土壤既要有适宜的团粒结构，也要有一定的有机质含量。蟹池清淤、生石灰彻底清塘、冬季冻晒池底等措施有利于土壤改良，施入一定数量发酵有机肥，翻耕池底，可提升土壤肥力。

（2）沉水植物合理密植、精准布局和长效管护。沉水植物是构建水域自然生态系统的主体。不同品种的沉水植物有自己的生长发育特性和相应的生命周期，生命力旺盛阶段的沉水植物净化、优化水质和底质能力很强，但衰老过程中产生的枯枝败叶也会造成养殖水环境的二次污染。

把握每一种沉水植物的生长发育规律，根据池底形态结构开展品种精准布局和合理密植，做到五月份以后有生命活力的沉水植物覆盖面达50%左右。苦草籽播种在大田浅水区和平台池底较深区域，每亩播种量控制在250g左右。播种时既要有利于形成一定区域的种群优势，又要预留适当的空白隔离区，为萌发后苦草的分蘖和无性繁殖腾出适当空间。苦草宜设置护草围网加以保护。平底池宜采用伊乐藻为主体的水草，小棵穴栽，预留出相应的空白隔离区。环沟池伊乐藻宜在春节前移栽在环沟深水区两侧，小棵移栽。大田浅水区上水后在池底较浅区域小棵移栽适量伊乐藻。轮叶黑藻冬芽播种或秧苗移栽，选择在池底较浅区域的护草围网内。冬芽播种量每亩1～2kg，秧苗移栽采取长条宽幅或窄幅，株距80～150cm，预留30%左右的空白隔离区，为植株分蘖和无性繁殖留出空间。

通过塘口水位有效控制，沉水植物适时修剪、梳理、清理、补栽、施肥等措施，实现沉水植物种群结构的有效更替，确保蟹池生态系统的持续稳定。伊乐藻在3月中下旬进入茂盛状态，3月底4月初在河蟹第一次蜕壳初步结束后，开展一次不留茬修剪或深度梳理。在河蟹第四次蜕壳前，做到每蜕一次壳开展一次不留茬修剪或深度梳理，根据长势适量施肥，入梅前施一次微量元素。5月上中旬轮叶黑藻进入茂盛状态后要留低茬（留茬5～8cm）修剪，入梅前视长势再次修剪，并施一次微量元素。梅雨期间大田浅水区水位控制在40cm以内，出梅后轮叶黑藻视长势，分批次修剪。护草围网一般在第三次蜕壳前后撤除，具体根据水草长势确定。出梅后，要分批次对浮出水面的苦草留高茬修剪，促其发根分蘖和无性繁殖。进入高温后，根据池水透明度和水草长势逐步提升塘口水位。台风强降雨期间要保持塘口水位相对稳定，降雨量大时要及时排水。

（3）主要敌害生物防控。青苔和蓝藻为当前蟹池危害最大的两类敌害生物。

青苔：为原始丝状藻类，适应能力强，一年四季均可生长。适温范围内，青苔可形成绝对种群优势，对水体资源的利用有很强的掠夺性，破坏生态环境，对河蟹养殖构成不同程度的威胁。

青苔防控要做到以防为主，防治结合。一是生石灰或漂白粉彻底清塘；二是低温阶段养殖水体培养以硅藻为主的浮游植物，水温升高后保持沉水植物较旺盛的生命力，通过生物竞争抑制青苔滋生与蔓延；三是池周一旦发现青苔，立即采取漂白粉等药物进行局部杀灭；四是严控塘口水位。梅雨期间或遇台风强降雨，要及时排水，避免塘口生态失衡。

蓝藻：蓝藻喜高温和高 pH 水体，常常在富营养型水体中出现，一旦暴发呈指数级上升，对水体资源利用具有很强的掠夺性，对河蟹养殖成活率、规格和质量影响极大。

蓝藻的有效防控，一是生石灰彻底清塘，冻晒池底，改良土壤；二是栽培、管护好沉水植物，保持贫营养型水体环境；三是池内一旦发现蓝藻立即药物杀灭，并开展生态环境修复；四是梅雨期间和台风强降雨时段严控塘口水位，确保生态平衡。

3. 优化饵料投喂

养殖河蟹养分的主体源自人工投喂的饵料，饵料的质量、养分组成、品种结构、颗粒大小、投喂数量、投喂方式、投喂场所等都将给河蟹生长带来不同程度影响。

河蟹有阶段性生长特点，每次蜕壳前的营养积累阶段摄食量最旺盛，蜕壳准备阶段摄食量下降，蜕壳和软壳蟹初步硬化前是不摄食的，也就是蜕壳高峰期摄食量会明显下降。摄食量随水温变化，适温范围内摄食旺盛，高温、低温都抑制摄食。水质与底质的好坏也影响摄食，水体溶氧含量高、底质干净，河蟹摄食旺盛，消化吸收利用率高。闷热天气，水体溶氧含量低、底质恶化要减少投饵量甚至停喂。

河蟹为杂食性动物，荤素兼食，偏食动物性饵料。河蟹对动物蛋白源有特殊要求，投喂颗粒饲料时必须重视鱼粉的添加，确保氨基酸平衡。所投饵料必须保证新鲜适口，不得投喂变质饵料。为促进消化吸收，加工好的饵料投喂前可用 EM 菌或乳酸菌沤制 1～2 小时。饵料在全程投喂时，养殖前期和后期要提升饵料的蛋白质含量，有利于前期越冬蟹种的体质恢复和后期商品蟹育肥，高温时段可适当增加植物饵料的占比。饵料投喂不得在固定区域集中投放，以免造成底质局部恶化，要分散多点投喂。环沟型塘口，第一次蜕壳期间饵料投喂在环沟深水区。第二次蜕壳期间大田浅水区已局部上水，饵料投喂以环沟深水区为主，大田浅水区要适当投饵，诱导河蟹至大田浅水区觅食。随着大田浅水区水位的上升和河蟹的长大，饵料投喂要以大田浅水区和池周平台投喂为主。

满足河蟹不同生长发育阶段对营养的全方位需求，是养殖高品质蟹的物质基础。在确保良好水质与洁净底质的前提下，重点做好营养积累阶段的饵料投喂。

高品质蟹的养殖就是生态养殖的全面数字化。围绕水、种、饵三要素，统筹河蟹生长、天气变化、水域生态环境变化规律，根据塘口各项观测指标的变化特点，细化阶段性管理措施，最终生产出肥满度高、成熟度好、味道鲜美的商品蟹。

参 考 文 献

陈小浒，陈贤明，2000. 稻田养殖新技术 [M]. 南京：南京出版社.

江苏省水产技术推广站，1985，河蟹人工繁殖养殖资料汇编.

江苏省水产局，1995，中华绒螯蟹人工育苗技术操作规程.

江苏省水产局，2000，中华绒螯蟹养殖综合标准汇编.

童合一，邢相臣，1992. 鱼虾蟹饲料配制和饲喂 [M]. 农业出版社.

王武，李应森，2010. 河蟹生态养殖 [M]. 北京：中国农业出版社.

尾崎久，1985. 鱼类消化生理（下册）[M]. 上海：上海科学技术出版社.

吴振斌，等，2011. 水生植物与水体生态修复 [M]. 北京：科学出版社.

厦门水产学院养蟹编写组，1974. 养蟹. 北京：农业出版社.

许步劭，何林岗，1987. 河蟹养殖技术 [M]. 北京：金盾出版社.

许步劭，何林岗，陆炳法，1980. 河蟹养殖 [M]. 北京：科学出版社.

颜素珠，1983. 中国水生高等植物图说 [M]. 北京：科学出版社.

赵义涛，姜佰文，梁运江，2010. 土壤肥料科学 [M]. 北京：化学工业出版社.

周德庆，2011. 微生物学教程 [M]. 北京：高等教育出版社.

后 记

从事水产工作近四十年，亲历改革开放以来我国水产事业翻天覆地的变化，十分庆幸自己能参与其中。河蟹是我国传统的名贵水产品，历史上一直依赖自然资源的增殖。20 世纪 90 年代初期，社会主义市场经济体制的建立为河蟹产业的迅速崛起掀开了新的篇章。

河蟹养殖是一门新兴的年轻学科，是应用生物学的一个分支，数十年的发展令世人瞩目。由于河蟹养殖涉及众多学科，生产实践中遇到的困难与挑战还很多，有待于人们在实践中不断深化与完善。自 20 世纪 60 年代初开始，广大渔业生产者和科技人员在河蟹增养殖领域开展了长期不懈的探索和实践，付出了诸多艰辛的努力。蟹苗人工繁殖获得历史性突破并在 20 世纪 90 年代取得快速发展，进入新世纪，河蟹人工养殖实现新跨越，生态养殖成为一大特色。河蟹产业的发展为乡村振兴作出了积极贡献。

本人结缘河蟹三十余年，长期参与河蟹种苗繁育、成蟹养殖、商品蟹营销等一系列生产实践活动。深感细节决定成败，实践是最好的老师，实践出真知。理论联系实际，密切联系群众，广泛开展学习与文流，善于在实践中不断总结与创新，才能丰富我们的认知，推动渔业科技进步，为三农工作添砖加瓦。

本书立足于长江中下游地区河蟹生产实践，以亲身感受和第一手资料为基础，针对河蟹浅水生态养殖进行全面系统阐述。河蟹为底栖动物，种质是养殖的基础，底质、水质是构建良好水域生态环境的核心，营养是养殖成功的保障。本书着重突出种质良好遗传性状和抗逆性的提升，强调沉水植物世代有效演替构建贫营养型水体的重要性，注重气象要素对河蟹及水域生态环境的影响，关注养殖水域生物多样性，倡导优质蟹的高效养殖。鉴于本人才疏学浅，水平有限，书中涉及的诸多观点与看法还十分粗浅，仅起抛砖引玉作用，恳请广大读者与同行提出批评，并予指正。

本书在撰写和出版过程中承蒙各方关心、鼓励和帮助，深表感谢。特别感谢上海海洋大学博士生导师成永旭教授欣然为本书作序，全国人大代表、固城湖螃蟹商会会长、江苏固城湖青松水产专业合作社理事长邢青松给予本书出版大力支持。在此表示衷心感谢。

陈贤明

2022 年 6 月 16 日

图书在版编目（CIP）数据

长江中下游地区河蟹浅水生态养殖／陈贤明，邢秀
梅，邢青松编著 . —北京：中国农业出版社，2022.10
ISBN 978-7-109-30135-1

Ⅰ．①长… Ⅱ．①陈… ②邢… ③邢… Ⅲ．①长江中
下游－中华绒螯蟹－生态养殖 Ⅳ．①S966.16

中国版本图书馆 CIP 数据核字（2022）第 185495 号

长江中下游地区河蟹浅水生态养殖
CHANGJIANG ZHONGXIAYOU DIQU HEXIE QIANSHUI SHENGTAI YANGZHI

中国农业出版社出版
地址：北京市朝阳区麦子店街 18 号楼
邮编：100125
责任编辑：周益平　　文字编辑：李海锋
版式设计：杨　婧　　责任校对：刘丽香
印刷：北京通州皇家印刷厂
版次：2022 年 10 月第 1 版
印次：2022 年 10 月北京第 1 次印刷
发行：新华书店北京发行所
开本：700mm×1000mm　1/16
印张：12.75
字数：243 千字
定价：78.00 元